Leitfäden und Monographien der Informatik

Bolch: **Leistungsbewertung von Rechensystemen
mittels analytischer Warteschlangenmodelle**
320 Seiten. Kart. DM 44,–

Brauer: **Automatentheorie**
493 Seiten. Geb. DM 62,–

Dal Cin: **Grundlagen der systemnahen Programmierung**
221 Seiten. Kart. DM 36,–

Doberkat/Fox: **Software Prototyping mit SETL**
227 Seiten. Kart. DM 38,–

Ehrich/Gogolla/Lipeck: **Algebraische Spezifikation abstrakter Datentypen**
246 Seiten. Kart. DM 38,–

Engeler/Läuchli: **Berechnungstheorie für Informatiker**
120 Seiten. Kart. DM 26,–

Hentschke: **Grundzüge der Digitaltechnik**
247 Seiten. Kart. DM 36,–

Kiyek/Schwarz: **Mathematik für Informatiker 1**
307 Seiten. Kart. DM 39,80

Kolla/Molitor/Osthof: **Einführung in den VLSI-Entwurf**
352 Seiten. Kart. DM 48,–

Loeckx/Mehlhorn/Wilhelm: **Grundlagen der Programmiersprachen**
448 Seiten. Kart. DM 48,–

Mehlhorn: **Datenstrukturen und effiziente Algorithmen**
Band 1: Sortieren und Suchen
2. Aufl. 317 Seiten. Geb. DM 49,80

Messerschmidt: **Linguistische Datenverarbeitung mit Comskee**
207 Seiten. Kart. DM 36,–

Niemann/Bunke: **Künstliche Intelligenz in Bild- und Sprachanalyse**
256 Seiten. Kart. DM 38,–

Pflug: **Stochastische Modelle in der Informatik**
272 Seiten. Kart. DM 39,80

Post: **Entwurf und Technologie hochintegrierter Schaltungen**
247 Seiten. Kart. DM 38,–

Rammig: **Systematischer Entwurf digitaler Systeme**
353 Seiten. Kart. DM 46,–

Richter: **Betriebssysteme**
2. Aufl. 303 Seiten. Kart. DM 39,80

Richter: **Prinzipien der Künstlichen Intelligenz**
359 Seiten. Kart. DM 46,–

Weck: **Prinzipien und Realisierung von Betriebssystemen**
3. Aufl. 306 Seiten. Kart. DM 42,–

Wegener: **Effiziente Algorithmen für grundlegende Funktionen**
270 Seiten. Kart. DM 39,80

Fortsetzung auf der 3. Umschlagseite

Leitfäden und Monographien
der Informatik
E.-E. Doberkat/D. Fox
Software Prototyping mit SETL

Leitfäden und Monographien der Informatik

Herausgegeben von

Prof. Dr. Hans-Jürgen Appelrath, Oldenburg
Prof. Dr. Volker Claus, Oldenburg
Prof. Dr. Günter Hotz, Saarbrücken
Prof. Dr. Klaus Waldschmidt, Frankfurt

Die Leitfäden und Monographien behandeln Themen aus der Theoretischen, Praktischen und Technischen Informatik entsprechend dem aktuellen Stand der Wissenschaft. Besonderer Wert wird auf eine systematische und fundierte Darstellung des jeweiligen Gebietes gelegt. Die Bücher dieser Reihe sind einerseits als Grundlage und Ergänzung zu Vorlesungen der Informatik und andererseits als Standardwerke für die selbständige Einarbeitung in umfassende Themenbereiche der Informatik konzipiert. Sie sprechen vorwiegend Studierende und Lehrende in Informatik-Studiengängen an Hochschulen an, dienen aber auch in Wirtschaft, Industrie und Verwaltung tätigen Informatikern zur Fortbildung im Zuge der fortschreitenden Wissenschaft.

Software Prototyping mit SETL

Von Prof. Dr. rer. nat. Ernst-Erich Doberkat, Universität Essen
und Dr. rer. nat. Dietmar Fox, Universität Hildesheim

Mit zahlreichen Aufgaben und Beispielen

 B. G. Teubner Stuttgart 1989

Prof. Dr. rer. nat. Ernst-Erich Doberkat

Geboren 1948 in Breckerfeld/Westfalen. Von 1968 bis 1973 Studium der
Mathematik und Philosophie an der Ruhr-Universität Bochum, von 1973
bis 1976 wiss. Mitarbeiter am Forschungs- und Entwicklungszentrum für
objektivierte Lehr- und Lernverfahren GmbH in Paderborn, 1976 Promotion in Mathematik an der Universität Paderborn. Von 1976 bis 1981 Assi-
stent in Bonn und Hagen, 1980 Habilitation für Informatik an der Fern-
Universität, 1981 Associate Professor of Mathematics and Computer
Science, Clarkson College of Technology, Potsdam, New York, 1985 ordentlicher Professor für Praktische Informatik an der Universität Hildesheim, seit 1988 ordentlicher Professor für Informatik/Software Engineering an der Universität Essen.

Dr. rer. nat. Dietmar Fox

Geboren 1953 in Essen. Von 1973 bis 1979 Studium der Informatik und
Mathematik an der RWTH in Aachen, 1979 wiss. Mitarbeiter im Lehrge-
biet Programmiersprachen/Formale Sprachen der FernUniversität in Hagen, 1983 Promotion in Informatik an der FernUniversität, 1985 Akademi-
scher Rat am Lehrstuhl für Praktische Informatik A der Universität Hildesheim.

CIP-Titelaufnahme der Deutschen Bibliothek

Doberkat, Ernst-Erich:
Software prototyping mit SETL : mit zahlreichen Aufgaben und
Beispielen / Ernst-Erich Doberkat ; Dietmar Fox. – Stuttgart :
Teubner, 1989
  (Leitfäden und Monographien der Informatik)
  ISBN 978-3-519-02272-5   ISBN 978-3-322-94710-9 (eBook)
  DOI 10.1007/978-3-322-94710-9
NE: Fox, Dietmar:

Gesamtherstellung: Zechnersche Buchdruckerei GmbH, Speyer
Umschlaggestaltung: M. Koch, Reutlingen

Vorwort

SETL (Abkürzung für "SET Language") ist eine Programmiersprache, die seit Beginn der siebziger Jahre am Courant Institute of Mathematical Sciences der New York University von Jacob T. Schwartz und seiner Gruppe definiert und implementiert wurde. Gegenwärtig stehen Implementationen u.a. auf Rechnern der Firmen Amdahl, Apollo (68X), CDC, IBM (/370-Familie), DEC (VAX 750, 780) und SUN zur Verfügung, und es ist geplant, die Sprache auf RISC-Maschinen von IBM und PCS neu zu implementieren. SETL hat in der Vergangenheit zwei wichtige Entwicklungen im Software Engineering unterstützt, nämlich *Software Prototyping* und *transformationelles Programmieren*.

Die Eignung zum Software Prototyping wurde im April 1983 offenbar, als der erste Ada-Compiler (das Ada/Ed-System) zertifiziert wurde. Dieser Compiler war nämlich ein Prototyp, er zeigte, daß sich bei der Entwicklung komplexer Software der Zugang des Prototyping hervorragend eignet, und daß Prototyping mit SETL vorzüglich betrieben werden kann.

Transformationelles Programmieren wurde vor allem von R. Paige im Kontext von SETL vorwärtsgetrieben – er entwickelte RAPTS, ein Transformationssystem, das auf dem ebenfalls von ihm maßgeblich entwickelten Kalkül des *finite differencing* beruht. RAPTS erlaubt die Transformation einer Spezifikation, die in einer abstrakten Diktion von SETL geschrieben wurde, in eine SETL-Version, deren Stil dem gängiger prozeduraler Sprachen ähnlich ist. Diese Transformationen sind korrektheitsbewahrend. Zusammen mit dem Übersetzer von SETL nach Ada, der von U. Gutenbeil und dem älteren der Verfasser entwickelt wurde, kann man auf diese Weise aus einer Spezifikation auf hohem Niveau ein produktionseffizientes Ada-Programm gewinnen.

Beide Entwicklungslinien liefen Mitte der achtziger Jahre in Europa wieder zusammen, als im ESPRIT-Vorhaben SED erfolgreich versucht wurde, eine Programmierumgebung für SETL zu schaffen, die es erlaubt, sich der Vorteile des SETL-Zugangs in industrieller Umgebung zu bedienen. Wir merkten bei der Arbeit an SED, daß ein SETL-Buch, das an unseren Bedürfnissen ausgerichtet ist, in der Literatur fehlt. Gewiß, es gibt die von Schwartz et al. geschriebene Einführung in SETL, und es gibt eine von Levin et al. verfaßte Einführung in ISETL, eine interaktive Version einer Teilmenge von SETL[1]. Warum also noch ein Text über SETL? Nun, wir wollen SETL im Kontext des Software Prototyping einführen und aufweisen, welche Vorzüge diese Sprache für Prototyping hat. Gleichzeitig wollen wir zeigen, wie man mit SETL transformationell programmieren kann. Dieser Aspekt des transformationellen Programmierens sollte einmal in seiner mathematischen Gestalt präsentiert werden, zum anderen sollten aber auch Bezüge zum Prototyping sichtbar gemacht werden. Beide Aspekte fehlen im Schwartz'schen Text, und sie treten auch nicht auf im Text von Levin, der wie

---

[1] Informationen über ISETL sind bei Prof. Gary Levin, Department of Mathematics and Computer Science, Clarkson University, Potsdam New York 13676, USA erhältlich.

wir die Sprache als Vehikel nutzt – dort werden jedoch Elemente der diskreten Mathematik transportiert.

Da Fragen des Prototyping im Vordergrund stehen, haben wir zwei in SETL vorhandene Mechanismen hier nicht behandelt: die *data representation sublanguage* (DRSL) und *Backtracking*. Die DRSL erlaubt die Deklaration von Variablen mit ihrer Speicherdarstellung (analog zur Variablendeklaration in Sprachen wie Pascal); sie ist in der gegenwärtigen Form nicht besonders nützlich. Backtracking als nicht-deterministisches Programmieren hat noch keinen Eingang in den Werkzeugkasten des Software Prototyping gefunden und wurde daher auch nicht behandelt. Ansonsten haben wir eine vollständige Einführung in SETL gegeben; ein kurzer Überblick über den Inhalt folgt.

Das erste Kapitel behandelt die zentralen primitiven Kontroll- und Datenstrukturen und zeigt, wie Makros und Prozeduren definiert und benutzt werden. Wir wenden das auf die Konstruktion eines Scanners für Pascal-Programme an, um zu zeigen, daß man hiermit schon sinnvolle Probleme bearbeiten kann. Im zweiten Kapitel werden zusammengesetzte Datentypen (Mengen, Tupel, Abbildungen) behandelt, und die notwendigen Ergänzungen im Hinblick auf Kontrollstrukturen angebracht. Kapitel III wendet dann die Sprache auf einige Probleme an, um dem Leser ein vertieftes Gefühl für den Umgang mit SETL zu geben. Wir diskutieren den Algorithmus von Knuth, Morris und Pratt zum Auffinden von Mustern in Zeichenketten, ein Verfahren zum dynamischen Hashing, und spezifizieren einen Parsergenerator für eine einfache Klasse kontextfreier Grammatiken. Insbesondere das letzte Beispiel zeigt, wie sich komplexe Algorithmen kompakt und verständlich in SETL formulieren lassen. Im vierten Kapitel wird gezeigt, wie die getrennte Übersetzung von Moduln in SETL realisiert ist. Damit steht SETL vollständig bis auf die oben erwähnten Einschränkungen zur Verfügung.

Im fünften Kapitel behandeln wir transformationelles Programmieren. Die hier entwickelten Techniken sind Weiterentwicklungen der aus dem Übersetzerbau bekannten Transformation "Reduktion der Stärke". Wir gehen auf den Sharir'schen Kalkül der Differenzbildung ein, der algebraisch orientiert ist und im wesentlichen darauf beruht, daß die Potenzmenge einer Menge mit der symmetrischen Differenz und dem Durchschnitt einen kommutativen Ring bildet. Im Gegensatz dazu betont Paige bei seiner formalen Differentiation den Gesichtspunkt der Invarianten. Dies wird im zweiten Teil des fünften Kapitels ausführlich gezeigt. Ein Beispiel, für beide Zugänge durchgerechnet, zeigt Gemeinsamkeiten und unterschiedliche Wirkungskraft beider Kalküle. Das sechste Kapitel schließlich befaßt sich mit SETL als Prototyping-Sprache. Zunächst wird – um einen breiteren Kontext herzustellen – das klassische Wasserfall-Modell der Software-Produktion besprochen, dann folgt eine Diskussion des Prototyping als methodischem Zugang, der das klassische Modell ergänzt und seine Schwächen aufzufangen bemüht ist. Diese Diskussion ist recht allgemein gehalten, sie kann als selbständige Einführung in dieses Gebiet herangezogen werden. Der letzte Teil des Kapitels ist dann endlich SETL als Sprache zum Prototyping gewidmet.

Dieses Buch entstand aus einer Vorlesung "Software Prototyping", die EED. im WS 1987/88 an der Universität Hildesheim für Studenten der Informatik nach dem Vordiplom gehalten hat, und die D.F. für ein Skript mitschrieb. Das Skriptum wurde überarbeitet und ergänzt. So entstand dieses Buch. Wir sind den Studenten, die an der Vorlesung und dem begleitenden Praktikum teilnahmen, für Kritik und Anregung dankbar. Hier möchten wir besonders Ulrich Lammers erwähnen – er testete fast alle Beispiele, war ein oftmals strenger Stilkritiker und trug das Seine zur Gestaltung des Texts bei (Sabine Jarchow und Holger Kühle setzten ebenfalls einige Abschnitte des Texts). Hans H. Brüggemann hat Teile des Texts sorgfältig gelesen und wertvolle Vorschläge gemacht. Wir verdanken der Mitarbeit an dem ESPRIT-Vorhaben SED manche Einsicht, und hier bedanken wir uns bei Yo Keller, Eugenio Omodeo und Paul Spirakis. EED. möchte sich zusätzlich bei Jack Schwartz und Bob Paige für freundliche Hinweise bedanken.

Essen und Hildesheim, im Mai 1989

Ernst–Erich Doberkat
Dietmar Fox

Inhalt

Vorwort 5

I   Einfache Programm-Konstrukte 11
I.1   Primitive Datentypen 12
I.1.1   Der Datentyp integer 12
I.1.2   Der Datentyp real 14
I.1.3   Der Datentyp string 15
I.1.4   Der Datentyp boolean 19
I.1.5   Der Datentyp atom 20
I.1.6   Typtests 20
I.1.7   Kommunikation mit der Umgebung 20
I.2   Einfache Kontrollstrukturen 23
I.2.1   Die bedingte Anweisung 23
I.2.2   Die fallgesteuerte Anweisung 26
I.2.3   Schleifen 27
I.2.4   Zusicherungen 30
I.3   Programmaufbau, kleine Programme 31
I.3.1   Makros 32
I.3.2   Prozeduren 36
I.3.3   Selbstdefinierte Operatoren 44
I.3.4   Operator-Hierarchie 46
I.3.5   Beispiel: ein Scanner für Pascal-Programme 47
I.4   Aufgaben zu Kapitel I 53

II   Zusammengesetzte Datentypen 56
II.1   Mengen 56
II.1.1 Generierung und Darstellung von Mengen 56
II.1.2 Operationen und Prädikate auf Mengen 59
II.1.3 Quantoren 60
II.2   Tupel 62
II.2.1 Operationen und Prädikate auf Tupeln 63
II.2.2 Quantoren 65
II.3   Abbildungen 66
II.3.1 Einführung 66
II.3.2 Operationen auf Abbildungen 68
II.4   Beispiel: Einfache Binäre Suchbäume 69
II.5   Erweiterungen der Konzepte durch Hinzunahme der komplexen Datentypen 74
II.5.1 Typtests 74
II.5.2 Erweiterung der Anwendung binärer Operatoren 74
II.5.3 Iteratoren 75
II.5.4 Zuweisungen 80
II.5.5 Konstantendeklaration 83
II.6   Aufgaben zu Kapitel II 84

III	Beispiele	86
III.1	Muster in Zeichenketten	86
III.2	Dynamisches Hashen	91
III.2.1	Vorbemerkungen	91
III.2.2	Das Verfahren	92
III.2.3	Die SETL-Implementation	92
III.3	Ein Parser-Generator	99
III.3.1	Zur Syntaxanalyse kontextfreier Grammatiken	99
III.3.2	Das SETL-Programm	102
III.4	Aufgaben zu Kapitel III	115
IV	Programming in the Large – Mechanismen für die Erstellung komplexer Programmsysteme	116
IV.1	Einleitung	116
IV.2	Aufbau komplexer SETL-Programme	117
IV.2.1	Bibliotheken	118
IV.2.2	Moduln	120
IV.2.3	Die Programm-Einheit	122
IV.2.4	Das zentrale Verzeichnis (directory)	123
IV.3	Getrennte Übersetzung	126
IV.4	Inclusion Libraries	128
V	Programm-Transformationen	130
V.1	Breitbandsprachen	130
V.2	Zwei klassische Transformationen	132
V.2.1	Transformation rekursiver Prozeduren	132
V.2.2	Reduktion der Stärke	133
V.3	Formale Differenzbildung	135
V.3.1	Ein Differenzenkalkül	135
V.3.2	Anwendung auf Schleifen	138
V.3.3	Zielorientierte Differenzbildung	139
V.4	Transformationelle Ableitung eines Algorithmus zur Speicherbereinigung	149
V.5	Transformationen für SETL: Differentiation mengentheoretischer Ausdrücke	158
V.5.1	Technische Vorbemerkungen	159
V.5.2	Definition der Ableitung	160
V.5.3	Profitabilität	166
V.5.4	Vertikale und horizontale Verschmelzung von Schleifen	170
V.5.5	Beispiele	173
V.6	Abschließende Bemerkungen	183
V.7	Übungsaufgaben	184
VI	Software Prototyping	186
VI.1	Der Software Life Cycle	186
VI.1.1	Analyse	187
VI.1.2	Entwurfsphase	190
VI.1.3	Implementation	191
VI.1.4	Installation	191
VI.1.5	Wartung	192

VI.2   Software Prototyping 192
VI.2.1   Nachteile des Wasserfall-Modells 192
VI.2.2   Prototyping als Zugang 194
VI.2.3   Zugänge zum Prototyping 196
VI.2.4   Sprachen und Werkzeuge zur Unterstützung des Prototyping 202
VI.2.5   Anwendungsgebiete 205
VI.2.6   Prototyping bezogen auf andere Gebiete des Software Engineering 208
VI.3   SETL als Prototyping-Sprache 210
VI.3.1   SETL unter dem Aspekt des Prototyping 211
VI.3.2   Das Projekt Ada/Ed 211
VI.3.3   Schlußbemerkung 217

Literatur 219
Index 223

I Einfache Programm-Konstrukte

In diesem einführenden Kapitel werden wir uns zunächst mit einigen einfachen Programm-Konstruktionen beschäftigen. Diese Konstruktionen werden die primitiven, also von der Sprache vorgegebenen Datentypen umfassen. Hier diskutieren wir die aus Pascal oder LISP bekannten Datentypen **integer**, **real**, **boolean**, **string** (also Zeichenketten) und **atom**; dies geschieht zunächst durch die Angabe der Typen, einfache Beispiele, und durch die Diskussion der darauf definierten Standardfunktionen. Diese Funktionen werden dem in Pascal, Ada oder LISP versierten Programmierer wenig Neues bieten, wenn man von dem ungewöhnlich reichen Vorrat an vordefinierten Funktionen für Zeichenketten einmal absieht. Da diese Funktionen jedoch immer wieder gebraucht werden (und mitunter einige Feinheiten bei ihrem Gebrauch zu beachten sind), führen wir sie enzyklopädisch auf, um späteres Nachschlagen zu erleichtern. Wir werden sehen, daß SETL schwach getypt ist (der Typ von Variablen also erst zur Laufzeit festgestellt wird). Daher ist es für den Programmierer mitunter nötig, den Typ einer Variablen in einem Programm untersuchen zu können. Die entsprechenden Hilfsmittel werden ebenfalls hier bereitgestellt. An dieser Stelle stehen schon genug Hilfsmittel bereit, auch kurz auf einige einfache Aspekte der Umgebung eingehen zu können. Dies betrifft zunächst Lesen von den bzw. Schreiben auf die Standardmedien und Text-Dateien, und weiterhin die Übergabe von Programm-Parametern beim Aufruf von SETL-Programmen.

Nach der Diskussion der primitiven Typen werden die Grundzüge der Kontrollstrukturen für SETL vorgestellt und an einigen einfachen Beispielen diskutiert. Das Thema Kontrollstrukturen wird später noch einmal aufgenommen werden müssen, da sich einige dieser Konstrukte auf zusammengesetzte Objekte (z.B. Mengen, Abbildungen) beziehen. In dieser Diskussion werden die auch zum Teil aus Pascal bekannten Strukturen wie *bedingte Anweisung*, *fallgesteuerte Anweisung* (die beide auch in einer Variante als Ausdrücke vorliegen), *Zusicherung* und diverse *Schleifenkonstrukte* vorgestellt.

Die Darstellung einfacher Konstrukte in SETL wird abgeschlossen durch die Diskussion des Aufbaus "kleiner" Programme, also solcher Programme, die – wie jedes Pascal-Programm – aus einem Hauptprogramm und mehreren Routinen bestehen. Dieser Programm-Aufbau dient dem, was man im Software-Engineering "programming in the small" nennt; später werden Moduln und Bibliotheken zur Unterstützung des "programming in the large" hinzugenommen werden. Mit der Verwendung von Prozeduren sind einige (vom Gebrauch etwa von Pascal oder Ada) abweichende Charakteristika in SETL verbunden, die sorgfältig diskutiert werden müssen. Der Sprachumfang wird an dieser Stelle ebenfalls durch Makros (also textuelle Abkürzungen, die auch parametrisiert sein können) erweitert.

Insgesamt steht mit diesem Kapitel der Grundvorrat einfacher SETL-Konstrukte zur Verfügung, der zum Gebrauch der Sprache nötig ist. Dieser Grundvorrat wird in den späteren Kapiteln erweitert werden.

I.1 Primitive Datentypen

Die primitiven Datentypen werden von SETL zur Verfügung gestellt. Daraus kann der Programmierer seine eigenen komplexen Datenstrukturen entwickeln. Bevor wir in die Darstellung dieser Typen einsteigen, soll der undefinierte Wert **om** eingeführt werden. **om** steht für Ω, den letzten Buchstaben des griechischen Alphabets, der in der Mathematik mitunter zur Kennzeichnung einer undefinierten Situation herangezogen wird. Wenn etwa ein Objekt erwähnt wird, das noch keinen Wert (etwa durch eine Zuweisung) erhalten hat, so weist SETL diesem Objekt den Wert **om** zu; **om** ist ein reserviertes Wort in SETL und darf nur für diesen Zweck verwendet werden.

I.1.1 Der Datentyp `integer`

Der Datentyp **integer** entspricht mathematisch den ganzen Zahlen, und so ist es auch in SETL. Anders als in den meisten anderen gängigen Sprachen gibt es in SETL keine kleinste oder größte darstellbare ganze Zahl: jede beliebige ganze Zahl ist als **integer** darstellbar. Konstanten vom Typ **integer** werden wie üblich notiert durch Angabe des Vorzeichens (kann auch fehlen) und durch eine Ziffernfolge. Hier ist nur die dezimale Darstellung möglich (dies gilt auch für reelle Zahlen).

Beispiel:

Das Fragment

```
x:=1;
x:=x+1;    $ erhöhe x um 1
print(x);
```

weist x den Wert 1 zu (x hat also jetzt den Typ **integer**), erhöht x um 1 und druckt den Wert von x aus. **print** ist die Ausgabe-Funktion (**read** dient zur Eingabe); **print**(**om**) bewirkt * als Ausgabe. Das aus Pascal bekannte Zuweisungssymbol := dient auch hier der Zuweisung; das Semikolon terminiert Anweisungen (dies ist anders als in Pascal; anders als in Pascal gibt es in SETL auch keine leere Anweisung). Kommentare werden durch $ eingeleitet und erstrecken sich dann bis zum Ende der Zeile. Weiterhin sei bemerkt, daß Bezeichner in SETL eine beliebige Kombination von Buchstaben, Ziffern und _ (Unterstrich) sein können, die mit einem Buchstaben beginnen muß. Klein- und Großschreibung werden nicht unterschieden. Weiter merken wir an, daß die Zuweisung x := x + 1; auch geschrieben werden kann als x + := 1; Diese Konvention gilt ebenso für alle anderen Infix-Operatoren und ist recht praktisch. Schließlich sei schon hier vermerkt, daß Zuweisungen auch als Ausdrücke behandelt werden können, deren Wert der Wert der rechten Seite ist. So weist die Zuweisung z := x + := 1 der Variablen z den Wert der Zuweisung x+:=1 (also der Zuweisung x:=x+1), mithin den Wert von x+1 zu.

I.1.1.1 Operationen auf dem Datentyp `integer`

Es seien x und y Objekte vom Typ **integer**, so sind für x und y die folgenden Operationen definiert:

```
x+y          Summe von x und y
x−y          Differenz
x*y          Produkt
x**y         ergibt sich aus der rekursiven Definition  (x≠0)
             if y=0 then 1
             elseif y<0 then error
             else x * (x ** (y-1))
             end
```
x **div** y   ganzzahlige Division von x durch y (y≠0)
x **mod** y   Rest bei der Division von x durch y (y≠0)
x **max** y   Maximum von x und y
x **min** y   Minimum

Das Vorzeichen für x **mod** y ist stets positiv; das Vorzeichen der ganzzahligen Division läßt sich folgender Tabelle entnehmen:

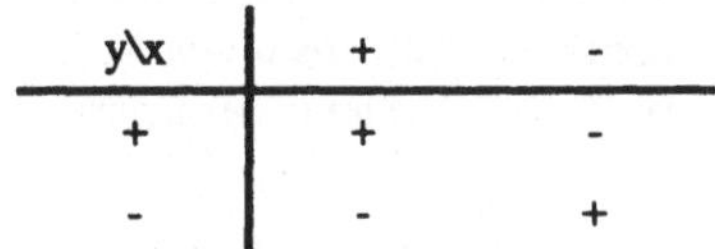

y\x	+	−
+	+	−
−	−	+

I.1.1.2 Prädikate auf dem Datentyp `integer`

Seien wie oben x und y Objekte vom Typ **integer**:

x=y   Gleichheit
x≠y   Ungleichheit

x<y
x≤y
x≥y } Vergleichsoperationen
x>y

Es wird angemerkt, daß der Test auf Gleichheit bzw. Ungleichheit nicht, wie in anderen Sprachen, auf Objekte gleicher oder verträglicher Typen beschränkt ist. Wir werden sehen, daß wir z.B. Objekte vom Typ **integer** auf Gleichheit mit Mengen testen können (was mathematisch sinnvoll ist).

I.1.1.3 Standardfunktionen auf dem Datentyp `integer`

Wir geben die (kurze) Liste der Standardfunktionen für diesen Typ an:

`+x`	ist x
`-x`	ist auch klar
`abs` x	Absolutbetrag von x
`even` x	gibt den Wert `true`, falls x gerade ist, sonst den Wert `false`
`odd` x	gleichwertig zu `not even`(x)
`float` x	gibt die zu x numerisch äquivalente reelle Zahl an
`random` x	gibt eine Zufallszahl im Bereich {0 `min` x .. 0 `max` x} an

In unserer Erfahrung ist dieser eingebaute Zufallsgenerator (ähnlich dem reellen) nicht besonders viel wert. Wir führen ihn der Vollständigkeit halber an. Die Funktion `float` gibt Anlaß zu der Bemerkung, daß SETL keine automatische Typ-Konversion von `integer` nach `real` kennt. Dies bedeutet, daß die Konversion einer ganzen in eine reelle Zahl stets explizit vorgenommen werden muß, aber auch, daß das Fehlen der Konversion zu einem Laufzeitfehler führt.

I.1.2 Der Datentyp `real`

Im Gegensatz zu SETLs Großzügigkeit bei ganzen Zahlen findet sich bei reellen Zahlen eher Kargheit, zumindest was die Genauigkeit betrifft. Sie entspricht etwa FORTRANs einfacher Genauigkeit und ist nicht zu erhöhen. Dies ist aber recht sinnvoll – genaue Arithmetik ist aufwendig und fast nur bei numerischen Problemen von Nutzen (daß dies "fast" keine leere Menge übrig läßt, merkt man, wenn man Probleme der algorithmischen Geometrie mit SETL löst).

Reelle Konstante werden notiert entweder in der üblichen Schreibweise ohne Exponenten (z.B. `3.14159`) oder in der wissenschaftlichen Schreibweise (z.B. `0.314159E+1`).

I.1.2.1 Operationen auf dem Datentyp `real`

Sind x und y Objekte vom Typ `real`, so sind definiert:

`x+y`	Summe
`x-y`	Differenz
`x*y`	Produkt
`x**i`	i-te Potenz von x, $i \geq 0$ und ganzzahlig. x und i dürfen nicht beide Null sein
`x/y`	Division $(y \neq 0)$
x `max` y	Maximum
x `min` y	Minimum
x `atan2` y	`arc tan` x/y im Bogenmaß

Die Mischung von Typen in arithmetischen Ausdrücken ist nicht zulässig; so liefert der arithmetische Ausdruck x+y einen Laufzeitfehler, wenn x=1 und y=`2.5` gilt.

I.1.2.2 Prädikate auf dem Datentyp **real**

Nix Neues: siehe I.1.1.2. Die Mischung von Typen ist (außer bei =, $\neq$) auch hier verboten.

I.1.2.3 Standardfunktionen auf dem Datentyp **real**

Hier fallen alle Funktionen an, die man aus der Numerik kennt: Die Exponentialfunktion **exp** mit ihrer Inversen **log**, die trigonometrischen Funktionen **sin**, **cos**, **tan** mit ihren Umkehrfunktionen **asin**, **acos** und **atan** (Werte im Bogenmaß), der hyperbolische Tangens **tanh**, die Quadratwurzel **sqrt** und die folgenden Funktionen:

fix x	ganzzahliger Anteil
floor x	$\lfloor x \rfloor := \sup\{k \in \mathbf{Z};\ k \leq x\}$
ceil x	$\lceil x \rceil := \inf\{k \in \mathbf{Z};\ k > x\}$
random x	gibt gleichverteilte Zufallszahl im Bereich $\{0.0\ \textbf{min}\ x\ ..\ 0.0\ \textbf{max}\ x\}$

$$\textbf{sign}\ x \qquad \text{das Vorzeichen:} \begin{cases} +1, & x > 0.0 \\ 0, & x = 0.0 \\ -1, & x < 0.0 \end{cases}$$

Wie angedeutet, ist SETL nicht recht für numerische Zwecke geeignet, sondern umfaßt den reellen Datentyp fast nur aus Gründen der Vollständigkeit – die wahre Stärke von SETL liegt woanders.

I.1.3 Der Datentyp **string**

Zeichenketten sind in vielen Sprachen eher unangenehme Objekte – man denke etwa an Pascal, wo jede Implementation die Fragen der Zeichenketten auf ihre Art löst. SETL bietet hier einen einfachen und eleganten Zugang mit einer sehr brauchbaren Fülle von Standardfunktionen.

Konstante Zeichenketten werden in Hochkommata eingeschlossen, innere Hochkommata müssen dupliziert werden (etwa `'SETL''s Zeichenketten'`). Die leere Zeichenkette wird als `''` (also durch zwei hintereinandergesetzte Hochkommata) notiert.

I.1.3.1 Operationen auf dem Datentyp **string**

Es sei s eine Zeichenkette.

#s	gibt die Anzahl der Zeichen in s an (#`'abra'`=4)
s(i)	i-tes Zeichen von s, falls $1 \leq i \leq$ #s, oder **om**, falls i>#s, oder schließlich Fehlermeldung, falls $i \leq 0$ gilt oder i gar keine ganze Zahl ist.
s(i..j)	gilt $1 \leq i < j \leq$ #s, so wird der entsprechende Teilstring extrahiert oder zugewiesen. Für i=j+1 ergibt sich das leere Wort, sonst **om** ($1 \leq j+1 < i$) oder ein Laufzeitfehler. Wie s(i) kann auch s(i..j) auf der linken Seite einer Zuweisung stehen.
s(i..)	gleichwertig zu s(i..#s)

s+ss	Konkatenation, falls ss auch eine Zeichenkette ist

i*s, s*i gegeben durch
$$\begin{cases} \text{error}, & i \le 0 \\ s, & i = 1 \\ (i{-}1)*s + s, & i > 1 \end{cases}$$
i muß vom Typ **integer** sein, sonst wird ein Laufzeitfehler generiert.

=, ≠, <,
≤, ≥, > Vergleich; bis auf die Gleichheitstests sind die Vergleiche abhängig von der *collating sequence* der Implementation, d.h. der Art, wie die Implementation ihre Zeichen untereinander anordnet.

s **in** ss überprüft, ob s als Teilkette in ss vorkommt, ist also gegeben durch **true**, falls $\exists i, j$: s=ss(i..j) **false**, sonst

s **notin** ss ist gleichwertig zur Negation **not** (s **in** ss)

abs s gibt den **integer**-Code für s an, falls ♯s=1, und erzeugt sonst einen Laufzeitfehler (also ist **abs** s für ein Zeichen s sein ASCII-Code oder EBCDIC-Code; analog zu ord(s) in Pascal)

char i i-tes Zeichen im Zeichensatz (invers zu **abs**)

str x stellt x in druckbarer Form als Zeichenkette dar. x kann hierbei ein beliebiges SETL-Objekt sein.

Beispiele:

1. Es sei s='abcde'. Dann gilt s(2..4)='bcd', und die Zuweisung
    s(2..4):='uvwxyz'
hat den Effekt, daß danach gilt s='auvwxyze'.

2. Ist x eine Zeichenkette, so überprüft 'a' **in** x, ob der Buchstabe 'a' in x vorkommt, 'abc' **in** x ob die Zeichenkette 'abc' en bloc in x vorkommt, und – in einer ASCII-Implementation – **char** 9 **in** x, ob sich in x ein Tabulatorzeichen befindet.

3. Mit t=14.173 und der Zuweisung y:=**str** t hat y den Wert '14.173', nach der Zuweisung y:= 3***str** t hat y den Wert '14.17314.17314.173' (y:= **str**(3.0*t) liefert dagegen '42.519', woran man wieder einmal erkennt, daß Programmieren nicht kommutativ ist).

I.1.3.2 Standardfunktionen zur Mustererkennung in Zeichenketten

Die bislang diskutierten Funktionen sind noch recht einfach, was ihren Umgang mit Zeichenketten betrifft: sie erlauben etwa die Extraktion eines vorgegeben Abschnitts oder überprüfen, ob eine Zeichenkette in einer anderen enthalten ist. Dieser Zugang läßt sich verfeinern, und das soll hier geschehen. Wir wollen Funktionen angeben, die Muster in ihren Argumenten erkennen und aus ihnen aussondern.

Es ist übrigens unverkennbar, daß diese Funktionen ihr Gegenstück in der Sprache SNOBOL haben. Dort haben sie sich bewährt, und wurden beim Entwurf von SETL in die Sprache eingebaut.

(a) **span**(s,ss)   findet das längste Anfangsstück von s, dessen Zeichen alle in beliebiger Reihenfolge in ss sind, und gibt dieses Anfangsstück als Wert zurück; s wird um dieses Stück verkürzt. Falls kein Anfangsstück gefunden werden kann, bleibt s unverändert, und **om** wird als Wert zurückgegeben.

Beispiel:

```
ss := 'abcdefghijklmnopqrstuvwxyz';
s  := 'if x < 2 then';
```

so liefert der Ausdruck

```
t  := span(s,ss)
```

den Wert

```
t = 'if'
```

und als Seiteneffekt

```
s = ' x < 2 then'
```

Die Folge von Leerzeichen am Anfang von s werden durch den Aufruf

```
t  := span(s, ' ')
```

aus s entfernt, so daß der erneute Aufruf

```
t  := span(s, ss)
```

liefert

```
t = 'x'
s = ' < 2 then'
```

Nach

```
t  := span(s, ' ')
```

und

```
t  := span(s, ss)
```

erhält man nun allerdings

```
t = om
```

wobei beim letzten Aufruf s unverändert bleibt.

Die Vermutung liegt nahe, daß sich die Funktion **span** z.B. vorzüglich dazu eignen könnte, in Zusammenarbeit mit ähnlichen Funktionen die lexikalische Analyse eines Compilers zu beschreiben. Wir werden weiter unten bei der Behandlung von Prozeduren darauf eingehen.

(b) **any**(s,ss)   liefert s(1), falls s(1) in ss vorkommt, und modifiziert in diesem Falle s zu s(2..). Falls dagegen s(1) nicht in ss vorkommt, so wird **om** als Wert zurückgegeben, und s bleibt unverändert.

Beispiel:

Es sei ss wie oben, dann liefert mit

```
s := 'aber wenn'
```

der Aufruf

```
any(s, ss)
```

den Wert

```
'a'
```

und ändert s zu

```
'ber wenn'
```

Mit

```
t := '12345'
```

liefert

```
any(t,ss)
```

den Wert **om** und läßt t unverändert.

(c) **break**(s,ss)   bricht von s die längste initiale Zeichenkette ab, deren Buchstaben nicht in ss sind und gibt diese Kette zurück. Formaler: sei k der größte Index j mit der Eigenschaft, daß die Zeichen s(1),.., s(j) alle nicht in ss sind, so liefert die Funktion s(1..k) und modifiziert s zu s(k+1..). Falls k nicht existiert (falls also jedes Zeichen in s auch in ss enthalten ist, wird **om** zurückgegeben, und s bleibt unverändert)

Beispiel:

Sei ss wie im letzten Beispiel, dann liefert mit

```
t:= '123a456'
```

der Aufruf

```
break(t,ss)
```

den Wert

```
'123'
```

und verändert t zu

```
'a456'
```

(d) **match**(s,ss)   gibt ss zurück, falls $\sharp$ss $\leq$ $\sharp$s und ss=s(1..$\sharp$ss).
s wird in diesem Falle zu s($\sharp$ss+1..) modifiziert. Falls die
obige Bedingung nicht erfüllt ist, wird **om** zurückgegeben.

Beachten sie, daß die Rolle der Parameter bei **match** anders als bei den anderen Funktionen ist, und daß **match** anders arbeitet: hier wird wirklich darauf bestanden, daß der zweite Parameter insgesamt ein Anfangsstück des ersten ist (und nicht nur, daß seine Buchstaben im ersten enthalten sind).

(e) **notany**(s,ss)   analog zu **any**; die Bedingung wird zu **not** (s(1) **in** ss) modifiziert

(f) **lpad**(s,n)   n muß eine ganze Zahl sein, s eine Zeichenkette. Dann füllt die Funktion s von links mit Leerzeichen auf, so daß eine Zeichenkette der Länge n entsteht.

Genauer: $\begin{cases} (n-\sharp s)*'\ '+s, & \text{falls } \sharp s \leq n \\ s, & \text{sonst.} \end{cases}$

(g) **rpad**(s,n)   Analog, nur daß von rechts aufgefüllt wird.

(h) **len**(s,n)   Auch hier muß n eine ganze Zahl sein und s eine Zeichenkette. Die Funktion gibt s(1..n) zurück und modifiziert s zu s(n+1..), falls $\sharp$s $\leq$ n bleibt s unverändert, und **om** wird zurückgegeben.

Zu diesen Funktionen gibt es Versionen, die vom rechten Ende her arbeiten (so wie die angegebenen – außer **rpad** – vom linken Ende her arbeiten). Ihr Name beginnt mit **r** (also **rmatch, rbreak** etc.), ihre Funktionalität ist völlig analog.

Wir weisen noch einmal auf die Eigentümlichkeit der Mustererkennungsfunktionen von SETL hin, daß sie ihren ersten Parameter verändern können. Wenn man hierauf nicht achtet, kann man die schönsten Überraschungen erleben (wobei man freilich die Korrektheit von Programmen mitunter dem Unterhaltungseffekt opfert). Die Möglichkeiten, Parameter zu modifizieren, werden später in Abschnitt I.3 genauer untersucht werden. Wir werden dort unseren Funktionen zur Manipulation von Zeichenketten in einem umfangreicheren Beispiel wiederbegegnen.

I.1.4 Der Datentyp boolean

Dieser Datentyp umfaßt nur die Werte **true** und **false** und die Operationen **not, and, or, impl** (Implikation: a **impl** b gleichwertig mit **not** a **or** b). Boolesche Werte können gelesen und geschrieben werden.

Zur Auswertungsreihenfolge der binären Booleschen Operatoren sei angemerkt, daß die Operanden nur soweit ausgewertet werden, bis das Resultat feststeht ("short circuit" Auswertung): **false and** b liefert **false** unabhängig vom Wert von b, das nicht erst ausgewertet werden müßte.

I.1.5 Der Datentyp atom

Mitunter ist es notwendig, eindeutig identifizierbare Objekte zu erzeugen (und diese Objekte dann mit Eigenschaften zu versehen). Hierzu dient der Datentyp **atom**. Jedes Objekt dieses Typs muß explizit durch Aufruf der Standardfunktion **newat** erzeugt werden. Diese Funktion garantiert, daß jedes Objekt frisch erzeugt wird und mit keinem vorher erzeugten übereinstimmt. Ähnliche Eigenschaften haben die in LISP durch Aufruf von **(gensym)** erzeugten Objekte.

Atome kann man nur miteinander auf Gleichheit (bzw. Ungleichheit) testen, andere Operationen sind auf ihnen nicht definiert (natürlich kann man Atome in Mengen oder Tupel einfügen, oder mit ihnen im Definitions- oder Wertebereich einer Funktion arbeiten – aber es sind keine Standardfunktionen für sie definiert).

I.1.6 Typtests

Da sich der Typ von SETL-Objekten zur Laufzeit ändern kann, und damit dynamisch ist, erweist es sich als sinnvoll, wenn der Programmierer den Typ von Variablen zur Laufzeit überprüfen kann. Hierzu werden die folgenden Standardfunktionen zur Verfügung gestellt:

```
is_atom, is_boolean, is_integer, is_map, is_real, is_set,
is_string, is_tuple.
```

Sie haben als Argument einen Ausdruck und geben **true** oder **false** zurück, wenn dieser Ausdruck den entsprechenden Typ hat bzw. nicht hat (die Datentypen **map**, **set**, **tuple** werden in Kap. II behandelt).

Beispiel:

```
read(x);   $ Objekt unbekannten Typs
print(is_integer(x));
```

Diese Anweisung druckt #t (für **true**) oder #f (für **false**) in Abhängigkeit davon, ob x vom Typ **integer** ist.

Der unäre Operator **type** gibt den Typ seines Arguments als Zeichenkette zurück, hat also die Werte

```
'ATOM', 'BOOLEAN', 'INTEGER', 'MAP', 'REAL', 'SET', 'STRING',
'TUPLE'.
```

Hierbei gilt **type(om) = om**, und die obigen **is_....**-Funktionen liefern für **om** als Argument den Wert **false**. Klar: der undefinierte Wert hat nun mal keinen Typ.

I.1.7 Kommunikation mit der Umgebung

Wir haben schon mehrfach erwähnt, daß **read** und **print** die Kommunikation mit dem Terminal bzw. dem Bildschirm regeln. Beide Funktionen können beliebig viele Parameter haben, jeder Parameter kann jeden zulässigen SETL-Typ haben (**read** sollte kein Atom zu lesen versuchen). Wenn **print** die Ausgabe seiner Argumente beendet hat, erfolgt die Ausgabe eines Zeichens, das einen Zeilenvorschub bewirkt.

Will man auf externe Speicher schreiben oder von ihnen lesen, so sollte man sich anderer Funktionen/Prozeduren bedienen. Zunächst unterscheidet SETL Text-Dateien von binären Dateien. Beide Arten von Dateien sind sequentieller Art, sie können entweder nur gelesen oder nur geschrieben werden. Beim Öffnen zum Schreiben geht der vorherige Inhalt verloren; Daten können jeweils nur ans Ende der Datei geschrieben werden. Nach Benutzung sollten sie explizit geschlossen werden. Die Standardprozedur **open** dient zum Öffnen, die Prozedur **close** zum Schließen der Datei; mit der Prozedur **rewind**, die den Dateinamen als Argument hat, wird die entsprechende Datei an den Anfang gesetzt (analog zu **reset** in Pascal).

Text-Dateien haben eine textuelle Struktur, da sie in Zeilen und Seiten aufgeteilt sind. Zum Schreiben werden solche Dateien geöffnet durch Angabe des Datei-Namens und durch eine der folgenden gleichwertigen Angaben:

```
'TEXT-OUT', 'CODED-OUT', 'PRINT'
```

(beachten Sie Bindestriche und Großschreibung), zum Lesen werden sie geöffnet durch Angabe des Datei-Namens und durch eine der folgenden Angaben:

```
'TEXT', 'TEXT-IN', 'CODED-IN', 'CODED'.
```

Beispiele:

a) Unter UNIX wird durch
```
open('dat.dat', 'CODED-IN')
```
die Datei dat.dat im gegenwärtigen Verzeichnis als Text-Datei zum Lesen geöffnet.

b) Unter CMS wird durch
```
open('DAT DAT A','PRINT')
```
die Datei DAT DAT mit Dateityp A zum Schreiben geöffnet. Der alte Inhalt geht verloren.

Die Art der Angabe der Namen ist natürlich abhängig vom Betriebssystem.

Sollen die Objekte x1, ..., xk auf die als Text-Datei zum Schreiben geöffnete Datei namens file geschrieben werden, so geschieht das durch

```
printa(file, x1, ..., xk).
```

Analog liest

```
reada(file, x1, ..., xk)
```

die Objekte x1, ..., xk von der als Text-Datei zum Lesen geöffneten Datei file. Ist das Ende der Datei erreicht, so erhalten die entsprechenden Objekte den Wert **om** (dies ist der einzige – implementierte – Weg, um zu testen, ob das Ende der Datei erreicht ist). Da Text-Dateien eine Zeilenstruktur tragen, kann man dies ausnutzen und mit

```
get(file, x1, ..., xk)
```

die nächsten k Zeilen lesen und x1, ..., xk als Zeichenketten zuweisen. **printa** setzt analog zu **print** eine Marke, die andeutet, daß eine Zeile zuende ist. Mit **eject**(file) setzt man in der Text-Datei eine Marke, die das Ende einer Seite anzeigt; **eject**() hat den gleichen Effekt für die Standard-Ausgabe.

Von SETL erzeugte Text-Dateien können wie andere Text-Dateien von *menschlichen* Lesern gelesen und mit Editoren geändert werden. Binäre Dateien machen sich dagegen die interne Darstellung von SETL-Objekten zunutze. Sie werden durch Angabe von

```
'BINARY-OUT'
```

zum Schreiben und von

```
'BINARY', 'BINARY-IN'
```

zum Lesen geöffnet. Die Prozedur **putb** übernimmt die Rolle von **printa**, die Prozedur **getb** die von `reada`. Binäre Dateien sind kompakter, der Aufwand der Codierung des gelesenen Objekts in die interne Form entfällt beim Lesen; beim Schreiben muß nicht zuerst in eine lesbare Form umgeschrieben werden. Daher sollte man diese Dateien benutzen, wenn man sie nicht durch Editoren oder andere Programme manipulieren will.
close(file) schließt die Datei mit Namen `file`. Nicht geöffnete Dateien zu schließen oder geschlossene Dateien weiter zu benutzen, indem man davon zu lesen oder darauf zu schreiben versucht, endet stets mit einem Laufzeitfehler.

Zum Schluß dieses Abschnitts geben wir noch eine Möglichkeit an, Parameter an ein laufendes Programm von der Kommandozeile aus zu übergeben.
Das Programm-Stück

```
j := getipp('para=1/2')
```

möge dies erläutern. Hat der Benutzer das Programm aufgerufen, ohne den Parameter para in der Kommandozeile zu erwähnen, so erhält j den Wert 1, ist para nur erwähnt, ohne jedoch einen Wert erhalten zu haben, so erhält j den Wert 2, und enthält die Kommandozeile schließlich z.B.

```
para=12
```

(ohne Leerzeichen links oder rechts vom Gleichheitszeichen), so erhält j den Wert 12. Die Standard-Funktion **getipp** ("get integer program parameter") erlaubt also die Transmission solcher Programm-Parameter unter Angabe verschiedener Situationen (nicht genannt, genannt ohne Wert, genannt mit Wert).
Analog verfährt man mit Zeichenketten:

```
j := getspp('para=A/XYZ')
```

hat den Effekt, j auf `'A'`, auf `'XYZ'` oder auf einen expliziten Wert zu setzen. z.B. auf WaB durch

```
para=WaB
```

(ohne Leerzeichen, ohne Hochkommata). **getspp** ist natürlich die Abkürzung von "get string program parameter".
Die Funktionen **getipp** und **getspp** können beliebig oft nach dem Wert ihrer Parameter gefragt werden. Sie sind recht nützlich beim Testen oder bei der Übergabe von Datei-Namen.

I.2 Einfache Kontrollstrukturen

Wir haben bislang statische Objekte diskutiert, wie sie von SETL zur Verfügung gestellt werden. Damit könnten wir einfache Programme formulieren, deren Kontrollfluß jedoch linear ist, also am Anfang des Programms beginnt, sich dann durch die Anweisungen des Programms arbeitet und schließlich am Ende anlangt.

Neben der sequentiellen Abfolge ist der Abbruch eines Programms die einfachste Anweisung zur Steuerung des Ablaufs: die Anweisung **stop** bewirkt diesen Abbruch. Dies ist offensichtlich nicht übermäßig aufregend, und so wollen wir einfache Kontrollstrukturen diskutieren.

Hier geht es zunächst um bedingte Anweisungen und um die fallgesteuerte Anweisung, die beide um die interessante Variante "bedingter Ausdruck" bzw. "fallgesteuerter Ausdruck" erweitert sind. Zu den einfachen Kontrollstrukturen gehören üblicherweise iterative Konstrukte, die als nächste diskutiert werden. Schließlich beschreiben wir kurz die Zusicherung als Möglichkeit, sich des korrekten Ablaufs eines Programms an vorgegebenen Stellen zu versichern.

I.2.1 Die bedingte Anweisung

Syntaktisch sieht diese Anweisung so aus

```
if Bedingung_1 then
            Anweisungen_1
elseif Bedingung_2 then
            Anweisungen_2
      ⋮
elseif Bedingung_k then
            Anweisungen_k
else
            Anweisungen_0
end;
```

Es wird also zunächst überprüft, ob die erste `Bedingung_1` wahr ist; ist dies der Fall, so wird die erste Folge `Anweisungen_1` von Anweisungen ausgeführt und die Gesamtanweisung verlassen. Ist `Bedingung_1` falsch, so wird `Bedingung_2` überprüft, gegebenenfalls die Folge `Anweisungen_2` ausgeführt etc. Sind alle Bedingungen falsch, so greift der **else**-Zweig, und die Folge `Anweisungen_0` wird ausgeführt. Nach Ausführung der jeweiligen Anweisungen wird die bedingte Anweisung verlassen.

Die bedingte Anweisung muß nicht stets in ihrer vollen Pracht erscheinen: unabhängig voneinander können die **elseif ... then ...**-Zweige und der **else ...**-Zweig fehlen. Die Anweisung muß mit einem **end** abgeschlossen werden, dem – z.B. zur näheren Identifikation – bis zu fünf die Anweisung eröffnende lexikalische Einheiten (Token) folgen können. Dies gilt übrigens für alle anderen Anweisungskonstrukte, die mit **end** abgeschlossen werden. Wir machen im folgenden davon Gebrauch, ohne jeweils explizit darauf aufmerksam zu machen.

Beispiel:

```
read(n);
if is_integer(n) then
   if n<5 then
            print('klein');
   elseif n<10 then
            print ('mittelgross');
   else
            print ('gross')
   end if n<5;
end if is_integer;
```

Beachten Sie hierbei folgendes:

- Die auf das **end** der jeweiligen bedingten Anweisung folgenden Zeichenketten müssen mit denen, die zur Eröffnung der Anweisung dienen, genau übereinstimmen. Dies wird vom Compiler überprüft.
- Wir können die beiden bedingten Anweisungen zu einer mit der Bedingung **is_integer**(n) **and** (n<5) zusammenfassen, da SETL "short circuit"-Auswertung auf Boolesche Ausdrücke anwendet.
- Auf **then** und **else** können mehrere Anweisungen folgen; es haben **then** ...**end**, **then** ... **elseif** oder **else** ...**end** Klammerfunktion.

Die innere bedingte Anweisung steuert den Ausdruck einer Zeichenkette; diese Kette wird hier berechnet. Als Alternative zur bedingten Anweisung bietet SETL den bedingten Ausdruck, der hier wie folgt verwendet werden kann:

```
read(n);
if is_integer(n) then
   print (if n<5 then
                     'klein'
          elseif n<10 then
                     'mittelgross'
          else
                     'gross'
          end);
end if is_integer;
```

Diese Anweisungsfolge erzielt den gleichen Zweck und macht deutlich, daß der zu druckende Ausdruck von der Größe von n abhängt. Wir hätten den gleichen Effekt mit den folgenden Anweisungen erzielen können:

```
read(n);
if is_integer(n) then
    zuDrucken:= if n<5 then
                     'klein'
```

```
            elseif n<10 then
                        'mittelgross'
            else
                        'gross'
            end;
    print(zuDrucken);
end if is_integer;
```

Bedingte Ausdrücke sind vollwertige Ausdrücke, die an jeder Stelle stehen können, an denen Ausdrücke vorgesehen sind. Ihr syntaktischer Aufbau sieht folgendermaßen aus:

```
if Bedingung_1 then
        Ausdruck_1
elseif Bedingung_2 then
        Ausdruck_2
    ⋮
elseif Bedingung_k then
        Ausdruck_k
else
        Ausdruck_0
end
```

Hierbei ist zu beachten, daß den Ausdrücken kein Semikolon folgen darf (klar – in SETL sind Semikolons als Terminatoren für Anweisungen engagiert), daß der **else**-Zweig nicht fehlen und daß auf das abschließende **end** kein Token folgen darf. Das ist zwar stilistisch ein wenig inkonsequent, aber nicht zu ändern.

Es kommt mitunter vor, daß man einen Ausdruck auf **om** wie folgt testet:

```
if Ausdruck_1 = om then
        Ausdruck_2
else
        Ausdruck_1
end
```

Ist also `Ausdruck_1` gleich **om**, so soll der Wert des bedingten Ausdrucks gleich dem Wert von `Ausdruck_2` sein, und sonst gleich dem getesteten Ausdruck. Dieser bedingte Ausdruck läßt sich nun durch den ?-Operator abkürzen:

```
Ausdruck_1 ? Ausdruck_2
```

Beispiel:

Die Zuweisung `x:= y?3` weist x den Wert von y zu, falls $y \neq$ **om** ist, und den Wert 3, falls $y =$ **om** gilt.

I.2.2 Die fallgesteuerte Anweisung

Mitunter wünscht man, gewisse Aktionen abhängig von einem eintretenden Fall auszuführen.
So läßt sich etwa ein Wochenablauf wie folgt darstellen:

```
read(tag);  $ Kurzname des Tages oder
            $ eine Zahl wird eingelesen
case tag of
    ('mo','di','mi','do','fr'):
            print ('Arbeitstag');
    ('sa'):
            print ('Autowaschtag');
    ('so'):
            print ('Kirchgangstag');
    (5,6,7):
            print ('Zahl 5-7 gelesen');
else
            print
            ('Weder Tag noch Zahl 5-7 gelesen');
end case tag;
```

Abhängig vom Wert der Variablen tag wird also ein bestimmter Wert gedruckt. Sie sehen,
daß die vorgesehenen Fälle nicht alle vom gleichen Typ sein müssen – im angegebenen
Beispiel haben wir Zeichenketten und ganze Zahlen als ausgezeichnete Werte betrachtet, es
können jedoch alle SETL-Werte herangezogen werden, soweit sie statisch ausgewertet werden
können – dynamische Fallbeschreibungen können nicht mit diesem Konstrukt erfaßt werden.

Die allgemeine Form des Konstrukts sieht dann so aus:

```
case Ausdruck of
(Liste_1)   : Anweisungen_1
(Liste_2)   : Anweisungen_2
   ⋮
(Liste_k)   : Anweisungen_k
else
            Anweisungen_0
end
```

Die angegebenen Listen bestehen jeweils aus Konstanten und müssen disjunkt sein; in
jeder Liste werden die Elemente durch Kommata voneinander getrennt. Der Ausdruck
wird ausgewertet; ist sein Wert in einer der Listen enthalten, so wird die entsprechende
Anweisungsfolge ausgeführt. Ist dies nicht der Fall, so wird die Folge Anweisungen_0
von Anweisungen im else-Zweig ausgeführt. Der else-Zweig darf auch fehlen.

Ähnlich wie bei bedingten Anweisungen gibt es den fallgesteuerten Ausdruck als Variante.
Sie sei durch Variation des oben angegebenen Beispiels eingeführt:

```
read(tag);  $ wieder wird eine Zahl oder
            $ das Kürzel eines Tages eingelesen
zuDrucken :=
   case tag of
       ('mo','di','mi','do','fr'): 'Arbeitstag',
       ('sa')                    : 'Autowaschtag',
       ('so')                    : 'Kirchgangstag',
       (5,6,7)                   : 'Zahl 5-7 gelesen'
   else                   'Weder Tag noch 5-7 gelesen'
   end;
print (zuDrucken);
```

Hierbei sind einige syntaktische Feinheiten zu beobachten:

- die einzelnen Fälle sind durch Kommata voneinander getrennt,
- vor dem **else**-Zweig darf kein Komma stehen,
- der **else**-Zweig darf nicht fehlen,
- das abschließende **end** darf nicht um weitere Zeichenketten erweitert werden.

Von diesen Ausnahmen abgesehen gelten analoge Regeln wie für die fallgesteuerte Anweisung.

I.2.3 Schleifen

Wir geben hier zunächst einige einfache Schleifenkonstrukte an, die sich mit den bisher behandelten Datentypen sinnvoll anwenden lassen. Da einige Schleifenkonstrukte über komplexeren Objekten definiert sind (wie etwa die Iteration über eine Abbildung), verschieben wir die Einführung solcher Konstruktionen, bis die nötigen Datentypen zur Verfügung stehen.

Das allgemeine Schleifenkonstrukt hat die Form

```
loop do
     Anweisungen
end;
```

und ist eigentlich eine unendliche Schleife. Sie wiederholt die Anweisungen, und tut dies unbegrenzt oft. Um ihre Ausführung zu beenden, benötigen wir die **quit**-Anweisung, die in ihrer einfachsten Form aus dem Schleifenkörper zu der Anweisung springt, die dem **end** der Schleife folgt.

Beispiel:

Gegeben seien zwei Zeichenketten `string_eins` und `string_zwei`. Wir suchen den maximalen Index `j`, für den `string_eins(1..j)=string_zwei(1..j)` gilt.

```
j:= 1; $ initialisiere j zu eins
loop do
    if #string_eins < j then
            quit;
    elseif #string_zwei < j then
            quit;
    elseif string_eins(j) ≠ string_zwei(j) then
                    j - := 1;
            quit;
    else $ hier gilt #string_eins≥j, #string_zwei≥j
        $ und string_eins(j) = string_zwei(j)
                    j + := 1;
    end if;
end loop;
```

Wir brechen also die Bearbeitung der Schleife ab, wenn eine der beiden Zeichenketten kleiner ist als der gegenwärtige Wert von j. Geraten wir an einen Index, bei dem sich beide unterscheiden, so erniedrigen wir den Index um 1 und brechen ab, sonst erhöhen wir den Index um 1 und fahren fort.

Mitunter möchte man bei ineinandergeschachtelten Schleifen in einer inneren Schleife die Abarbeitung der äußeren Schleife abbrechen. Dazu bezeichnet man durch Anfügen von bis zu fünf Token an die **quit**-Anweisung die entsprechende Schleife. Diese Token müssen dem Anfang der entsprechenden Schleife entnommen sein.

Beispiel:

Gegeben seien k Datensätze; der t-te Datensatz besteht aus it reellen Zahlen und ist so organisiert, daß auf die Angabe von it ebensoviele reelle Zahlen folgen. k wird am Anfang angegeben. Es soll für jeden Datensatz der Mittelwert ausgedruckt werden.

```
read(k);
SatzNr := 1;  $ SatzNr : Nummer des zu lesenden Satzes
PrintAuf := 'Durchschnitt für';
            $ PrintAuf : dient zur Text-Ausgabe
loop do
    ToPrint := PrintAuf + str SatzNr + '. Satz:';
    loop do
        read(SatzNrt); $ gibt Anzahl der reellen
                        $ Zahlen an
            Summe := 0.0;
            gelesen := 0;
            loop do
                read(realNo); gelesen + := 1;
                            Summe + := realNo;
```

```
            $ genug gelesen?
            if gelesen = SatzNrt then
                ToPrint + :=
                    str(Summe/float(SatzNrt));
                print(ToPrint);
                quit;   $ innerste Schleife
            end if gelesen;
        end loop do read(realNo)
        $ letzter Satz gelesen?
        if SatzNr = k then
            quit loop do ToPrint;
        else
            SatzNr + := 1;
        end if SatzNr;
    end loop do read(SatzNrt)
end loop do ToPrint;
```

Die äußere Schleife beginnt mit der Definition der Zeichenkette `ToPrint`, die für den zu
druckenden Text initialisiert wird. Die nächste, darin enthaltene Schleife liest die Anzahl
der reellen Zahlen, die zu verarbeiten sind, und initialisiert die Summe sowie den Zähler der
tatsächlich gelesenen Zahlen. Die innerste Schleife liest die Zahlen, summiert sie auf und
druckt den Mittelwert aus, sobald feststeht, daß sie genug gelesen hat. Die mittlere Schleife
überprüft dann, ob bereits alle Sätze gelesen sind; ist dies der Fall, so terminiert sie die
äußere Schleife, sonst erhöht sie den Satzzähler. Beachten Sie die verschiedenen Bezüge der
jeweiligen **quit**-Anweisungen.

Die angegebene Konstruktion läßt sich natürlich in SETL vereinfachen, sobald Mengen und
Tupel zur Verfügung stehen.

Die **quit**-Anweisung erlaubt das Testen terminierender Bedingungen an beliebiger Stelle
innerhalb der Anweisungen einer Schleife. Mitunter möchte man jedoch schon zu Beginn
oder am Ende der Anweisungen überprüfen können, ob eine Bedingung erfüllt ist oder nicht.
Hierzu dienen **while**- und **until**-Schleifen.

Die **while**-Schleife sieht syntaktisch so aus:

```
    (while Bedingung)
                Anweisungen
    end; $ oder end while ...
```

die **until**-Schleife hat die folgende Form:

```
    (until Bedingung)
                Anweisungen
    end; $ oder end until ...
```

Semantisch wird bei der **while**-Schleife wie üblich zunächst die Bedingung überprüft. Ist
sie erfüllt, werden die Anweisungen ausgeführt, dann wieder die Bedingung überprüft, etc.

Ist die Bedingung anfangs nicht erfüllt, werden die Anweisungen nicht ausgeführt. Die
Semantik der **while**-Schleife läßt sich damit beschreiben als

```
if Bedingung then
        Anweisungen;
        (while Bedingung)
                        Anweisungen
        end while;
end if;
```

Die **until**-Schleife wird stets mindestens einmal ausgeführt, dann wird die Bedingung
überprüft; ist sie nicht erfüllt, so wird die Schleife verlassen. Semantisch läßt sich wieder
eine Fixpunktgleichung aufstellen:

```
Anweisungen;
if not Bedingung then
        (until Bedingung)
                        Anweisungen
        end until;
end if;
```

Beachten Sie hier die Inversion der Bedingung. Es ist syntaktisch ein wenig ungeschickt,
die Bedingung hier vor die Anweisungen zu schreiben, obgleich sie erst nachher überprüft
wird. Vielleicht ist dies der Grund für die mangelnde Popularität dieses Konstrukts.

Beispiele für **while**- und **until**-Schleifen werden ihnen in den Aufgaben hinreichend oft
begegnen.

I.2.4 Zusicherungen

In der Regel geht man bei der Konstruktion eines Programms davon aus, daß das Programm
an jeder Stelle wohldefinierten Bedingungen genügt. Dies mag man mit mathematischen
Hilfsmitteln bewiesen haben oder nur als mentale Konstruktion annehmen. Um diese
Bedingungen in der Tat überprüfen zu können, führt SETL die **assert**-Anweisung als
ein Konstrukt ein, das Zusicherungen formuliert.

Beispiel:

Wir lesen eine ganze Zahl ein und drucken aus, ob sie gerade ist – einfach genug:

```
read(n);
print (if even(n) then 'gerade'
                  else 'ungerade' end)
```

Was geschieht aber, wenn durch einen Fehler n als reelle Zahl eingegeben wird? Das
SETL-System bricht mit einem Laufzeitfehler ab. Viel eleganter ist die Methode, sich
der Eigenschaft von n (in diesem Falle also ganzzahlig zu sein) zu versichern, und nur
in diesem Fall den Code auszuführen, andernfalls dagegen dem Benutzer mitzuteilen, daß
die gewünschte Eigenschaft nicht gilt. Hierzu dient **assert**:

```
read(n);
assert is_integer(n);
print(...);
```

Trifft die Bedingung nicht zu, so benachrichtigt das System den Benutzer mit den Worten
`'assertion on line ... failed'` und bricht den Programmablauf ab. Beiläufig wäre
es sicher wünschenswert, im Falle des Nicht-Zutreffens einer Bedingung, die mit **assert**
versehen ist, eine Ausnahmebehandlung vornehmen zu können. Dies geht leider in SETL
nicht.

Zusicherungen erlauben die Formulierung von Bedingungen an ein Programm. Diese Bedingungen sind zur Laufzeit überprüfbar; es ist wünschenswert – wenn auch nicht immer
praktikabel – ihr Zutreffen auch formal, also mit mathematischen Hilfsmitteln, nachzuweisen.

I.3 Programmaufbau, kleine Programme

In diesem Abschnitt wollen wir den Aufbau von SETL-Programmen diskutieren, und insbesondere Konstrukte besprechen, mit deren Hilfe Programme konzeptionell gegliedert werden
können. Wir beziehen uns hier zunächst bewußt auf kleine Programme, also solche Programme, die allein, ohne Zuhilfenahme getrennt übersetzter Bausteine (wie etwa Moduln
oder Bibliotheken) arbeiten sollen. Dies dient, wie oben erwähnt, dem "programming in the
small", das mit Hauptprogrammen und Prozeduren allein auskommt.

Prozeduren dienen der Darstellung der Abstraktion von Handlungen und sind ein wichtiges
Hilfsmittel bei der Gestaltung von Programmen. "Wir haben oft ein Zeichen nötig, mit dem
wir einen sehr zusammengesetzten Sinn verbinden. Dieses Zeichen dient uns sozusagen als
Gefäß, in dem wir diesen Sinn mit uns führen können, immer in dem Bewußtsein, daß wir
dieses Gefäß öffnen können, wenn wir seines Inhalts bedürfen"(G. Frege). In diesem Sinne
konstruieren wir Prozeduren als Gefäße, mit denen wir später arbeiten (ohne uns jedesmal
mit dem Inhalt auseinandersetzen zu müssen), und machen sogar von Prozeduren Gebrauch,
die wir erst später mit Inhalt füllen. Auf diese Art führen Prozeduren ein – relativ in sich
geschlossenes – Eigenleben.

Es erweist sich jedoch mitunter als nützlich und hilfreich, längere Sequenzen von Code
einfach abkürzen zu können, und anstelle der Sequenz selbst im Code diese Abkürzungen
zu verwenden. Diese Technik stammt aus der Anfangszeit der Datenverarbeitung, und
wurde eingeführt, um eintönige Befehlsfolgen im Assembler abkürzend schreiben zu können.
In SETL werden diese Abkürzungen Makros genannt; wir wenden uns zunächst diesen
Konstrukten zu.

Nach der Behandlung von Makros und der Diskussion von Prozeduren werden wir systematisch lokale und globale Variablen und Konstanten betrachten, außerdem Fragen zur Initialisierung von Variablen. Ein längeres Beispiel schließt dann das erste Kapitel ab.

I.3.1 Makros

Makros dienen dazu, Abkürzungen aufzuschreiben und zu verwenden. In einer Makro-Definition wird der Name und der dadurch abgekürzte Text vereinbart, ein Makro-Aufruf ersetzt den Namen des Makros wieder durch den Text. Auf diese Art dienen Makros hier lediglich der Manipulation des Programm-Texts; der Grundgedanke läßt sich weiter verfeinern und hat zu einer Fülle von Makro-Prozessoren geführt. Wir bleiben jedoch bei der Schilderung des einfachen Grundgedankens.

In der einfachsten Form wird ein Makro wie folgt definiert

```
macro Makro_Name;
          Text des Makros
endm;
```

Dies definiert ein Makro mit dem Namen `Makro_Name`; jedes Auftauchen dieses Namens wird durch den Makro-Prozessor durch den Text des Makro ersetzt. Die Definition des Makro wird abgeschlossen durch **endm**, dem wieder bis zu fünf Token folgen können.

Beispiel:

```
macro assignment;
              1
endm assignment;
```

definiert das Makro `assignment`; der Makro-Prozessor macht aus

```
if k > assignment then
        print (assignment * 3 + 5);
end if
```

auf textueller Basis

```
if k > 1 then
        print (1 * 3 + 5);
end if;
```

Makros werden erst nach ihrer Definition sichtbar (d.h. der Name des Makros ist erst nach der Definition an den Makro-Text gebunden und wird dadurch substituiert). Jede beliebige Folge von lexikalischen Einheiten kann als Makro-Text dienen:

```
macro groesser;
            >
endm groesser;
```

hat zur Folge, daß aus

```
if k groesser 1 then ...
```

wird

```
if k > 1 then ...
```

Der Name eines Makro muß den syntaktischen Anforderungen an einen Bezeichner genügen.

Ebenso wie man Makros explizit ins Leben ruft, kann man Makros explizit aus demselben befördern. Dies geschieht durch

```
drop Makro_Name;
```

Will man mehrere Namen für Makros ungültig machen, so schreibe man die Liste der Namen, durch Kommata voneinander getrennt, hinter die **drop**-Direktive, und schließe das ganze durch ein Semikolon ab. Der Name eines Makros muß ungültig gemacht werden, bevor er wieder als Makro-Name verwendet werden kann.

Ein Bezeichner ist damit an einen Makro-Text gebunden vom Zeitpunkt der Definition des Makros an bis entweder zum Ende des Programms oder zur **drop**-Direktive, die den Bezeichner enthält.

SETLs Makro-Prozessor arbeitet ähnlich einem Stack: der Text wird Token für Token gelesen. Entspricht ein Token dem Bezeichner für ein Makro, so wird dieses Token durch die Token ersetzt, die den Makro-Text ausmachen, und der Lesevorgang wiederholt sich am Beginn der ersetzenden Token-Folge. Dies geschieht solange, bis jedes Makro ersetzt (expandiert) ist. Damit ist auch unmittelbar einsichtig, daß Makros nicht (direkt oder indirekt) rekursiv sein können: die Auswertungsstrategie würde verhindern, daß der Makro-Prozessor terminiert.

Beispiel:

```
macro eins; print(1) endm eins;
macro zwei; eins; print(2) endm zwei;
macro drei; zwei; print(3); eins endm drei;
```

sei die vorgegebene Folge von Makros. Der Aufruf

```
drei;
```

hat im ersten Schritt die Expansion

```
zwei; print(3); eins;
```

im zweiten Schritt die Expansion

```
eins; print(2); print(3); eins;
```

und schließlich mit der zweimaligen Expansion von eins den Text

```
print(1); print(2); print(3); print(1);
```

zur Folge.

Beachten Sie, daß in der Makro-Definition das Semikolon nach dem Namen des Makros, also direkt vor Beginn des Textes, nicht zum Text selbst gehört, sondern den Kopf des Makros abschließt.

Makros können beliebig viele formale Parameter haben; bei der Expansion wird der entsprechende formale Parameter durch den aktuellen Parameter ersetzt. Auch dies ist eine textuelle Ersetzung. Die formalen Parameter werden, durch Kommata voneinander getrennt und in Klammern eingeschlossen, bei der Definition des Makros an den Makro-Namen angefügt. Analog erfolgt der Aufruf des Makros mit der Liste der aktuellen Parameter.

Beispiel:

```
macro MalDrei(x); 3*x endm MalDrei;
```

hat auf

```
MalDrei(x17)+4
```

den Effekt

```
3*x17+4
```

und auf

```
MalDrei(4+5)
```

den Effekt

```
3*4+5
```

(wenn Sie im letzten Beispiel auf `3*(4+5)` spekuliert haben, hätten Sie das Makro als

```
macro MalDrei(x); 3*(x) endm MalDrei;
```

definieren müssen! Klar?)

Der Makro-Prozessor zählt bei jedem Aufruf, ob die Anzahl der formalen Parameter mit der Anzahl der aktuellen Parameter übereinstimmt, und bricht mit einer Fehlermeldung ab, wenn dies nicht der Fall ist.

Makros können selbst wieder Makro-Definitionen enthalten.

Beispiel:

```
macro DefMacro (x,y);
                macro x; y endm x
endm DefMacro;
```

Der Aufruf

```
DefMacro (eins, 1);
```

hat den Effekt, das Makro eins zu definieren:

```
macro eins; 1 endm eins;
```

Daher wird später jedes Vorkommen des Makros eins durch 1 ersetzt.

Makros können zu Programmen führen, der manchmal schwer durchschaubar sind und zu unglücklichen Seiteneffekten führen können.

Beispiel:

```
macro Seiteneffekt(x);
$ aux ist Hilfsvariable
   aux := 7*x+4;
   if aux > y then print(x); end if
endm;


aux := 14; y := 27;
loop do
        Seiteneffekt(aux);
        aux - := 1;
        if aux < 0 then quit; end if;
end loop;
```

Die Intention ist es hier gewesen, die Schleife fünfzehnmal durchlaufen zu lassen. Durch Vermischung der Hilfsvariable aux (die lokal für das Makro Seiteneffekt sein sollte) mit der Zählvariable aux ergibt sich jedoch eine unendliche Schleife.

Der Makro-Prozessor hilft hier, indem er erlaubt, lokale Variable in Makros einzuführen. Dies geschieht durch Angabe der Liste dieser lokalen Objekte nach der Liste der formalen Parameter. Beide Listen werden durch ein Semikolon voneinander getrennt; die Liste der formalen Parameter kann auch leer sein. Beim Aufruf werden die lokalen Variablen nicht genannt (sie werden in der Tat vom Makro-Prozessor durch eindeutig von ihm erzeugte Namen ersetzt und sind für ihn nicht mehr als Parameter erkennbar)

Beispiel:

```
macro Seiteneffekt (x; aux);
$ aux ist jetzt lokal
   aux := 7*x+4;
   if aux > y then print(x); end if
endm Seiteneffekt;
```

Diese Makro-Definition würde beim obigen Aufruf den intendierten Zweck erfüllen; der Aufruf würde wieder

```
Seiteneffekt(aux);
```

lauten – Namenskonflikte sind jetzt nicht mehr zu befürchten.

I.3.2 Prozeduren

Die folgenden beiden Prozeduren berechnen die n-te Fibonacci-Zahl F_n:

```
procedure fibl(x, y, n);
    if n = 0 then
        return x;
    elseif n > 0 then
        return fibl(y, x+y, n-1);
    else
        $ hier muß n < 0 sein
        return om;
    end if;
end procedure fibl;


procedure fibonacci(n);
    return fibl(0, 1, n);
end procedure fibonacci;
```

Dies erfordert zunächst einige inhaltliche Erläuterungen. Die Fibonacci-Zahlen $(F_n)_{n \geq 0}$ sind definiert durch

$$F_n := \begin{cases} 0, & n = 0 \\ 1, & n = 1 \\ F_{n-1} + F_{n-2}, & n \geq 2 \end{cases}$$

Die direkte Umsetzung dieser Rekursionsgleichungen führt bekanntlich zu sehr ineffizienten Programmen. Setzt man dagegen

$$f(x, y, n) := \begin{cases} x, & n = 0 \\ f(y, x + y, n - 1), & n > 0 \end{cases}$$

so erhält man nach kurzem Nachdenken (Induktion hilft auch)

$$f(x, y, n) = F_{n-1}x + F_n y,$$

also insbesondere: $F_n = f(0, 1, n)$. Man überzeugt sich leicht, daß F_n genau einmal berechnet werden muß (und nicht exponentiell oft, wie in der direkten Lösung).

Nun zur SETL-Formulierung. Die Prozedur fibl besteht aus der Kopfzeile mit dem Schlüsselwort **procedure**, dem Namen der Prozedur, und den durch Kommata voneinander getrennten formalen Parametern; diese Liste der Parameter steht in Klammern. Beendet wird die Definition der Prozedur durch **end** (dem wieder bis zu fünf Token folgen dürfen). Der Text der Prozedur besteht aus einer Folge von Anweisungen; ein zusätzliches begin wie etwa in Pascal oder Ada fehlt − ein solches begin trennt ja den Deklarationsteil vom Anweisungsteil, ist also hier unnötig. Da es sich bei fibl um eine Funktions-Prozedur handelt, wird der Wert des Aufrufs durch eine **return**-Anweisung an die aufrufende Prozedur zurückgegeben. Sie sehen, daß auch **om** als legaler Wert zurückgegeben werden kann (und hier andeutet, daß ein negatives n, also ein illegales Argument, als aktueller Parameter angegeben wurde). Die **return**-Anweisung hat einmal den Effekt, daß die Kontrolle an die aufrufende Prozedur zurückgegeben wird, zum anderen dient sie hier dazu, dieser Prozedur einen Wert zu liefern. Dieser Wert kann in der **return**-Anweisung auch fehlen – dann wird **om** zurückgegeben.

Würde man das vorgelegte Problem in Pascal lösen wollen, so würde man vermutlich die Prozedur `fib1` der Prozedur `fibonacci` unterordnen, indem `fib1` als lokale Prozedur im Text von `fibonacci` vereinbart wird (immer vorausgesetzt, daß `fib1` nicht noch an anderer Stelle aufgerufen wird). Dies ist in SETL nicht möglich: Prozeduren dürfen nicht verschachtelt werden, es gibt also keine lokalen Prozeduren; jede Prozedur ist mithin von jeder anderen und vom Hauptprogramm aus sichtbar.

Ein anderer Unterschied zu Pascal ist sichtbar: Pascal verlangt die Angabe des Typs für jeden formalen Parameter (und überprüft den Typ für jeden aktuellen Parameter auf Verträglichkeit mit dem des entsprechenden formalen Parameters). Da der Typ von SETL-Variablen jedoch erst zur Laufzeit festgestellt wird, und jede Variable jeden Typ annehmen kann, verzichtet SETL darauf, den Typ der formalen Parameter in der Prozedur-Definition näher zu spezifizieren.

SETL erlaubt die Übergabe von Parametern auf drei Arten: ein Parameter kann als `read`-, `write`- oder `read-write`-Parameter übergeben werden. Ein `read`-Parameter kann in der Parameter-Liste mit **rd** gekennzeichnet werden (Fehlen einer Kennzeichnung wird als **rd** gedeutet); er wird von der Prozedur gelesen und kann in der Prozedur geändert werden, diese Änderungen werden jedoch nicht an die aufrufende Prozedur weitergegeben. `write`-Parameter werden mit **wr** gekennzeichnet und werden in der Prozedur geschrieben, ohne gelesen zu werden. Sie bekommen also in der Prozedur einen Wert, ohne vor dem Ablauf bereits notwendig einen Wert gehabt zu haben. Der in der Prozedur ermittelte Wert wird nach außen weitergegeben. `read-write`-Parameter schließlich werden von der Prozedur gelesen, möglicherweise geändert, und in dieser geänderten Form an die aufrufende Umgebung weitergegeben. Sie werden mit **rw** gekennzeichnet.

Wir formulieren die obige Prozedur `fib1`, die ja einen Ergebniswert produzierte, so um, daß der letzte Parameter das Ergebnis aufnimmt:

```
procedure fib2(x, y, n, wr gives);
   if n = 0 then
      gives := x;
   elseif n > 0 then
      fib2(y, x+y, n-1, gives);
   else
      $ jetzt muß n < 0 sein
      gives := om;
   end if;
end procedure fib2;
```

Ist n also Null, so erhält gives den Wert x, also des ersten Parameters, ist n positiv, so erhält gives den durch die Rekursionsgleichung bestimmten Wert, und ist schließlich n negativ, so soll gives den Wert **om** haben. gives erhält also durch die Prozedur f ib2 einen Wert, ein möglicher Eingabe-Wert ist nicht von Belang. Daher haben wir diesen Parameter als **wr**-Parameter vereinbart.

Unter Prozeduren versteht SETL das, was Sprachen wie Pascal oder Ada unter Prozeduren und Funktionen zusammenfassen. Prozeduren können als Anweisungen aufgerufen werden (auch wenn sie einen Wert zurückgeben – dieser Wert wird dann einfach ignoriert) oder Teil von Ausdrücken sein (auch wenn sie formal keinen Wert zurückgeben – als Rückgabewert wird dann **om** genommen). Ähnlich wie in Pascal können Prozeduren in SETL einen Wert zurückgeben und ihre Parameter ändern; diese Parameter müssen dann natürlich als **wr**- oder **rw**-Parameter deklariert werden. Als Beispiel wollen wir die Funktion **break** formulieren (vgl. I.1.3.2)

```
procedure break(rw s, rd ss);
$ wir schützen uns zunächst vor falschen
$ Typen für die Parameter
  assert is_string(s);
  assert is_string(ss);
  $ k durchläuft die Positionen in s
    k := 1;
  loop do
        $ wenn wir am Ende angelangt sind, geben
        $ wir s zurück und setzen s auf die
        $ leere Zeichenkette
        if k = #s then
           Ergebnis := s;
           s := '';
           return Ergebnis;
        $ ist s(k) nicht in ss, betrachten wir
        $ die nächste Position
        elseif s(k) notin ss then
           k + := 1;
        $ wenn s(k) in ss ist, muß dies der
        $ erste Index dieser Art sein. Bei
        $ k=1 geben wir om zurück, sonst
        $ berechnen wir das Anfangsstück und
        $ modifizieren s entsprechend
        else
             if k = 1 then
                  return om;
```

```
          else
                    Ergebnis := s(1.. k-1);
                    s := s(k..);
                    return Ergebnis;
          end if k = 1;
      end if k = #s;
  end loop;
end procedure break;
```

Als weiteres Beispiel wollen wir eine Prozedur schreiben, die eine aus lauter Ziffern bestehende Zeichenkette in die zugehörige ganze Zahl umwandelt. Nennen wir die Prozedur Wandel, so soll also z.B. gelten Wandel('1247') = 1247.

Ist ein Zeichen der Eingabe in Wandel keine Ziffer, so soll die Prozedur **om** als Wert zurückgeben. Wir nehmen an, daß wir mit einer Implementation arbeiten, die den ASCII-Zeichensatz verwendet. Ein Zeichen c ist also genau dann eine Ziffer, wenn

abs′0′ <= **abs** c <= **abs**′9′

gilt, das Zeichen hat dann den numerischen Wert

abs c – **abs**′0′

Den numerischen Wert berechnen wir (unter ASCII) wie folgt:

```
macro Wert(c);
$ c ist ein Zeichen, erfüllt also die Zusicherungen
$ is_string(c) und #c = 1
$ Das Makro berechnet den Abstand zum
$ Zeichen '0'
          abs c - abs '0'
endm Wert;
```

Es läge nun nahe, ein Makro Ist_Ziffer zu formulieren, das für ein Zeichen überprüft, ob sein Wert in dem angegebenen Intervall liegt. Wir gehen anders vor, indem wir mit Hilfe der Standardprozedur **span** überprüfen, ob das Argument ausschließlich aus Ziffern besteht.

Die nächsten beiden Makros simulieren eine einfache Zählschleife, die in Einerschritten von Anfang bis Ende zählt:

```
macro Iteration (i, Anfang, Ende);
$ i ist der Zählindex
     i := Anfang - 1;
     loop do
               i + := 1;
               if i > Ende then
                         quit;
               end if;
endm Iteration;
```

```
macro EndIteration;
    end loop
endm EndIteration;
```

Nach diesen Vorbereitungen ist unsere Prozedur `Wandel` ziemlich schnell hingeschrieben:

```
procedure Wandel(s);
$ wir überprüfen, ob s eine Zeichenkette ist,
$ die ausschließlich aus Ziffern besteht
const Ziffern = '0123456789'; $ vgl. S. 43
    para := s;
    Ziffernanteil := span(para, Ziffern);
    $ Beachten Sie, daß span möglicherweise
    $ seinen ersten Parameter verändert
    if Ziffernanteil ≠ s then
        return om;
    end if;
    $ wir iterieren über s und stellen den
    $ zugehörigen numerischen Wert fest
    NumWert := 0;
    Iteration (i, 1, #s)
       NumWert := 10*NumWert + Wert(s(i));
    EndIteration;
    return NumWert;
  drop Wert, Iteration, EndIteration;
  end procedure Wandel;
```

In diesem Beispiel ist die Iteration ein wenig schwerfällig. Dies liegt daran, daß SETL eine einfache Iteration wie z.B. in Pascal

```
for i := Anfang to Ende do
```

nicht kennt, sondern stets über komplexere Objekte (wie z.B. über Mengen oder Tupel) iteriert. Dies wird in Kapitel II diskutiert. Es zeigt sich, daß diese Schwerfälligkeit durch die Verwendung eines geeigneten Makro überspielt werden kann. Das Makro `EndIteration` wurde übrigens aus stilistischen Gründen hinzugefügt, um die Klammerfunktion der Schleife besser zu betonen. Zur Wahl des Namens `Iteration` ist anzumerken, daß das Makro sinnvoller den Namen `for` bekommen hätte, andererseits **for** ein Schlüsselwort ist und daher vermieden werden muß. Am Ende der Prozedur wird durch **drop** die Bindung der Namen `Wert`, `Iteration` und `EndIteration` an die jeweiligen Makro-Texte aufgelöst. Beachten Sie, daß es sich hier um eine Direktive an den Makro-Prozessor handelt (und nicht um eine Anweisung; der Kontrollfluß würde diese Anweisung ja nie erreichen).

Der Unterschied zwischen solchen Prozeduren, die keine Werte zurückgeben, und Funktionsprozeduren wird dann deutlich, wenn solche Routinen keine Parameter haben. Wird eine Funktionsprozedur vereinbart oder aufgerufen, und hat die Prozedur keine Parameter, so muß das durch eine leere Parameterliste angedeutet werden. Dies ist bei Prozeduren, die keine Werte zurückgeben, nicht der Fall – eine recht ärgerliche Inkonsistenz in SETL, die durch die Arbeitsweise des Compilers erklärlich ist: wird eine Funktion aufgerufen, so wird das Resultat in einer Compiler-erzeugten Variable zwischengespeichert. Diese Variable braucht bei den anderen Prozeduren nicht erzeugt zu werden.

Wir wollen nun ein vollständiges Programm schreiben, das die ersten 42 Fibonacci-Zahlen ausdruckt. Dazu müssen wir, wenn wir die Prozedur fib2 benutzen wollen, eine zur Prozedur fibonacci entsprechende schreiben.

```
program wie_immer_fibonacci;
    j := 0;
    (until j = 43)
        print ('j = ', j,
                'Fibonacci-Zahl: ', fib_zahl(j));
        j + := 1;
    end until;

    procedure fib_zahl(k);
        fib2(0, 1, k, j);
        return j;
    end procedure fib_zahl;

    procedure fib2(x, y, n, wr gives);
            ⋮
    end procedure fib2;
end programm wie_immer_fibonacci;
```

Das Programm beginnt mit der Kopfzeile, die das Schlüsselwort **program** und einen Bezeichner als Namen enthält. Ein Semikolon schließt die Kopfzeile ab. Nach einer Folge von Anweisungen folgt die Vereinbarung der Prozeduren fib_zahl und fib2. Die Reihenfolge dieser Vereinbarungen ist nicht dadurch festgelegt, daß eine Prozedur erst dann benutzt werden darf, wenn sie bereits definiert ist, sie ist vielmehr beliebig. Abschließend findet sich die Schlußzeile, die aus **end**, gefolgt von höchstens fünf Token, und einem Semikolon besteht.

Die Prozedur fibonacci ist nun zu einer Prozedur fib_zahl umformuliert, die den letzten aktuellen Parameter von fib2 als Wert zurückgibt. Wir haben ihn hier j genannt, um als weiteres wichtiges Prinzip das der Lokalität zu demonstrieren. In unserem Programm gibt es zwei Vorkommen einer Variablen j, sagen wir main%j und fib_zahl%j für das Vorkommen im Hauptprogramm bzw. in der Prozedur fib_zahl. main%j ist eine von fib_zahl%j völlig verschiedene Variable: wird im Hauptprogramm eine Variablen namens j erwähnt, so bezieht sich diese Erwähnung auf main%j, wird j in fib_zahl erwähnt, so bezieht sich das auf fib_zahl%j (fib2 kennt keine Variable j, also weder main%j noch fib_zahl%j).

Insgesamt hat also jede Prozedur (einschließlich des Hauptprogramms) ihre eigenen, lokalen Variablen. Damit sind insbesondere die Variablen des Hauptprogramms nicht in den Prozeduren sichtbar, wenn nicht besondere Vorkehrungen getroffen werden. Will man eine Variable des Hauptprogramms einer Prozedur (und damit allen Prozeduren) zugänglich machen, so geschieht dies mit einer **var**-Deklaration.

Beispiel:

```
program global;
   var x;   $ x ist damit für alle Prozeduren sichtbar
   x := 1;
   sub(x);
   print ('im Hauptprogramm: x =',x);

   procedure sub(rw y);
     y := y-1;
     print ('in Prozedur sub:  x =',x);
   end procedure sub;
end program global;
```

Durch **var** x wird x als globale Variable deklariert, die in der Prozedur sub bekannt ist. Was wird aber ausgedruckt? Als Ausdruck erscheint

```
in Prozedur sub:  x = 1
im Hauptprogramm: x = 0
```

Vergleichen Sie dies mit dem scheinbar gleichen Pascal-Programm:

```
program global (input, output);
var x : integer;
   procedure sub(var y : integer);
   begin
       y := y-1;
       writeln ('in Prozedur sub:  x =',x)
   end;
begin
   x := 1;
   sub(x);
   writeln ('im Hauptprogramm: x =',x)
end.
```

Hier ergibt sich als Ausdruck

```
in Prozedur sub:  x = 0
im Hauptprogramm: x = 0
```

Dies liegt daran, daß der Variablenparameter y beim Aufruf von sub(x) eine Referenz auf x darstellt, so daß sich y auf die Adresse von x bezieht. In SETL werden **rw**- und **wr**-Parameter nicht durch den Mechanismus "call-by-reference" implementiert, sondern durch "call-by-value/result". In der Tat implementiert der Compiler den Aufruf sub(x) wie folgt: es wird eine temporäre Variable temp_x erzeugt (die sonst nirgends benutzt wird), und dann werden diese drei Anweisungen abgearbeitet:

```
temp_x := x;
sub(temp_x);
x := temp_x;
```

Dies erklärt den Effekt, der sich durch die obigen Druckanweisungen manifestiert.

Die Deklaration globaler Variablen durch **var** ist nicht notwendig auf eine Variable beschränkt, es können mehrere, durch Kommata voneinander getrennte Variablen als global gekennzeichnet werden. Globale Variable können durch **init** initialisiert werden.

Beispiel:

Durch

```
var eins, zwei;
init eins := 1.0,
     zwei := 2.0;
```

werden die beiden Variablen eins und zwei als global deklariert und zu 1.0 bzw. 2.0 initialisiert. Beachten Sie, daß die Initialisierungen jeweils die Form von Zuweisungen haben und ebenfalls durch Kommata voneinander getrennt sind. Deklaration wie Initialisierung werden durch Semikolon abgeschlossen. Jede zu initialisierende Variable muß vorher als global gekennzeichnet sein, **var** und **init** müssen vor der ersten ausführbaren Anweisung stehen (und dürfen insbesondere keine ausführbaren Anweisungen enthalten – Ausnahmen werden gleich diskutiert). Unter diesen Nebenbedingungen können Deklarationen globaler Variablen und ihre Initialisierungen beliebig gemischt werden.

Die Konstanten-Deklaration geschieht mit **const** und muß ebenfalls textuell vor den Anweisungteil plaziert werden. Mit dieser Deklaration werden globale Konstanten vereinbart, in Prozeduren ebenfalls lokale Konstanten.

Beispiel:

```
const one = 1,
      two = 2,
      three = 3;
```

vereinbart die Konstanten one, two und three und gibt ihnen die Werte 1, 2 und 3. Beachten Sie hierbei, daß Konstante anders als Variable ihren Wert durch = und nicht durch := bekommen, und daß auch hier die Wertzuweisungen durch Kommata voneinander getrennt sind. Die Konstantenvereinbarung wird wieder durch ein Semikolon abgeschlossen.

Die Ausdrücke, zu denen Konstanten deklariert werden können, sind recht eingeschränkt und durch die folgende Liste gegeben:

1. Bezeichner für elementare Objekte wie ganze und reelle Zahlen sowie Zeichenketten,
2. bereits vorher definierte Konstanten,
3. einfache Bezeichner, die nicht vorher als Konstante definiert wurden. In diesem Fall wird angenommen, daß eine implizit definierte konstante Zeichenkette, deren Wert die rechte Seite in Großbuchstaben ist, den Wert der Konstanten ausmacht.

Beispiel:
```
const a = abra;
     $ abra vorher nicht definiert
```
ist unter dieser Regel gleichwertig zu
```
const a = 'ABRA';
```

4. Die Konstanten-Vereinbarung kann auch nur aus einer Liste von Bezeichnern bestehen und wird in diesem Fall behandelt wie eine Liste implizit definierter konstanter Zeichenketten.

Beispiel:
```
const alpha, beta, gamma;
```
ist unter dieser Regel gleichwertig zu
```
const alpha = 'ALPHA',
      beta = 'BETA',
      gamma = 'GAMMA';
```

Diese Regeln werden noch ein wenig erweitert werden müssen, wenn Mengen und Tupel bekannt sind. Die zur Initialisierung von Variablen herangezogenen Ausdrücke müssen ebenfalls den Regeln 1.–3. genügen; zusätzlich können hier neben Konstanten bereits initialisierte Variablen herangezogen werden.

I.3.3 Selbstdefinierte Operatoren

Als einführende Problemstellung nehmen wir an, daß wir die Juxtaposition zweier nicht-negativer ganzer Zahlen berechnen wollen. Das Ergebnis dieser Operation besteht darin, die Ziffern der zweiten Zahl direkt hinter die der ersten zu schreiben, die Juxtaposition von `477` mit `9134` ist also `4779134` = `477 * 10^k + 9134` mit `k = 4`, der Länge von `9134`. Als Prozedur formuliert ergibt sich:

```
procedure juxta(x, y);
      assert is_integer(x) and x >= 0;
      assert is_integer(y) and y >= 0;
      return x * 10 ** #str y + y;
end procedure juxta;
```

Wir multiplizieren x also mit einer Zehnerpotenz, deren Exponent sich aus der Länge der Darstellung des zweiten Parameters y ergibt, und addieren y.

Wann immer wir diese Operation für zwei ganze Zahlen n,m ausführen wollen, rufen wir also

```
juxta(n, m)
```

auf. Dies ist in gewisser Hinsicht ein wenig gezwungen, als es sich ja hier um eine innere Verknüpfung zweier Objekte handelt, und um den operationalen Charakter dieser Verknüpfung besser darstellen zu können, wäre es sicher angemessen, die Juxtaposition als Infix-Operation zu schreiben, also etwa

```
n juxta m.
```

SETL erlaubt eine solche Schreibweise, wenn die Prozedur vorher als Operator definiert wurde, wobei ein Operator stets einen Punkt vor seinem Namen tragen muß. Sonst kann der Name frei gewählt werden (anders als in Ada, das für die Namen von Operatoren, die der Programmierer selbst definiert, nur eine eingeschränkte Namensgebung hat).

```
operator .juxta(x, y);
    assert ...
    assert ...
    return x * 10 ** #str y + y;
end operator .juxta;
```

Diese Vereinbarung ähnelt stark der Vereinbarung einer Prozedur; der Unterschied besteht darin, daß das Schlüsselwort **procedure** durch das Schlüsselwort **operator** ersetzt wurde, und daß der Name der Konvention für Operatoren gehorchen muß.

In unserem Beispiel würden wir einen Aufruf also statt `juxta(477, 9134)` jetzt als `477 .juxta 9134` formulieren.

Die Anzahl der Argumente für Operatoren ist auf eins oder zwei beschränkt. Bei einem Argument wird der Operator als Präfix-Operator, bei zwei Argumenten als Infix-Operator verwendet.

Beispiel:

Wir wollen eine Zeichenkette umdrehen

```
operator .DrehUm(s);
    assert is_string(s);
    if #s <= 1 then
        return s;
    else
        return s(#s) + .DrehUm s(1..#s-1);
    end if;
end operator .DrehUm;
```

Also

```
.DrehUm 'abcde' = 'edcba'
```

Beispiel:

Wir wollen den größten gemeinsamen Teiler zweier nicht-negativer ganzer Zahlen berechnen:

```
operator .ggT(x, y);
   assert is_integer(x) and x >= 0;
   assert is_integer(y) and y >= 0;
      return if x = 0 then y
                 elseif x = y then x
                 elseif x < y then (y mod x) .ggT x
                 else y .ggT x
                 end;
end operator .ggT;
```

(also 12 .ggT 14 = 2, 0 .ggT 13 = 13)

Wir merken hierzu an, daß im allgemeinen Fall weder die Typen der Operanden untereinander, noch die Typen eines Operanden und des Resultats miteinander übereinstimmen müssen.

Abschließend soll auf zwei mit Operatoren verbundene Besonderheiten hingewiesen werden. Da es intuitiv nicht besonders sinnvoll ist, wenn Operatoren ihre Operanden verändern (oder gar erst bestimmen), verbietet SETL die Übergabe von Parametern mittels **wr** oder **rw**; die Parameter eines Operators müssen als **rd**-Parameter übergeben werden. Weiterhin ist es wie bei vordefinierten Operatoren möglich, in Zuweisungen mit Hilfe des Operators abzukürzen, also z.B. statt

```
ErsteZahl := ErsteZahl .ggT ZweiteZahl
```

zu schreiben

```
ErsteZahl .ggT := ZweiteZahl
```

(analog zur Ersetzung von x := x+y durch x + := y).

I.3.4 Operator-Hierarchie

Aus der Schule kennen wir den Spruch "Punktrechnung geht vor Strichrechnung", der eine einfache Form der Hierarchie von Operatoren kennzeichnet.

SETL kennt die folgenden Präzedenzklassen:

Präzedenz	Operatoren
11	**:=** (linke Seite) zuweisende Operatoren (linke Seite)
10	**from** (beide Seiten) alle unären Operatoren mit Ausnahme von **not** und den **is_**...-Operatoren
9	**
8	? * / **mod div**
7	+ - **max min**
6	Benutzer-definierte binäre Operatoren, **with**
5	= ≠ < <= > >=

4	**not**, die **is_** . . .-Operatoren
3	**and**
2	**or**
1	**impl**
0	:= (rechte Seite)
	zuweisende Operatoren (rechte Seite)

Hierbei sind einige Operatoren angegeben, die erst später behandelt werden.

Je höher die Präzedenz eines Operators ist, desto früher wird er ausgeführt, desto höher ist also seine Priorität in der Hierarchie. Wenn sich nun zwei Operatoren einen gemeinsamen Operanden teilen, so wird der Operator mit der höheren Präzedenz zuerst ausgeführt; bei gleicher Präzedenz wird von links nach rechts vorgegangen. Diese Reihenfolge kann – wie üblich – durch Klammerung geändert werden.

Also ist

```
a + b + c * d
```

gleichwertig zu

```
(a+b) + (c*d)
```

und

```
a + b + := c div d
```

wird ausgewertet als

```
a + (b + := (c div d)).
```

I.3.5 Beispiel: ein Scanner für Pascal-Programme

Die erste Phase des Übersetzungsprozesses für ein Programm besteht in der Zerlegung des Programmtexts in lexikalische Einheiten. Diese Einheiten werden zu einer Folge zusammengefaßt, die dann von der syntaktischen Analyse weiterverarbeitet werden. Jede Einheit wird Token genannt, und für den weiteren Fortgang des Übersetzungsvorgangs ist es wichtig, zunächst einmal nicht die Token selbst, sondern ihre Klasse zu kennen. In Pascal gibt es die folgende Klassen von Token:

1. Bezeichner (dies können vom Benutzer definierte Bezeichner sein, aber auch Schlüsselwörter der Sprache),
2. Konstanten (hierzu zählen Zeichenketten, ganze Zahlen und reelle Zahlen),
3. spezielle Symbole (dies sind:
   ```
   ( ) [ ] , ; : .. < <= <> = >= > := * + - / . ).
   ```
   Diese Symbole können entweder durch ein oder durch zwei Zeichen dargestellt sein,
4. Zwischenräume (Leertaste, neue Zeile, Tabulator, neue Seite),
5. Kommentare (durch { eingeleitet und durch } abgeschlossen, nicht verschachtelt).

Die Klassen 4. und 5. werden von der lexikalischen Analyse insoweit ignoriert, als sie nicht weitergegeben werden, sondern nur überlesen werden.

Um nun Bezeichner und Konstanten erkennen zu können, muß ihre äußere Gestalt spezifiziert werden. Dies geschieht üblicherweise durch reguläre Ausdrücke: ein Bezeichner wird durch den regulären Ausdruck

```
Buchstabe (Buchstabe|Ziffer|'_')*
```
beschrieben, wobei Buchstabe gegeben ist durch den regulären Ausdruck

```
'a'|'b'|...|'z'|'A'|...|'Z'
```

und Ziffer durch

```
'0'|'1'|...|'9'.
```

Einen Zeichenkette ist charakterisiert durch ein Hochkomma, eine Folge von Zeichen, die kein Hochkomma enthält, und ein schließendes Hochkomma (dies ist eine Vereinfachung: wir ignorieren eingebettete Hochkommata).   Schließlich ist eine ganzzahlige Konstante beschrieben durch

```
Vorzeichen Ziffer (Ziffer)*
```

(wobei der reguläre Ausdruck Vorzeichen gegeben ist durch

```
'+'|'-'|epsilon
```

mit epsilon als leerem Wort), und eine reelle Konstante durch

```
ganzzahlige_Konstante '.' Ziffer (Ziffer)*.
```

Unser Scanner wird wie folgt arbeiten: er liest den Namen der Datei mittels **getspp**. Wir nehmen an, daß Pascal-Programme in Dateien gespeichert sind, die auf '.pas' enden. Daher brauchen wir nur das Präfix des Dateinamens zu übergeben, der Scanner setzt dann den Namen passend zusammen. Die entsprechende Datei muß eine Text-Datei sein. Die Datei wird geöffnet und Zeile für Zeile gelesen. Jede Zeile wird analysiert. Dies geschieht durch die Speicherung der Zeile in einer Zeichenkette, deren Anfangsstück jeweils analysiert wird. Ist ein Anfangsstück erkannt, so wird es von der Kette abgebrochen, und die Analyse fährt mit dem Rest fort. Dies geschieht solange, bis die Zeichenkette leer ist, dann wird eine neue Zeile gelesen und zerlegt. Ergibt ein Leseversuch den Wert **om**, so wissen wir, daß wir das Ende der Datei erreicht haben. Wir schließen die Datei und beenden das Programm.

Die Analyse der Zeilen ergibt Werte für die einzelnen Token, die wir ausdrucken (ein Scanner als Teil eines Übersetzers würde jedes Token an die Syntaxanalyse weitergeben).

Wir nehmen hier an, daß wir unter UNIX arbeiten, halten uns also an die Namenskonventionen bei Dateien unter UNIX, und haben den ASCII-Zeichensatz vor uns. Die Änderung zu einem anderen Betriebssystem oder einem anderen Zeichensatz ist recht trivial.

Zunächst vereinbaren wir die Token-Klassen. Dies geschieht am zweckmäßigsten durch Makros:

```
macro TokenKlassen;
    Bezeichner, Konstanten, SpezielleSymbole
endm TokenKlassen;

macro Bezeichner;
    Identif
endm Bezeichner;

macro Konstanten;
    StringConst, IntConst, RealConst
endm Konstanten;

macro SpezielleSymbole;
    OParen, CParen,   $ für ()
    OBrak, CBrak,     $ für []
    Comma, Semicolon, Dot, DotDot, Colon,
    Less_, LEqual, NEqual, Equal, GEqual, Greater,
    Assgn, Star, Plus, Minus, Slash
    $ Assgn für :=
endm SpezielleSymbole;

macro alpha;    $ das Alphabet
    'aAbBcCdDeEfFgGhHiIjJkKlLmMnNoOpP'+
    'qQrRsStTuUvVwWxXyYzZ'
endm alpha;

macro Ziffern;    '0123456789'    endm Ziffern;
macro alphanum;    alpha + Ziffern    endm alphanum;
```

Wir benötigen die Sonderzeichen, die wir in einer Zeichenkette zusammenfassen, und als Makro formulieren:

```
macro Sonderzeichen;
'<> = : ; [] () ., * + - /'
endm Sonderzeichen;
```

Schließlich formulieren wir zwei implementationsabhängige Makros – dies geschieht, um möglicherweise notwendige Änderungen schnell lokalisieren zu können:

```
macro Tabulator;  char (9)  endm Tabulator;
macro NeueZeile;  char (13)  endm NeueZeile;
```

Und nun geht's los:

```
program Pascal_Scanner;

const TokenKlassen, Unbekannt;

var    ProgDatei,    $ für den Dateinamen
       Zeile;        $ gerade bearbeitete Zeile
DateiPraefix := getspp('file=/');
$ Anmerkung 1
$ Konstruiere den Dateinamen und öffne die Datei zum Lesen
ProgDatei := DateiPraefix + '.pas';
open (ProgDatei, 'TEXT-IN');
$ Die Werte der Token werden auf eine Text-Datei mit Suffix
$ '.tok' geschrieben. Die eigentliche Analyse findet in der
$ Funktion NextToken statt, die om zurückgibt, sobald sie
$ fertig ist. In diesem Falle werden die offenen Dateien
$ geschlossen, und das Programm ist beendet.
TokenDatei := DateiPraefix + '.tok';
open (TokenDatei, 'TEXT-OUT');
(while (tok := NextToken()) ≠ om )   $ Anmerkung 2
   printa(TokenDatei, tok);
end while;
close(TokenDatei);
close(ProgDatei);


$ -----------------------------------------------------
$ Formulierung der Prozeduren
$ -----------------------------------------------------

procedure NextToken();
$ wir definieren zunächst einige Konstanten

const Unterstrich = '_',
      Signum = '+-',
      Quote = '''',
      Blank = ' ',
      leer = '',
      Punkt = '.',
      OMenge = '{',
      CMenge = '}';


$ Vereinbarung für Zwischenräume
WhiteSpace := Blank + Tabulator + NeueZeile;
```

```
$ Prüfe, ob eine neue Zeile gelesen werden muß
if (Zeile = om) or (Zeile = leer) then
   get(ProgDatei, Zeile);
   $ Ende der Datei erreicht ?
   if Zeile = om then return om; end if;
end if;
$ Entferne Zwischenräume von rechts und später von links
rspan(Zeile, WhiteSpace);
$ wenn jetzt nichts mehr übrig geblieben ist, war es
$ eine leere Zeile; wir rufen NextToken wieder auf
if Zeile = leer then return NextToken(); end if;
span(Zeile, WhiteSpace);
$ die nunmehr gesäuberte Zeile wird von links nach
$ rechts analysiert. Es können verschiedene Fälle
$ auftauchen, die wir mit span herausfinden

if (item := span(Zeile, alpha)) ≠ om then
   $ ist der Anfang eines Bezeichners, lies den Text
   item + := span(Zeile, alphanum+Unterstrich) ? leer;
   $ Anmerkung 3
   return Identif;
elseif (item := span(Zeile, Signum)) ≠ om then
   $ Zahl mit Vorzeichen, oder Operator
   return if  item = '+' then Plus else Minus end;
elseif (item := span(Zeile, Ziffern)) ≠ om then
   $ kann eine ganzzahlige oder reelle Konstante sein,
   $ abhängig davon, ob ein Dezimalpunkt folgt
   if Zeile(1) = Punkt then
      if Zeile(2) = Punkt then
          $ zwei Punkte hintereinander
          return IntConst
      else Zeile := Zeile(2..);
          span (Zeile, Ziffern);
          return RealConst;
      endif Zeile(2);
   else
      return IntConst;
   end if  Zeile(1);
elseif Zeile(1) = Quote then
   Zeile := Zeile(2..);
   $ Zeichenkette beginnt. Überlies sie bis zum nächsten Quote
   if LiesBis(Quote) then
      return StringConst;
   end if;
```

```
elseif (item := span(Zeile, OMenge)) ≠ om then
   $ Beginn eines Kommentars. Überlies sie bis zum
   $ schließenden Symbol
   if LiesBis (CMenge) then
      return NextToken();
   end if
else
   return WelchesSonderzeichen();
end if; $ äußere Schleife
end procedure NextToken;


procedure LiesBis(c);
$ liest Zeile bis zum ersten Auftauchen des Zeichens c
$ Ist die erste Zeile zu Ende, so wird eine neue Zeile
$ aus der Datei gelesen
assert is_string(c) and #c = 1;
loop do
   if len(Zeile, 1) = c then
      return true;
   elseif Zeile = '' then
      get(ProgDatei, Zeile);
      if Zeile = om then return false; end if;
   end if len;
end loop;
end procedure LiesBis;


procedure WelchesSonderzeichen;
$ Langweilige Prozedur: sieht sich das erste Zeichen
$ der Zeile an und gibt den entsprechenden Wert des
$ Tokens zurück
return
   case len(Zeile, 1) of
   ('('): OParen, (')'): CParen, ('['): OBrak,
   (']'): CBrak,  (','): Comma,  (';'): Semicolon,
   ('='): Equal,  ('*'): Star,   ('+'): Plus,
   ('-'): Minus,  ('/'): Slash,
   ('.') if any(Zeile, '.') ≠ om then
            DotDot
         else Dot end,
   ('<') if any(Zeile, '>') ≠ om then
            NEqual
         elseif any(Zeile, '=') ≠ om then
            LEqual
         else Less_ end,
```

```
 ('>')  if any(Zeile, '=') ≠ om then
             GEqual
          else Greater end,
 (':')  if any(Zeile, '=') ≠ om then
             Assign
          else Colon end,
    else
       Unbekannt
    end;
end procedure WelchesSonderzeichen;
end program Pascal_Scanner;
```

Die Kompaktheit dieses Programms beruht im wesentlichen darauf, daß mit **span** und **len** mächtige Operationen zur Verfügung stehen, die eine einfache Übertragung z.B. regulärer Ausdrücke erlauben.

Anmerkungen:

1. Die Kommando-Zeile für dieses SETL-Programm muß die Angabe

    ```
    file=filename
    ```

    enthalten, wobei `filename` vom Benutzer angegeben werden sollte. Es ist hier im Parameter für **getspp** kein vorbesetzter Wert angegeben. Wenn die obige Direktive fehlt, oder wenn nur `file` angegeben ist (beachten Sie, daß das Gleichheitszeichen nicht links oder rechts an ein Leerzeichen grenzen darf), so ist `Dateipraefix` die leere Zeichenkette, es wird dann versucht, die Dateien `.pas` und `.tok` zu öffnen.
2. Wir machen hier wie auch später von der Möglichkeit Gebrauch, die Zuweisung als Ausdruck zu benutzen, der einen Wert hat – vgl. I.1.1.
3. x ? y liefert y, wenn x = **om**, und x, wenn x ≠ **om**. Also wird hier ein eventueller Rest gelesen und an `item` angefügt.

I.4 Aufgaben zu Kapitel I

1. Eine nicht-negative ganze Zahl kann auf kanonische Weise als Bit-Vektor, also als Zeichenkette über dem Alphabet {'0','1'} geschrieben werden.

    a. Schreiben Sie SETL-Prozeduren, die solche Zahlen in Bit-Vektoren verwandeln, und Bit-Vektoren in ganze Zahlen umwandeln.
    b. Implementieren Sie Operatoren .and, .or, .xor, für nicht-negative ganze Zahlen, wobei diese Operatoren auf den Bits der einzelnen Bit-Vektoren wie **and, or** und **xor** arbeiten sollen.

2. Eine Text-Datei enthält die folgenden Fahrplan-Angaben

```
Hildesheim #5.24#6.04#6.59#7.50#9.04#11.44
Harsum #5.29#6.09#7.04#7.55#9.09#11.49
Algermissen #5.33#6.14#7.08#7.59#9.13#11.53
Lehrte #5.56#6.33#7.23#8.16#9.32#12.13
Hannover #6.07#6.46#7.39#8.27#9.45#12.29
```

Lesen Sie diese Eingaben und formatieren Sie die Ausgabe in hübschen Spalten.

3. Schreiben Sie ein SETL-Programm, das aus einer Text-Datei alle Tabulatoren entfernt, ohne das Druckbild der Datei zu verändern.

4. Formulieren Sie eine SETL-Prozedur

```
Ersetze (Ein, Sub, Repl)
```

die in der Zeichenkette `Ein` jedes Vorkommen der Zeichenkette `Sub` durch die Zeichenkette `Repl` ersetzt. Die Argumente sollen als **rd**-Parameter übergeben werden.

5. Ein Textformatierer liest den zu formatierenden Text und die Formatier-Kommandos aus einer Text-Datei und schreibt den formatierten Text wieder in eine Text-Datei. Die Befehle haben die Form

```
\Befehl  Argument
```

Jeder Befehl steht auf einer eigenen Zeile. Es gibt die folgenden Befehle:

Befehl	Argument	Bedeutung
Zentr	n	zentriere die nächsten n Zeilen der Eingabe
Para	n	neuer Paragraph, d.h. Leerzeile, und Einrücken der Eingabe um n Positionen in der ersten Zeile des neuen Paragraphen
Zeile	n	n Leerzeilen
Neu	–	neue Zeile (keine Leerzeile)
Lindent	n	verschiebe den linken Rand um n Positionen nach rechts
Rindent	n	verschiebe den rechten Rand um n Positionen nach links
Eindent	–	Aufheben von Lindent oder Rindent
Flatter	–	Flattersatz, d.h. kein Ausgleich des rechten Randes
Glatt	–	Ausgleich des rechten Randes (voreingestellt)

Die Befehle gelten von ihrem Auftreten ab bis entweder die Datei zu Ende ist, oder bis sie durch einen anderen Befehl abgestellt werden.

Implementieren Sie einen solchen einfachen Formatierer.

6. Pascal erlaubt die Angabe von Gleitpunktzahlen mit ganzzahligem Exponent (z.B. `0.234E-07`). Erweitern Sie das Programm `Pascal_Scanner` um diese lexikalische Variante. Fügen Sie außerdem die Möglichkeit hinzu, Kommentare zu verschachteln, und in Zeichenketten (duplizierte) Hochkommata zu haben (`'that''s it'`).

7. Eine HyperText-Karte besteht aus zwanzig Zeilen zu je 80 Zeichen (so daß sie auf einen normalen Bildschirm paßt), jede Karte ist durch eine vierstellige Ziffernfolge, die in `#..#` eingebettet ist, identifiziert. Karten können aufeinander verweisen; ein solcher Verweis ist durch Angabe der Identifikationsnummer, die wieder in `#..#` eingebettet ist, gegeben, so daß man in diesen Karten blättern kann. Schreiben Sie ein SETL-Programm, das erlaubt,

□ Karten zu lesen
□ jede Karte von einer anderen aus auf dem Bildschirm darzustellen
□ zur zuletzt gelesenen Karte zurückzukehren
□ neue Karten anzulegen
□ alte Karten zu löschen

Hierzu kann jede Karte als Zeichenkette aufgefaßt werden, die die Identifikation als Anfangskette hat, worauf ein Indikator folgt, der sagt, ob die Karte noch gültig ist oder nicht. Dann folgt der Text der Karte (mit eingebetteten `newline`-Zeichen). Die Karten werden als binäre Objekte in einer (binären) Datei gespeichert.

Das SETL-Programm muß sich insbesondere um das Layout des Bildschirms, und um einen geeigneten Kommando-Interpreter bemühen. Die Aufgabe wird dadurch ein wenig umständlicher, daß SETL nur sequentielle Dateien kennt, die zudem entweder nur gelesen oder nur geschrieben werden können.

(Anmerkung: Dies ist ein primitives Hypertext-System. Dem interessierten Leser sei als Einblick in die Problematik die im Literaturverzeichnis genannte Arbeit von J. Conklin empfohlen).

II Zusammengesetzte Datentypen

In diesem Kapitel stellen wir SETLs zusammengesetzte Datentypen vor; es sind dies –
in der Reihenfolge ihres Auftretens – Mengen (**set**), Tupel (**tuple**), und Abbildungen
(**map**). Diese komplexen Typen tragen zusammen mit den auf ihnen definierten Operationen
wesentlich zur Mächtigkeit von SETL bei und gehen weit über das hinaus, was andere
Sprachen an analogen Konstrukten bieten. Im Falle von Mengen findet man dort in der
Regel lediglich die Möglichkeit, mit Teilmengen einer beschränkten Kardinalität über einer
Grundmenge zu operieren, deren Elemente alle den gleichen Typ haben. Diese Homogenität
der Komponenten wird auch bei Feldern (*arrays*), dem Analogon zu Tupeln, gefordert, die
zudem in vielen Sprachen nur in einer statischen Variante vorkommen, d.h. die maximale
Anzahl der Komponenten eines Feldes ist (in einer Typdeklaration) vorzugeben.

Demgegenüber kennt SETL keine Einschränkungen an die Größe einer Menge oder eines
Tupels, und die Elemente brauchen nicht homogen zu sein, sondern es können beliebige
SETL-Objekte zu einer Menge oder einem Tupel zusammengefaßt werden.

II.1 Mengen

Der Entwicklung von SETL lag die Idee zugrunde, den Formalismus der endlichen Mengenlehre in eine Programmiersprache zu übertragen. Dementsprechend ist der Datentyp **set**,
der Mengen in SETL beschreibt, ein sehr komfortables Konstrukt. In einer Menge sind
beliebige SETL-Objekte mit Ausnahme von **om**, das nie Element einer Menge sein darf, in
einer Struktur zusammengefaßt, die die gleichen Eigenschaften wie Mengen in der endlichen
Mathematik hat, d.h. Elemente kommen nicht mehrfach vor, und es gibt keine Ordnung auf
den Elementen einer Menge.

II.1.1 Generierung und Darstellung von Mengen

Eine SETL-Menge kann beschrieben werden durch Aufzählung ihrer Elemente, getrennt
durch Kommata, und eingeschlossen in geschweifte Klammern. So beschreibt

```
{4, {'Adam','Eva'}, 13.78, '13.78'}
```

eine Menge, die aus vier Elementen besteht, nämlich der ganzen-Zahl 4, der Menge, die
aus den Zeichenketten 'Adam' und 'Eva' gebildet wird, der reellen Zahl `13.78`, und der
Zeichenkette `'13.78'`; die Typen der Elemente dieser Menge sind also alle verschieden.
Auf die Reihenfolge kommt es bei der Aufzählung nicht an. Es beschreiben

```
{1, 2, 3, 4} und {2, 4, 3, 1},
```

dieselbe, aus vier ganzen Zahlen bestehende Menge. Dagegen beschreibt

```
{2, {4}, 3, 1}
```

eine andere Menge, denn diese hat nicht die 4 als Element, sondern die Menge, die 4 als
einziges Element hat.

        { }

beschreibt die leere Menge, die anders als **om** auch wieder Element einer Menge sein kann:
so ist

        { { { } } }

die Menge, die als einziges Element die Menge hat, die als einziges Element die leere
Menge hat.

Ist s eine Menge, so erhält man den Wert von s durch **print**(s) ausgedruckt, und zwar
genau in der soeben beschriebenen Form, d.h. durch Aufzählung der Elemente.

Bei der Eingabe einer Menge am Terminal geht man analog vor: soll mit **read**(s) eine
Menge s eingelesen werden, so gibt man eine geschweifte Klammer ein, und bis zur Eingabe
einer passenden schließenden Klammer werden die Eingaben als Elemente der Menge s
aufgefaßt.   Die Elemente können hierbei nicht nur durch Komma, sondern auch durch
Leerzeichen getrennt werden.

Das Schreiben und Lesen von zusammengesetzten Objekten auf bzw. von externen Dateien
(sowohl Textdateien als auch binären Dateien) geschieht genau so, wie es im ersten Kapitel
für einfache Objekte beschrieben wurde.

Die Zuordnung von Mengen (und anderen zusammengesetzten Objekten) an Variable geschieht in der üblichen Weise; durch

        x:= {4, {19,5}, { }, 'SETL'}

erhält x als Wert die beschriebene Menge aus vier Elementen.

Die Elemente der Aufzählung müssen übrigens nicht unbedingt Konstanten sein; Variable
oder beliebige Ausdrücke wie in

        y:= {a, b, a+b, 7};

sind zulässig. Die Menge y besteht dann aus dem Wert von a, dem Wert von b, dem Resultat
der Addition von a und b, und der Konstanten 7.

Offenbar kann die aufzählende Beschreibung von Mengen mit wachsender Zahl der Elemente
etwas mühsam werden. Deshalb sieht SETL weitere Möglichkeiten vor.

Für den häufig auftretenden Fall, daß ein bestimmtes Intervall ganzer Zahlen eine Menge
bilden soll, bietet SETL eine Abkürzung:

        {i .. j}

beschreibt die Menge aller ganzen Zahlen k mit $i \leq k \leq j$. Ist j kleiner als i, so liefert
{i..j} die leere Menge {}.

Man beachte, daß man bei Aufruf von **print**({i..j}) nun beileibe nicht erwarten kann,
das Intervall in der Reihenfolge i, i+1, i+2, .., j ausgedruckt zu bekommen. Vielmehr werden die Zahlen in einer nicht vom Programmierer zu beeinflussenden Reihenfolge
ausgedruckt. Dies hat zu tun mit der internen Speicherung von Mengen mittels Hashing:
bei der Ausgabe durchläuft das System sequentiell die für eine Menge angelegte Hash-Tafel,
ohne eine Ordnung auf den Elementen zu berücksichtigen.

Ein weiteres Kürzel gibt es für Integer-Mengen, deren Elemente einer gewissen arithmetischen Progression genügen. So beschreibt

    {x, x+k .. y}

die Menge der ganzen Zahlen

    {x + j*k; j$\geq$0, x+j*k$\leq$y},

also ist z.B. {3, 5 .. 12} Abkürzung für {3, 5, 7, 9, 11}. Man beachte, daß der zweite anzugebende Wert das zweite Element, nicht etwa die Schrittweite der Progression angibt; letztere wird vom System selbst bestimmt.

Aus der Mathematik kennt man die Möglichkeit, Mengen durch die Angabe charakteristischer Eigenschaften ihrer Elemente zu beschreiben. So ist

    {x | x **mod** 2 = 0}

eine Beschreibung der Menge der geraden Zahlen. Diese in der Mathematik übliche Form gibt es auch in SETL; sie muß allerdings ergänzt werden um die explizite Angabe, aus welchem Bereich Kandidaten für die Menge gewählt werden sollen. Wir kommen so zu einer Darstellung

    {x **in** s | C},

die eine Menge beschreibt, die alle die Elemente von s enthält, die der Booleschen Bedingung C genügen; dabei hängt C in der Regel von x ab.

    {x **in** {1..1000} | x**2 **mod** 4 = 0}

liefert also die Menge aller positiven ganzen Zahlen bis 1000, deren Quadrate durch 4 teilbar sind.

Die Notwendigkeit der Angabe eines Grundbereiches ergibt sich aus der Tatsache, daß SETL die Elemente einer Menge stets explizit bestimmt und abspeichert. Dies bedeutet, daß im Gegensatz zur Mathematik nur endliche Mengen zugelassen sind. Auch der Grundbereich muß endlich sein. Die explizite Darstellung unendlicher Mengen ist nicht möglich.

Wir wollen die angegebene Form noch einmal erweitern; dabei benutzen wir mehrfach den Begriff des Tupels, ohne Tupel schon offiziell eingeführt zu haben. Dies sollte jedoch nicht zu Verwirrungen führen. In

    x_1 **in** s_1, x_2 **in** s_2... , x_n **in** s_n

iterieren wir (unabhängig voneinander) x_1 über s_1, x_2 über s_2 usw. Jeder Iterationsschritt vollzieht sich dann über einem Tupel [x_1,..,x_n], dessen Komponenten aus den s_1,..,s_n stammen. Diese Tupel können mit

    x_1 **in** s_1, x_2 **in** s_2... , x_n **in** s_n | C

wieder auf eine Bedingung C überprüft werden. Für Tupel, die C erfüllen, wird dann durch einen Ausdruck E das neu in die Menge aufzunehmende Element berechnet. E wird in der Regel von den x_i abhängen. Die allgemeine Form des Mengengenerators lautet damit

    {E: x_1 **in** s_1, .., x_n **in** s_n | C}.

Beispielsweise beschreibt

```
{i*j : i in {2..10}, j in {2..50} | i*j <= 100}
```

die Menge aller Produkte von Elementen der betreffenden Mengen, die kleiner oder gleich 100 sind. Man beachte, daß bei der Konstruktion der Menge implizit über zwei Mengen iteriert wird. Auf die Reihenfolge der Iteration hat man also aus den oben genannten Gründen keinen Einfluß. Falls diese jedoch wesentlich ist, muß man Tupel anstelle von Mengen verwenden.

```
{i*j : i in {2..10}, j in {2..50}}
```

gibt alle Produkte ohne Einschränkung; die Bedingung C kann wie gesagt fehlen. Dagegen dürfen die Angaben zu den Iterationsbereichen nicht fehlen.

```
{i*j | i*j > 0 and i*j <= 100}
```

ist fehlerhaft, weil nicht klar ist, worüber i und j iterieren sollen.

Ein Wort noch zur Gestalt der s, s_1, s_2, ... Dies sind Ausdrücke, deren Auswertung eine Menge oder ein Tupel ergibt, d.h. es ist sowohl möglich, explizit Bezeichner von Mengen oder Tupeln anzugeben, als auch Ausdrücke, in denen erst durch die Auswertung von Mengen- oder Tupeloperationen entsprechende Objekte entstehen.

II.1.2 Operationen und Prädikate auf Mengen

Ist s eine Menge, so sind auf s die folgenden unären Operatoren definiert:

#s	Mächtigkeit (Anzahl der Elemente) von s; dieser Operator ist analog für die anderen zusammengesetzten Datentypen definiert.
arb s	liefert ein beliebiges Element von s, bei mehreren aufeinanderfolgenden Versuchen nicht notwendig immer das Gleiche; das ist jedoch abhängig von der Implementation.

Daneben gibt es eine Funktion **random** s, die ebenfalls ein willkürliches, durch einen Zufallsprozeß ausgewähltes Element von s liefert. Die Funktion ist aber ähnlich wie die gleichnamigen Funktionen für reelle und ganze Zahlen mit Vorsicht zu genießen; man sollte wie dort im Ernstfall besser auf selbstdefinierte Zufallsgeneratoren zurückgreifen.

Die binären Operatoren unterscheiden sich dadurch, ob einer oder beide Operanden Mengen sind. Für Mengen s und ss sind definiert:

s+ss	die Vereinigung von s und ss
s*ss	der Durchschnitt von s und ss
s-ss	die Differenz von s und ss, d.h. die Menge der Elemente, die zu s, nicht aber zu ss gehören
s **mod** ss	die symmetrische Differenz von s und ss, d.h. die Menge der Elemente, die entweder zu s oder zu ss, nicht aber zu beiden gehören (gleichbedeutend mit (s+ss)-(s*ss))

Ist s Menge, k positive ganze Zahl, so liefert

k **npow** s	die Menge aller Teilmengen von s mit k Elementen; für negative k resultiert die Anweisung in einem Laufzeitfehler

Einfügen und Entfernen von Elementen aus einer Menge s sind realisiert durch

s **with** x	Hinzufügen von x zu s, falls x nicht schon in s enthalten (gleichbedeutend zu s+{x})
s **less** x	Entfernen von x aus s, falls x in s enthalten (gleichwertig zu s-{x})

Häufig ist es sinnvoll, Operationen nacheinander für alle Elemente einer Menge auszuführen. Dann wird man so vorgehen, daß man Element für Element aus der Menge (oder einer Kopie der Menge) entfernt und behandelt, solange bis die Menge leer ist. Dazu wird der Operator **from** bereitgestellt.

x **from** s	stellt ein willkürlich ausgewähltes Element aus s zur Verfügung und entfernt es sodann aus s. x **from** s; ist also gleichwertig zu x:=**arb** s; s:=s **less** x; Ist s die leere Menge, so wird x auf **om** gesetzt, s (natürlich) nicht verändert.

Die folgenden Prädikate liefern in der üblichen Weise einen Booleschen Wert:

x **in** s	testet, ob x in der Menge s enthalten ist
x **notin** s	testet, ob x nicht in der Menge s enthalten ist
s **subset** ss	testet, ob die Menge s Teilmenge von ss ist
s **incs** ss	testet, ob die Menge s die Menge ss enthält
s=ss, s≠ss	testet die Mengen s und ss auf Gleichheit bzw. Ungleichheit.

Eine Anmerkung zur Implementation der Operationen:

Wird eine Menge verändert (durch x:=x*y, x:=x **less** 10 o.ä.), so wird stets eine neue Kopie angelegt. Dies ist zwar speicherintensiv, erlaubt es aber, ohne Seiteneffekte arbeiten zu können. So erhält man z.B. nach

```
x := {2..10}; y := x; x := x less 10; print(y)
```

wirklich die Elemente der Menge {2..10} und nicht die der Menge {2..9} ausgedruckt, d.h. es wird bei der Anweisung y:=x eine Kopie von x angelegt und nicht nur ein Zeiger auf die Menge initialisiert.

II.1.3 Quantoren

Es besteht häufig die Notwendigkeit oder der Wunsch, für eine gegebene Menge zu überprüfen, ob eins der Elemente oder ob alle Elemente einer gewissen Eigenschaft genügen. Dafür stellt die Mengenlehre die Quantoren $\exists$ ("es existiert") und $\forall$ ("für alle"), SETL entsprechende Konstrukte **exists** und **forall** zur Verfügung. Wir geben gleich die allgemeine Form an, in der wir die allgemeine Gestalt des beschriebenen Mengengenerators wiederfinden. Insbesondere sind die s_i wieder beliebige, mengen- oder tupelwertige Ausdrücke:

```
forall x₁ in s₁, x₂ in s₂, ..., xₙ in sₙ | C bzw.
exists x₁ in s₁, x₂ in s₂, ..., xₙ in sₙ | C
```

liefern einen Booleschen Wert in üblicher Weise; **exists** hat darüberhinaus einen wesentlichen Seiteneffekt: falls **true** zurückgegeben wird, haben die x_i Werte, die die Bedingung wahr machen. So erhält man als Ausgabe zu dem Programmstück

```
a := {1..10};
val := exists n in a | n ** 2 >= 100;
print(val, n);
```

die Werte #t 10, d.h. der Wert der Zuweisung ist **true**, und n hat als Wert gerade den einen, der die Bedingung wahr macht.

Also erlaubt **exists** nicht nur festzustellen, ob ein Element mit einer bestimmten Eigenschaft in einer Menge enthalten ist; man kann darüberhinaus – und dies erweist sich in vielen Situationen als überaus angenehm – ein solches Element zur weiteren Bearbeitung sofort zur Verfügung stellen. Oft weiß man, daß eine Menge {x **in** s | C} nicht leer ist wie die obige Menge s = {n in {1..10}|n **2 >= 100}; man ist dann an dem Wert des Booleschen Ausdrucks **exists** x **in** s |C gar nicht interessiert, sondern möchte vielmehr nur einen Wert für x bekommen, der C erfüllt. Dies erreicht man durch Kombination der **exists**- mit einer **assert**-Anweisung. Nach Ausführung von

```
assert exists x in s| x ** 2 >= 100
```

hat x den gewünschten Wert, und es braucht keine zusätzliche Boolesche Variable eingeführt werden.

Der Vollständigkeit halber erwähnen wir, daß es zu **exists** die Negation **notexists** gibt, über die eine Verbindung zwischen **exists** und **forall** dargestellt werden kann: so sind

```
forall x in s | C   und   notexists x in s | not C
```

bzw.

```
forall x₁ in s₁, ..., xn in sₙ | C       und
notexists x₁ in s₁, ..., xₙ in sₙ | not C
```

gleichwertig.

Es ist eine Anmerkung zu machen zur Bindung von Variablen, die in Mengengeneratoren und bei Quantoren auftreten; die mögliche implizite Schachtelung von Iterationen erfordert eine gewisse Vorsicht im Umgang mit diesen Konstrukten. So wird etwa die Iteration in

```
exists x in s₁, y in s₂ | C
```

so ausgeführt, daß x sukzessive alle Werte in s_1 annimmt, und daß für jeden dieser Werte y alle Werte in s_2 annimmt. Dies bedingt, daß zwar s_2 von x, nicht aber s_1 von y abhängen darf.

> **exists** a **in** {1..100}, b **in** {1..a} | C

ist also zulässig, nicht aber

> **exists** a **in** {1..b}, b **in** {1..100} | C.

Im allgemeinen Fall

> **exists** x_1 **in** s_1, x_2 **in** s_2, . . . , x_n **in** s_n | C

dürfen also die s_i von den x_j, $1 \leq j < i$, nicht aber von den x_k, $i < k \leq n$, abhängen.

Für **forall** und die Mengengeneratoren gelten entsprechende Regeln.

Diese Regeln finden in den folgenden beiden Beispielen Anwendung. Das erste ist eine Druckanweisung für die Primzahlzwillinge bis 100, d.h. es werden alle n ausgedruckt mit der Eigenschaft, daß sowohl n als auch n+2 Primzahlen sind. Offenbar genügt es zu überprüfen, daß weder n noch n+2 Teiler im Bereich 2..n-1 bzw. 2..n+1 haben:

```
print({n in {2..100} | (not exists m in {2..n-1} |
       (n mod m = 0)  and
       (not exists m in {2..n+1} | (n+2) mod m = 0});
```

Mit dem nächsten Kommando berechnet (und druckt) man die Pythagoräischen Zahlen, also Tripel (a,b,c) mit $a^2+b^2=c^2$, wobei a und b keine gemeinsamen Teiler haben dürfen. Diese beiden Bedingungen werden durch je einen Quantor überprüft.

```
print({{a,b,h}: b in {1..30}, a in {1..b-1} |
       (exists h in {2..a+b} | (a*a+b*b=h*h)) and
       not exists d in {2..b-1} | ((b mod d) = 0 and
       (a mod d) = 0)});
```

II.2 Tupel

Im Gegensatz zu Mengen sind Tupel endliche geordnete Strukturen, in denen die Reihenfolge der Elemente eine Rolle spielt. Sie haben mit Mengen gemein, daß ihre Elemente nicht homogen zu sein brauchen; ansonsten gibt es eine Reihe wesentlicher Unterschiede:

- die Reihenfolge ist wichtig, d.h. die Tupel [1,2,3,4] und [2,1,3,4] sind verschieden; die Mengen {1,2,3,4} und {2,1,3,4} sind dagegen gleich.
- Elemente können mehrfach vorkommen.
- **om** kann als Element eines Tupels auftreten, d.h. [1,**om**,'SETL',**om**,7.5] ist ein Tupel mit fünf Komponenten, von denen zwei den Wert **om** haben. Ideell kann man sich ein Tupel als nach rechts unendlich lang vorstellen, wobei die Komponenten nach der letzten nicht-**om**-Komponente mit **om** aufgefüllt sind. Die Länge eines Tupels wird jedoch durch die letzte Komponente mit einem definierten Wert bestimmt.

Die Tupel-Notation haben wir schon gesehen: Tupel werden in eckige Klammern eingeschlossen; [] bezeichnet das leere Tupel. Die Konstruktion bzw.Beschreibung von Tupeln
geschieht wie bei Mengen auf eine von zwei Arten, entweder durch Aufzählung der Komponenten wie oben, oder beschreibend in der Form

$$[e : x_1 \text{ in } s_1, x_2 \text{ in } s_2, \ldots, x_n \text{ in } s_n \mid C]$$

Ausdrücke dieser Art sind völlig analog zu dem entsprechenden Mengenoperator aufgebaut;
in der Tat liefert jeder Mengengenerator ein Tupel, so man nur die geschweiften durch eckige
Klammern ersetzt, und umgekehrt. Für die Reihenfolge der Iteration gilt wieder das oben
gesagte.

In der Beschreibung durch Aufzählung wie in $t:=[x_1,\ldots,x_n]$ können die x_i beliebige
Ausdrücke sein; diese werden ausgewertet und das Tupel t besteht aus den Werten, die sich
dabei ergeben. Die Anzahl der Komponenten des resultierenden Tupels kann sich dabei von
n unterscheiden, nämlich dann, wenn die Auswertung der am weitesten hinten stehenden
Ausdrücke $x_n, x_{n-1}, \ldots$ den Wert **om** ergibt.

Ebenfalls wie bei Mengen gibt es Abkürzungen für Intervalle ganzer Zahlen:
$[i..j]$ beschreibt das Tupel $[i,i+1,i+2,\ldots,j]$, $[i,i+k..j]$ das Tupel
$[i,i+k,i+2*k,\ldots i+m*k]$, wo $m = \mathbf{max}\{n \in I\!N \mid i+n*k \leq j\}$.

Anders als bei den entsprechenden Mengen erhält man mit **print**$([i..j])$ die Zahlen
$i,i+1,\ldots,j$ in der richtigen Reihenfolge ausgedruckt, wie überhaupt durch **print**(t)
für ein Tupel t der Ausdruck komponentenweise, angefangen mit der ersten Komponente,
erfolgt.

II.2.1 Operationen und Prädikate auf Tupeln

Seien t, tt Tupel, n eine ganze Zahl und x ein beliebiges SETL-Objekt. Dann sind folgende
Operationen definiert:

#t	Anzahl der Komponenten von t, d.h. der Index der lezten nicht-**om** Komponente von t:(#$[1, \mathbf{om, om, om}, 1] = 5$, #$[1, 1, \mathbf{om, om, om}] = 2$). Die Zählung beginnt bei 1, d.h. die erste Komponente hat den Index 1 (und nicht 0 wie z.B. bei Feldern in C).
random t	liefert eine zufällig ausgewählte Komponente von t, alle Komponenten einschliesslich der **om**-Komponenten haben die gleiche Wahrscheinlichkeit, gewählt zu werden.
t+tt	ist die Konkatenation von t und tt, d.h. tt wird an das Ende von t angefügt.
n*t, t*n	erzeugt n Kopien von t und hängt sie aneinander, d.h. $n*t = t*n = (n-1)*t+t$ für $n > 0$; für $n = 0$ erhält man das leere Tupel, bei $n < 0$ entsteht ein Laufzeitfehler.

t **with** x	entspricht t+[x], d.h. x wird als neue letzte Komponente an t angehängt.

Prädikate

x **in** t	testet, ob x in t enthalten ist, und liefert **true**, falls x mit einer Komponente von t übereinstimmt
x **notin** t	testet auf Nicht-Enthaltensein
t=tt, t≠tt	testet t und tt (komponentenweise) auf Gleichheit bzw. Ungleichheit.

Zusätzlich ist es für Tupel sinnvoll, auf einzelne Elemente oder auf Teil-Tupel über den Index zugreifen zu können. Die entsprechenden Operationen sind uns bei der Beschreibung der Operationen für Strings (die als Tupel von Zeichen aufgefaßt werden können) schon begegnet:

t(i)	bezeichnet die i-te Komponente von t, falls $1 \leq i \leq$ #t. Ist $i \leq 0$, so stoppt das Programm mit einem Laufzeitfehler. Ist i>#t, wird **om** zurückgegeben.
t(i..j)	ist der Ausschnitt von t von Komponente i bis Komponente j. Ist $i \leq 0$ oder i>j+1, so ergibt sich ein Laufzeitfehler; ist i=j+1, oder i>#t, dann wird das leere Tupel [] zurückgegeben.
t(i..)	ist eine Abkürzung für t(i..#t)

Diese drei Operatoren können auch auf der linken Seite einer Zuweisung stehen:

t(i):=x	ersetzt die i-te Komponente von t durch x; ist i>#t, so wird das Tupel auf i Komponenten verlängert, t(i) wird x, und die dazwischenliegenden Komponenten werden auf **om** gesetzt. $i \leq 0$ resultiert in 'einem Fehler.
t(i..j):=tt	ersetzt die Komponenten i bis j von t durch tt; ist $i \leq 0$ oder i>j+1, so ergibt sich ein Fehler; ist i=j+1, so werden die Komponenten von tt unmittelbar vor Position i eingefügt; ist i>#t, so erfolgt wie oben ein entsprechendes Auffüllen von t mit **om**-Komponenten; tt wird dann ab Position i angehängt.

Wir werden in Abschnitt II.5 sehen, wie diese Konstrukte erweitert werden können, und inwieweit auch mehrstufige Zuweisungen der Form t(i)(k..m)(l):=7 oder ähnliche zulässig sind.

Stehen Tupel als Ganzes auf der linken Seite einer Zuweisung, so wird die rechte Seite ausgewertet, und anschließend erfolgt eine sequentielle Zuweisung an die einzelnen Komponenten:

```
[x,y,z] := [1..10] ergibt  x:=1; y:=2; z:=3;

[x,y,z] := [1..2]  ergibt  x:=1; y:=2; z:=om;
```

Abschließend seien die Operatoren **frome** und **fromb** erwähnt, die dem Mengenoperator **from** entsprechen.

x **fromb** t   entfernt die erste Komponente aus t und weist sie x zu, ist also gleichwertig zu x:=t(1); t:=t(2..);

x **frome** t   entfernt die letzte Komponente aus t und weist sie x zu, ist also gleichwertig zu x:=t(#t); t:=t(1..#t-1);

Bei **frome** und **fromb** müssen einige Spezialfälle diskutiert werden: ist das Tupel in x **frome** t oder x **fromb** t das leere Tupel, so ist der Effekt der gleiche wie bei x **from** s für die leere Menge s; x wird auf **om** gesetzt, t bleibt unverändert.

Ist die erste Komponente von t undefiniert, so führt die Anweisung x **fromb** t ebenfalls dazu, daß x auf **om** gesetzt wird. Die Länge von t verkürzt sich um eins, da die erste Komponente entfernt wird.

Durch x **frome** t kann die Länge von t um mehr als eins abnehmen: ist t=[1,4,**om**,**om**,7], also #t=5, so wird t durch x **frome** t zu [1,4] mit #t=2.

Baut man ein Tupel t nur unter Verwendung von **with** auf, und modifiziert es anschließend ausschließlich mit **with** und **frome**, so kann man einen *Stack* simulieren: das zuletzt hinzugefügte Element wird als erstes entfernt (*lifo*-Stapel).

Manipuliert man mit **with** und **fromb**, so wird ein *fifo*-Stapel (eine *queue*) simuliert.

II.2.2 Quantoren

Wie für Mengen sind auch für Tupel (und damit auch für **strings**) Quantoren **forall** und **exists** definiert. Der wesentliche Unterschied ist, daß in

forall x **in** t | C bzw. **exists** x **in** t | C

die impliziten Iterationen x **in** t nun geordnet sind, d.h. x durchläuft das Tupel t, beginnend mit der ersten Komponente, sequentiell bis zur letzten Komponente, falls nicht ein Abbruch erfolgt (bei **forall** aufgrund des Auftretens eines Elementes, das die Bedingung C nicht erfüllt, bei **exists** gerade im anderen Fall).

Der Nebeneffekt von

exists x **in** t | C

ist im Falle von Tupeln, daß x anschließend den Wert der ersten Komponente hat, die die Bedingung C erfüllt. Häufig wird man nicht den Wert, sondern den Index der Komponente benötigen, für die C erfüllt ist. Dies ist kein Problem:

assert exists i **in** [1..#t] | t(i) = e

liefert für einen Ausdruck e den Index i der Komponente mit der spezifizierten Eigenschaft e. Man beachte jedoch, daß die Suche nach diesem Index lineare Komplexität hat; braucht man einen schnelleren Zugriff, muß man auf kompliziertere Konstruktionen zurückgreifen.

In i **in** [1..#t] wird genau über das Intervall der ganzen Zahlen von 1..#t iteriert; entsprechend überstreicht die Iteration i **in** [m..n] das Intervall der ganzen Zahlen von m..n, und i **in** [m, m+k..n] das Intervall von m bis n mit der Schrittweite k. Man kommt so zu den in allen gängigen Programmiersprachen üblichen Zählschleifen, die in der Regel mit dem Schlüsselwort **for** eingeleitet werden. Wir sparen uns die Diskussion dieses Schleifentyps für den übernächsten Abschnitt auf.

II.3 Abbildungen

II.3.1 Einführung

Abbildungen (**maps**) sind ein äußerst mächtiges, vielseitiges Konstrukt in SETL; sie entsprechen den diskreten, endlichen Abbildungen aus der Mathematik.

Von ihrer Gestalt her sind Abbildungen Mengen, und zwar solche, in denen alle Elemente Tupel der Länge 2 sind. Betrachten wir einige Beispiele:

- In studienfach := {[Meier, Germanistik],
                    [Mueller, Biologie],
                    [Schulze, Mathematik],
                    [Schmidt, Informatik]}
  werden über eine Abbildung studienfach Namen von Studenten mit ihren Studienfächern verknüpft. Durch Einführung weiterer Abbildungen (etwa geburtsdatum, vorname o.ä.) ließe sich eine Personal- bzw. Studentendatei formulieren.
- In quadrat := {[i, i*i] | i **in** [1..10]} werden ganze Zahlen mit den zugehörigen Quadraten verknüpft. Man sieht, daß die Beschreibung wie bei normalen Mengen erfolgen kann.
- Graphen lassen sich elegant über Abbildungen beschreiben. Man betrachte den binären Baum, dessen Knoten mit ganzen Zahlen beschriftet sind:

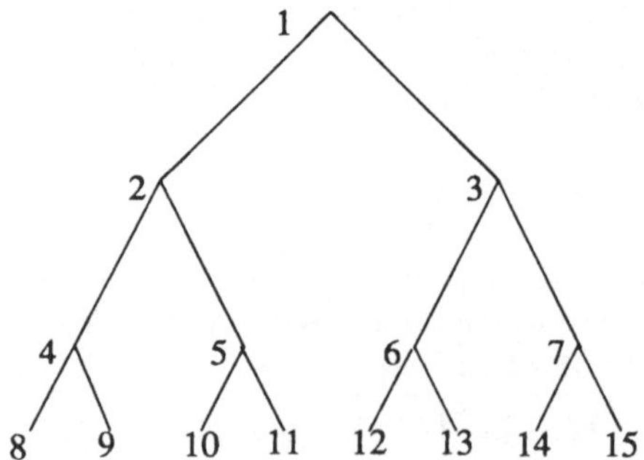

Er ist vollständig beschrieben durch zwei Abbildungen, von denen die eine (father) einen Knoten mit seinem Vorgänger, die andere (children) einen Knoten mit seinen Nachfolgern verknüpft. Sie werden definiert durch:

```
father = {[i, trunc(i/2)] : i in [2..15]}
```

und

```
children = {[i, [2*i, 2*i+1]]: i in [1..7]}
         + {[i, []]: i in [8..15]}
```

In den genannten Beispielen ist der Wert $f(x)$ einer Abbildung für ein Argument eindeutig bestimmt; man spricht von *einwertigen*, auch *eindeutigen* Abbildungen (*single-valued* maps). Vorstellbar ist jedoch auch, daß ein Argument x mehr als einen Wert hat.

- Betrachten wir als Beispiel die folgende Relation über den natürlichen Zahlen von 1..6:

```
Rel = {[1,3],[1,5],[1,6],[2,4],[2,6],[3,3],
       [4,1],[4,5],[5,2],[5,5],[5,6],[6,4]}.
```

Als Abbildung aufgefaßt, enthält Rel Argumente (nämlich 1, 2, 4, 5), die in mehr als einem Tupel als erste Komponente auftreten. Man spricht von *mehrwertigen* oder *mehrdeutigen* Abbildungen (*multi-valued* maps). Natürlich kann man aus mehrdeutigen Abbildungen eindeutige machen, in dem man die verschiedenen Werte eines Arguments zu einer Menge zusammenfaßt und diese als eindeutigen Wert dem Argument zuweist. Dies geschieht im folgenden Beispiel.

- Beschreibt man den gerichteten Graphen

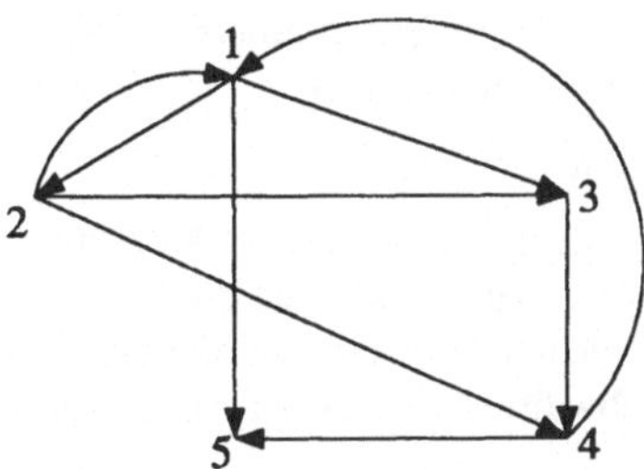

durch seine Kanten, so erhält man die folgende mehrdeutige Abbildung, die einen Anfangsknoten den Endknoten zuordnet.

```
Kanten = {[1,2],[1,3],[1,5],[2,1],[2,3],
          [2,4],[3,4],[4,5],[4,1]}
```

Man kann gleichwertig zu jedem Knoten die Menge der von ihm über Kanten erreichbaren Knoten angeben und erhält dann eine eindeutige Abbildung:

```
graph = {[1,{2,3,5}], [2,{1,3,4}],
         [3,{4}], [4,{5,1}]}.
```

Für welche Beschreibung man sich im Einzelfall entscheidet, wird von der Anwendung abhängen.

II.3.2 Operationen auf Abbildungen

Da Abbildungen nichts anderes als Mengen sind, (wenn auch sehr spezielle), können alle Operationen, die auf Mengen anwendbar sind, auch auf Abbildungen angewendet werden. Darüberhinaus ist es sinnvoll, weitere Operationen speziell für Abbildungen zu definieren. Beginnen wir mit den Operatoren **domain** und **range**. Mit **domain** f erhält man den Definitionsbereich einer Abbildung f als Menge, also oben

```
domain studienfach = {Meier, Mueller,
                        Schulze, Schmidt},
domain quadrat = {1..10},
domain father = {2..15},
domain children = {1..15}.
```

Entsprechend erhält man mit **range** f den Wertebereich von f:

```
range studienfach = {Germanistik, Biologie,
                      Mathematik, Informatik},
range quadrat = {1,4,9,16,25,36,49,64,81,100},
range father = {1,2,3,4,5,6,7},
range children = {[2,3],[4,5],[6,7],[8,9],
                  [10,11],[12,13],[14,15],[]}.
```

In Anlehnung an mathematische Gepflogenheiten gibt es zu einer Abbildung f einen Operator f{x}, den Abbildungsselektor. f{x} liefert zu einem SETL-Objekt x all die Elemente y, für die gilt, daß [x,y] in f enthalten ist, also

```
f{x} = {t(2) : t in f | t(1) = x}.
```

Ist f an der Stelle x eindeutig, dann hat f{x} als Wert die Menge, die aus dem einen Element y mit [x, y]∈f besteht. Dann wird auch die Schreibweise f(x) akzeptiert; dies liefert aber keine einelementige Menge, sondern das Element y selbst. Hat f{x} mehr als ein Element, so führt die Schreibweise f(x) zu einem Laufzeitfehler.

f{x} bzw. f(x) dienen nicht nur zur Selektion; sie können auch auf der linken Seite einer Zuweisung stehen und haben dann den Sinn, Abbildungen zu verändern:

```
f(x) := y bewirkt, daß
```

a.   alle Paare [x, z] aus f entfernt werden.
b.   im Falle y $\neq$ **om** das Paar [x, y] in die Menge f aufgenommen wird.

Im Falle y = **om** wird (a), nicht aber (b) ausgeführt.

Auch f{x} := y hat eine Bedeutung, allerdings nur dann, wenn y eine Menge ist. Ansonsten wird ein Laufzeitfehler auftreten. Ist jedoch f eine Abbildung und y eine Menge, so werden

a.   alle Paare [x, z] aus f entfernt, und
b.   alle Paare [x, z] mit z $\in$ y aufgenommen.

Ein weiterer spezieller Abbildungsoperator ist **lessf**:

```
f := f lessf x
```

bewirkt die Entfernung aller Paare mit erster Komponente x aus f. Der Effekt von f(x) := y läßt sich damit auch beschreiben als

```
f lessf := x ;   f with := [x, y];
```

Die Schreibweisen $f(x_1, \ldots, x_k)$ bzw. $f\{x_1, \ldots, x_k\}$ bezeichnen Abbildungen, die von mehreren Parametern abhängen. Sie sind nichts anderes als legale Abkürzungen für $f([x_1, \ldots, x_k])$ bzw. $f\{[x_1, \ldots, x_k]\}$, und in der Tat erhält man für eine solche Abbildung f mit **domain** f eine Menge von k-Tupeln. Gibt man l<k Werte als Parameter an, so liefern $f(x_1, \ldots, x_1)$ bzw. $f\{x_1, \ldots, x_1\}$ die leere Menge {}.

Worin besteht nun die Mächtigkeit von Abbildungen, wie sie SETL als Datenstruktur zur Verfügung stellt ? Wir nennen zwei Punkte: zum einen die Vielseitigkeit der Anwendungen, für die sie sich anbieten. Abbildungen eignen sich, Attribute von Objekten darzustellen, zu beschreiben und zu modifizieren. Sie sind insofern ein Analogon zu strukturierten Datentypen wie *records* in Pascal, Modula-2, oder Ada. Sie sind in gleicher Weise geeignet, Listenstrukturen oder rekursiv aufgebaute Strukturen wie binäre Bäume zu beschreiben und zu verwalten.

Zum anderen: da der Typ der Objekte im Wertebereich einer Abbildung beliebig ist, ist es möglich, mit den Operatoren f(x) := y bzw. f{x} := y auf einfache Weise Attribute komplexer Objekte zu manipulieren. Dies ist in anderen Sprachen oft gar nicht oder nur auf Umwegen möglich. So macht zwar z.B. in Pascal die Anweisung f[x] := y auch Sinn, aber es muß dabei f ein Feld und x ein einfacher Datentyp wie integer oder ein Aufzählungstyp sein. Weiterhin ist assoziative Speicherung möglich; man kann wie in studienfach(Mueller) oder geburtsort(Mueller) direkt über den Namen auf verschiedene Komponenten zugreifen und diese verändern. In anderen Sprachen ist das in der Regel nur über den Umweg über einen Index in eine Datei möglich. SETL erweist sich hier als deutlich überlegen.

II.4 Beispiel: Einfache Binäre Suchbäume

Wir wollen als Beispiel für den Gebrauch der vorgestellten Strukturen, insbesondere für den Gebrauch von Abbildungen, die Beschreibung und Manipulation binärer Suchbäume darstellen.

Binäre Suchbäume sind bekannterweise wie folgt definiert:

1. Ein binärer Suchbaum (BST) ist ein binärer Baum, d.h. er ist entweder leer, oder er besteht aus einer Wurzel mit einem rechten und einem linken Unterbaum. Die Unterbäume sind selbst wieder binäre Suchbäume.
2. Jeder Knoten des binären Suchbaumes hat einen Wert, und es gilt für jeden Knoten v: alle Knoten im linken Unterbaum von v haben kleinere, alle Knoten im rechten Unterbaum von v haben größere Werte als v.

Wie oben im Beispiel wollen wir einen solchen binären Suchbaum mit Hilfe von Abbildungen darstellen. Wir benutzen dazu drei Abbildungen parent, children und value. Mit parent wird jedem Knoten außer der Wurzel der eindeutig bestimmte Vorgängerknoten im Baum zugeordnet. Für die Wurzel ist der Wert dieser Abbildung **om**. Analog ordnet `children` jedem Knoten seine Nachfolger als Tupel in der Form

```
[linker Nachfolger, rechter Nachfolger]
```

zu; für Blätter erhält man das leere Tupel. Hat ein Knoten nur einen Nachfolger, so kann man aus der Position im Tupel erkennen, ob es sich um einen rechten oder um einen linken Nachfolger handelt. Im ersten Falle hat das Tupel die Gestalt

```
[om, rechter Nachfolger],
```

im letzteren die Gestalt

```
[linker Nachfolger].
```

Schließlich ordnet `value` jedem Knoten seinen Wert zu. Dieser Wert kann durchaus komplex sein, und es ist deshalb ein Schlüssel zu definieren, über den die Werte zweier Knoten miteinander verglichen werden können. Wir setzen voraus, daß dieser Schlüssel durch ein Makro `key_of(value)` gegeben ist. Ist der Wert selbst der Schlüssel, so sähe das Makro wie folgt aus:

```
macro key_of (value);
      value
endm key_of;
```

Der Schlüssel sollte eine ganze oder reelle Zahl oder eine Zeichenkette sein, also einen Typ haben, auf dem eine Ordnung definiert ist.

Ein Knoten selbst ist ein Atom, das erzeugt wird (mit der Funktion **newat**, wie Sie sich erinnern!), wenn ein neuer Knoten einzufügen ist. Atome sind eindeutig bestimmte Objekte, und dynamisch sich verändernde Graphen sind ein gutes Beispiel für die Anwendung solcher Atome. Die Atome, die die Knoten des Suchbaumes repräsentieren, werden mit den Abbildungen `parent` und `children` miteinander verknüpft. Der Zugriff auf den Baum erfolgt über die Wurzel; sie wird als Parameter an jede der in Frage kommenden Prozeduren übergeben.

Unsere Abbildungen werden mit

```
var parent, children, value;
```

als globale Objekte bekanntgemacht, brauchen also nicht als Parameter übergeben zu werden; ihre Initialisierung als Abbildungen erfolgt mit

```
init parent := {},
   children := {},
      value := {};
```

Typische Operationen auf einem binären Suchbaum sind das Löschen und das Einfügen von Knoten, das Suchen eines Knotens mit einem bestimmten Schlüssel, und das Durchlaufen des Baumes mit gleichzeitiger Ausgabe der Knotenwerte. Wir wollen Prozeduren für das Einfügen, das Suchen, und für einen möglichen Baumdurchlauf angeben. Dabei werden folgende Makros zur Erhöhung der Lesbarkeit benutzt:

```
macro left(node);  children(node)(1) endm left;
                 $ linker Nachfolger
macro right(node); children(node)(2) endm right;
                 $ rechter Nachfolger
```

Zur Überprüfung, ob der Baum leer ist, und ob ein Knoten Wurzel oder Blatt ist, dienen
die Makros

```
macro empty(tree); tree = om  endm empty;
macro is_root(node); parent(node) = om
      endm is_root;
macro is_leaf(node); children(node) = []
      endm is_leaf;
```

Schließlich ein Makro, der bei der Entfernung eines Knotens aus dem Baum benutzt wird:
alle Abbildungen werden für diesen Knoten auf **om** gesetzt.

```
macro remove(node);
      parent(node) := om;
      children(node) := om ;
      value(node) := om
endm remove;
```

Beginnen wir nun mit der Prozedur `insert_bin_tree`, mit der ein neuer Wert `newvalue`
in den Baum mit der Wurzel `tree` eingefügt wird. `tree` und `newvalue` werden als
Parameter übergeben; `tree` mit dem Zusatz **rw**, denn die Veränderung durch das Einfügen
soll ja nach außen sichtbar werden. Die Prozedur gibt einen Booleschen Wert zurück, und
zwar **true**, wenn der neue Wert eingefügt worden ist, und **false**, wenn er schon vorhanden
war und ergo nicht eingefügt worden ist.

```
procedure insert_bin_tree(rw tree, newvalue);
$ 1. erzeuge neuen Knoten
  newnode := newat;
  value(newnode) := newvalue;
  children(newnode) := [];
$ der neue Knoten wird ein Blatt

$ 2. füge neuen Knoten ein; unterscheide dabei, ob der Baum
$ (noch) leer ist, oder ob er (mindestens einen) Knoten hat.

if empty(tree)
   then tree := newnode;    $ mehr ist nicht zu tun

   else    $ suche die Position, an der das neue
           $ Blatt eingefügt werden muss

        inserted := false;  $ flag
        node := tree;        $ node ist der jeweils aktuelle
                             $ Knoten, mit dem verglichen wird
```

```
        (while not inserted)
            if key_of(newvalue)<key_of(value(node))
            then    $ newvalue muss links eingefügt
                    $ werden; gibt es einen echten
                    $ linken Unterbaum, geht die Suche
                    $ weiter, sonst wird eingefügt.

            if left(node) ≠ om
              then node := left(node);
              else left(node) := newnode;
                   parent(newnode) := node;
                   inserted := true;
            end if left(node);

          $ analog geht es, wenn rechts einzufügen ist
          elseif key_of(newvalue)>key_of(value(node))
            then
              if right(node) ≠ om
                then node := right(node);
                else right(node) := newnode;
                     parent(newnode) := node;
                     inserted := true;
              end if right(node);
            else    $ Schlüssel schon vorhanden
              remove(newnode);
                     $ newnode kann wieder aus den
                     $ Abbildungen entfernt werden
              return false;
                     $ dies zeigt den Fehler an
            end if key_of(newvalue);

        end while;

  end if empty(tree);
  return true;    $ neuer Wert ist eingefügt

  end procedure insert_bin_tree;
```

Die folgende Hilfs-Prozedur sucht in einem binären Suchbaum einen Knoten mit einem vorgegebenen Schlüsselwort. Sie gibt diesen Knoten zurück; falls der Schlüssel nicht gefunden wird, wird **om** zurückgegeben. Diese Prozedur macht im wesentlichen eine Suchprozedur in einem binären Baum aus; sie kann auch beim Löschen eines Knotens verwendet werden, um zunächst den zu löschenden Knoten ausfindig zu machen. Das Löschen selbst geschieht dann durch Ersetzen des zu löschenden Knotens durch den größten Knoten im linken Unterbaum; wir überlassen die Formulierung einer solchen Prozedur dem Leser als Übung.

Doch zurück zu unserer Hilfsprozedur:

```
procedure locate_bin_tree(tree, key);

$ im Baum mit Wurzel tree soll der Knoten
$ mit Schlüssel key ausfindig gemacht werden

node := tree;
loop while node ≠ om and key_of(value(node)) ≠ key do
      if key < key_of(value(node))
         then node := left(node);
         else node := right(node);
      end if;
end loop while node ≠ om;
return node;

$ falls der Schlüssel nicht vorhanden,
$ wird om geliefert

end procedure locate_bin;
```

Dies ist wie gesagt im wesentlichen die Suchprozedur, die geringfügig zu erweitern ist, denn
es soll ja in der Regel der Wert des Knotens mit einem gewissen Schlüssel geliefert werden:

```
procedure search_bin_tree(tree, key);
node := locate_bin_tree(tree, key);
if node ≠ om then return value(node) end if;
end procedure search_bin_tree;
```

Für das Durchlaufen eines binären Baumes gibt es bekanntlich verschiedene Strategien. Beim
binären Suchbaum ist ein *inorder*-Durchlauf angezeigt, d.h. man besucht zunächst rekursiv
den linken Unterbaum, dann die Wurzel, dann den rechten Unterbaum, und erhält so die
Werte der Knoten in aufsteigender Reihenfolge ihrer Schlüssel. Unsere Prozedur liefert als
Resultat ein Tupel dieser Werte.

```
procedure inorder_bin_tree(tree);

if empty(tree)
   then return [];

$ Rekursion hat das Ende erreicht, oder der Baum ist leer

   else return inorder_bin_tree(left(tree))
                + value(tree)
                + inorder_bin_tree(right(tree));
   end if;
end procedure inorder_bin_tree;
```

Für *preorder*- und *postorder*-Durchlauf muß lediglich die Reihenfolge der Konkatenation
geändert werden. Damit ist unser binärer Suchbaum – im Sinne eines abstrakten Datentypen
– vollständig spezifiziert.

II.5 Erweiterungen der Konzepte durch Hinzunahme der komplexen Datentypen

Die nunmehr eingeführten komplexen Datentypen Menge, Abbildung, und Tupel haben verschiedene Auswirkungen auf die im ersten Kapitel vorgestellten Konzepte. Es müssen einige Ergänzungen diskutiert werden in Bezug auf Iteratoren und Konstantendeklarationen; es kann erst jetzt die allgemeine Form von Zuweisungen beschrieben werden, und anderes mehr. Diese Ergänzungen werden in diesem Abschnitt dargestellt.

II.5.1 Typtests

Wie für die einfachen gibt es auch für die zusammengesetzten Typen Typtests, nämlich

```
is_tuple(t)
is_set(s)
is_map(f)
```

Diese Operatoren liefern Boolesche Werte als Resultate: **is_tuple**(t) ergibt **true**, falls t Tupel, **is_set**(s) ergibt **true**, falls s Menge, und **is_map**(f) ergibt **true**, falls f Abbildung, d.h. eine Menge, deren Elemente ausschließlich Tupel der Länge zwei sind.

II.5.2 Erweiterung der Anwendung binärer Operatoren

Häufig möchte man eine binäre Operation auf alle Elemente einer Menge oder eines Tupels anwenden, also etwa die Summe eines Tupels reeller Zahlen oder das Maximum einer Menge ganzer Zahlen bestimmen. Dazu braucht man in SETL nicht eine Schleife über das betreffende Objekt zu programmieren (vorzugsweise eine **for**-Schleife, wie sie im nächsten Abschnitt vorgestellt wird), sondern man bewirkt dies einfach durch Angabe der betreffenden Operation, gefolgt von einem Querstrich /, gefolgt von dem Bezeichner des betreffenden Objekts. Also:

`+/t`	liefert die Summe der Komponenten von t, entspricht also $t(1)+t(2)+\ldots+t(\#t)$,
max/s	liefert das maximale Element von s (falls s etwa Menge ganzer Zahlen).

Allgemein gilt: Ist $\otimes$ binärer Operator (der auch selbstdefiniert sein kann) und ist s ein zusammengesetzter Datentyp (also $s=\{s_1,\ldots,s_n\}$, oder $s=[s_1,\ldots,s_n]$), so bezeichnet $\otimes/s$ die Operation $s_1 \otimes s_2 \otimes \cdots \otimes s_n$. Ist s leer, so liefert $\otimes/s$ den Wert **om**, ist $\#s = 1$, so liefert $\otimes/s$ das eine Element von s als Ergebnis. Der Unterschied zwischen Mengen und Tupeln kommt auch hier bisweilen wieder zum Tragen:
ist s=['Mann ', 'und ', 'Frau'], so liefert +/t den String 'Mann und Frau',
ist s = {'Mann ', 'und ', 'Frau '}, so kann +/s sechs verschiedene Zeichenketten als Ergebnis liefern.

Desweiteren muß man bedenken, ob die einzelnen Zwischenresultate typverträglich sind, was nicht bei allen Operatoren der Fall ist. So machen für das Tupel [3, 7, 5] die Operationen +/t oder */t Sinn, nicht aber z.B. </t, da 3<7 einen Booleschen Wert liefert, der nachfolgend nicht mit einer ganzen Zahl verglichen werden kann.

II.5.3 Iteratoren

Wir haben Iterationen über Mengen und Tupel implizit bereits an mehreren Stellen benutzt, so bei der Beschreibung und Erzeugung wie in

```
s := {i in [1..100] | odd i}
```

oder im Zusammenhang mit den Quantoren **exists** und **forall**. Wir beschreiben nun die explizite Iteration über diese Konstrukte als Ergänzung der Schleifenkonstrukte aus dem ersten Abschnitt.

Als Variante des **loop**-Konstrukts gibt es Mengen- und Tupeliteratoren, die in ihrer einfachsten Form die Gestalt

```
loop for x in s do
     Anweisungen
end loop for x in s;
```

haben. Wie früher können **loop** und **do** durch ein Klammerpaar ersetzt werden, so daß die (gängige) Schreibweise

```
(for x in S)
     Anweisungen
end for x in S;
```

entsteht. S muß – wie bei den Quantoren – ein Ausdruck sein, dessen Auswertung eine Menge, ein Tupel, oder eine Zeichenkette ergibt. Die Semantik dieses Konstrukts ist klar: ist (zunächst) S eine Menge, so werden die Elemente von S nacheinander hergenommen, und die Anweisungsfolge wird für jedes der Elemente ausgeführt. Die Variable x (Schleifenvariable) erhält nacheinander die Werte der Elemente von S; x heißt auch gebunden. Ist die Anweisungsfolge (auch Schleifenkörper genannt) für alle Elemente von S abgearbeitet, so wird das Programm mit der auf das **end** folgenden Anweisung fortgesetzt. Die Schleifenvariable hat dann den Wert **om**; sie behält nicht den letzten Wert. Die Anweisungsfolge

```
vokale := {'a', 'e', 'i', 'o', 'u'};
(for x in vokale)
     print (x,' ist ein Vokal.');
end for;
print(x);
```

erzeugt etwa die folgende Ausgabe:

```
a ist ein Vokal.
i ist ein Vokal.
u ist ein Vokal.
e ist ein Vokal.
o ist ein Vokal.
*
```

Man beachte erneut die Tatsache, daß man auf die Reihenfolge, in der die Elemente der Menge abgearbeitet werden, keinen Einfluß hat. Wollte man eine Reihenfolge erzwingen, müßte man das Objekt vokale als Tupel oder als String vereinbaren.

Auch in SETL werden Vorkehrungen getroffen für den Fall, daß die Struktur, über die iteriert wird, in der Schleife verändert wird. Das Programmstück

```
s := {1, 2, 3};
(for x in s)
    print(x);
    x *:= 10;
    s with := x;
end for;
print(x); print(s);
```

ist zulässig; allerdings wird die Iteration durch die Zuweisungen an x und die Veränderung von s nicht beeinflußt. Vielmehr wird der Grundbereich der Iteration festgehalten und die Veränderung macht sich erst nach dem Verlassen der Schleife bemerkbar. Wir erhalten als Ausgabe also etwa

```
1
2
3
*
{1,2,3,10,20,30}.
```

Häufig wird man die in Rede stehende Anweisungsfolge nicht für alle Elemente einer Menge ausführen wollen, sondern nur für solche, die einer bestimmten Bedingung genügen. Man kann diese Bedingung über eine if-Anweisung einbinden:

```
(for x in s)
    if Bedingung then
        Anweisungsfolge
    end if;
end for;
```

Einfacher und eleganter ist es jedoch, sie mittels des such-that Operators | bzw. st direkt in das for-Konstrukt einzubeziehen:

```
(for x in s | Bedingung)
        Anweisungsfolge
    end for;
```

Die Semantik ist klar: die Anweisungsfolge wird nur dann ausgeführt, wenn das aktuelle x die Bedingung erfüllt.

Die Syntax der Iteration über Tupel und Zeichenketten unterscheidet sich nicht von der der Iteration über Mengen. Die Art der Struktur, über die iteriert wird, ergibt sich durch Auswertung des Ausdrucks, der dem in der **for**-Anweisung folgt. Der Unterschied in der Art der Iteration besteht darin, daß bei Tupeln und Zeichenketten die Reihenfolge der Iteration fest ist.

```
s1 := 'Software Prototyping';
s2 := '';
vokale := {'a', 'e', 'i', 'o', 'u'};
(for i in s | i in vokale)
      s2 +:= i;
end for;
print (s2);
```

liefert stets die Ausgabe oaeooi. Auch bei Tupeln und Zeichenkette hat die Schleifenvariable nach Verlassen der Schleife den Wert om.

Dies ist anders bei Iterationen über Tupel, die Intervalle ganzer Zahlen bilden. Hier wird die Häufigkeit, in der eine Anweisungsfolge ausgeführt werden soll, gesteuert durch Angabe eines Intervalls [m..n] von ganzen Zahlen. Dies entspricht weitgehend den **for**-Konstrukten, die wir aus anderen Sprachen gewohnt sind. Dem

> **for** i := 10*a **to** 12*b - 2 **do** ... in Pascal

entspricht das

> (**for** i **in** [10*a .. 12*b-2]) ... in SETL.

Überdies können wir die Schrittweite steuern, indem wir einen zweiten Wert mit angeben:

> (**for** i **in** [1, 3 .. 9]) ...

führt die Anweisungsfolge fünfmal aus, wobei i die Werte 1, 3, 5, 7 und 9 annimmt.

Fehlt der zweite Wert, so wird automatisch 1 angenommen wie in

> (**for** i **in** [1 .. #t]) ...

wo t ein Tupel ist. Die Ausführungshäufigkeit entspricht hier der Anzahl der Komponenten von t. Will man die Komponenten in umgekehrter Reihenfolge abarbeiten, so erreicht man dies mit

> (**for** i **in** [#t, #t-1 .. 1]) ...

Dies entspricht dem **downto** in Pascal. Allgemein sind beliebige negative wie positive Schrittweiten möglich.

Der Wert n in [m, m±k .. n] braucht nicht angenommen zu werden. Vielmehr nimmt die Schleifenvariable nur die Werte an, die innerhalb des Intervalls [m .. n] liegen, also etwa

```
1,3,5,7,9         für [1,  3  ..   10] (wie zuvor für [1,  3  ..    9]),

10,5              für [10,  5  ..   1],

10                für [10,  13  ..   10].
```

Im letzteren Fall wird der Schleifenrumpf genau einmal ausgeführt. Es ist schließlich zu klären, was bei Schrittweite 0 passiert, also etwa in

```
(for i in [5, 5 .. 100]) ...
```

In diesem Fall wird die Schleife überhaupt nicht ausgeführt.

Alles bisher Gesagte gilt natürlich auch für Abbildungen. Ist f eine Abbildung, also eine Menge von Paaren, so kann man über f iterieren mit

```
(for p in f) ...                          (1)
```

Man kann auch

```
(for [x, y] in f) ...                      (2)
```

schreiben und hat dann leichteren Zugriff auf die Komponenten. Schließlich gibt es die Schreibweise

```
(for y = f(x)) ...                         (3)
```

Hier wird am deutlichsten, daß man es mit einer Abbildung zu tun hat, und deshalb ist diese Schreibweise vielleicht die eleganteste. Wie in (2) sind auch hierbei sowohl x als auch y gebunden. x nimmt Werte aus **domain** f an, y die jeweils entsprechenden Werte f(x).

Für mehrwertige Abbildungen führt die Schreibweise y = f(x) zu einem Laufzeitfehler. Es gibt allerdings den entsprechenden Iterator auch für diese Form der Abbildung, nämlich

```
(for s = f{x}) ...                         (4)
```

wo s jeweils die Menge der Werte zu x ist. Für einwertige Abbildungen führt die Schreibweise (4) zu einem Laufzeitfehler.

Übrigens läßt sich die Syntax in (3) auch für Tupel gewinnbringend einsetzen. In

```
(for k = t(i)) ...
```

nimmt i nacheinander die Werte 1, 2, ...#t an, k gleichzeitig die Werte der zugehörigen Komponente. Dies ist nützlich immer dann, wenn der simultane Zugriff auf Komponente und Index nötig ist.

Ergänzend sind noch die Anweisungen **continue** und **quit** zu behandeln, mit denen **for**-Schleifen verlassen werden können: mit **continue** überschlägt man den Rest eines Anweisungsblocks und setzt mit dem nächsten Iterationsschritt fort; mit **quit** verläßt man die **for**-Schleife ganz und fährt mit der nächsten auf die Schleife folgenden Anweisung fort. Dabei wird die Schleifenvariable nicht auf **om** zurückgesetzt, sondern behält ihren letzten Wert. Man kann so prüfen, auf welche Weise die Schleife verlassen wurde.

Natürlich können Schleifen auch geschachtelt werden wie in

```
(for i in [1..n])
   (for j in [1..m])
      k := n*i+j;
      s(k) := s1(i)*s2(j);
   end for j;
end for i;
```

Wie bei den Quantoren kann man auch hier die **for**-Anweisungen zu einer zusammenfassen:

```
(for i in [1..n], j in [1..m])
   k := n*i+j;
   s(k) := s1(i)*s2(j);
end for;
```

Die Schachtelung geht dann von links nach rechts, d.h. der am weitesten rechts genannte Iterator entspricht der innersten Schleife. Hier ist zu beachten, daß die **quit**-Anweisung bei diesen beiden Schreibweisen unterschiedliche Auswirkungen hat. In

```
(for i in s₁)
   (for j in s₂)
         ⋮
      quit;
         ⋮
   end for j;
end for i;
```

wird durch **quit** nur die innere Schleife verlassen. Dagegen wird in der zusammengefaßten Schleife

```
(for i in s₁, j in s₂)... quit; end for;
```

die äußere **for**-Schleife verlassen.

Die Konstrukte s_i, über die in

```
(for i in s₁, j in s₂, ...)...
```

iteriert wird, brauchen nicht homogen zu sein, sondern können unterschiedliche Datentypen annehmen.

Abschließend bemerken wir noch, daß die aktuellen Versionen von SETL auch das Schlüsselwort **forall** in Schleifen gestatten, die Schreibweisen

```
(for i in s) und (forall i in s)
```

sind für Iterationen also äquivalent.

II.5.4 Zuweisungen

II.5.4.1 Linke Seiten von Zuweisungen

Wir können erst jetzt über die allgemeine Form der Zuweisungen in SETL sprechen. Es hat uns zwar wenig Kopfzerbrechen bereitet, Zuweisungen der einfachen Form

```
Variablenname := Ausdruck
```

zu benutzen; dies haben wir von Anfang an getan. Wir haben jedoch an verschiedenen Stellen im Zusammenhang mit zusammengesetzten Typen darauf hingewiesen, daß auch Konstrukte wie $s(i..j)$ oder $f\{x\}$ auf der linken Seite von Zuweisungen stehen können, d.h. Zuweisungen selektieren nicht nur wie in $A := t(i..j)$, sondern sie dienen auch dazu, wie in $t(i..j) := e$ Tupel oder wie in $f(x) := e$ Abbildungen nach den beschriebenen Regeln zu verändern. Wir wollen beschreiben, welche Arten von Zuweisungen, insbesondere welche Konstrukte auf der linken Seite einer Zuweisung in SETL erlaubt sind. Das dabei stets auftretende e soll ein beliebiger SETL-Ausdruck sein, der natürlich auch stets bestimmte Werte bzw. Typen liefern muß, damit die gesamte Zuweisung Sinn macht. Folgende Konstrukte sind auf der linken Seite einer Zuweisung erlaubt:

a. Ein Variablenbezeichner x.
   Diese Zuweisung haben wir stets ungefragt verwendet.

b. Ein Tupelformer $[x_1, \ldots, x_k]$.
   Die Zuweisung $[x_1, \ldots, x_k] := e$ bewirkt die sequentielle Zuweisung von Komponenten von e, das zu einem Tupel auswertbar sein muß, an die x_i. Die Zuweisung ist äquivalent zur Zuweisungsfolge

$$x_1 := e(1); \quad x_2 := e(2); \quad \ldots; \quad x_k := e(k);$$

   Hier ist es möglich, einige der x_i durch einen Bindestrich zu ersetzen; dann findet für das so ersetzte Element keine Zuweisung statt:

$$[x, -, y] := [1, 2, 3]$$

   liefert $x = 1$, $y = 3$. Der Bindestrich hilft aber nicht, unterschiedliche Längen von Tupeln auszugleichen.

$$[x_1, x_2, -, x_4, x_5] := [1, 2, 3, 4]$$

   ergibt $x_1 = 1$, $x_2 = 2$, $x_4 = 4$, $x_5 = $ **om**.

c. Ein Tupel-, Zeichenketten-, oder Abbildungsselektor $f(x)$.
   Die Zuweisung $f(i) := e$ bewirkt bei einem Tupel f die Änderung der i-ten Komponente, bei einem String f die Änderung des i-ten Zeichens, und bei einer Abbildung f die Änderung des Bildes von i. Die Details dieser Änderung haben wir im Zusammenhang mit der Beschreibung der einzelnen Strukturen geschildert.

d. Ein Abbildungsselektor $f\{x\}$ einer mehrwertigen Abbildung.
   Durch $f\{x\} := e$ wird die Menge $f\{x\}$ in der früher beschriebenen Weise verändert.

e. Ein String- oder Tupelausschnitt $t(i..j)$ bzw. $t(i..)$.
   Den Effekt von $t(i..j) := e$ bzw. $t(i..) := e$ haben wir ebenfalls oben beschrieben.

Es ist gleichfalls erlaubt, solche möglichen linken Seiten auf unterschiedliche Weise zu kombinieren. So können beim Typ b. die Komponenten des Tupels auf der linken Seite selbst wieder komplexe Typen sein, wie in

```
[[x,y,z], f{9}, s(i..), g(t)] := e;
```

Dies entspricht der Folge

```
x := e(1)(1);
y := e(1)(2);
z := e(1)(3);
f{9} := e(2);
s(i..) := e(3);
g(t) := e(4);
```

und der Programmierer hat Sorge zu tragen, daß alle diese Zuweisungen legal sind.

Auch kann man Abbildungen und Tupel schachteln, und es können sogar Abbildungen und Tupel in einer solchen Schachtelung zusammen auftreten wie in x := h(u)(v)(i) : hier ist dann h eine Abbildung, deren Wert für das Argument u wieder eine Abbildung oder ein Tupel ist, deren Wert an der Stelle v etwa ein Tupel ist, dessen i-te Komponente selektiert wird. Der SETL-Compiler wertet solche zusammengesetzten Strukturen mit Hilfe von Hilfsvariablen aus, etwa

```
H1 := h(u);
H2 := H1(v);
x := H2(i);
```

Tritt ein solcher Ausdruck links auf, also h(u)(v)(i) := e, so ergibt sich die Folge

```
H1 := h(u);
H2 := H1(v);
H2(i) := e;
H1(v) := H2;
h(u) := H1;
```

II.5.4.2 Initialisierungen

Voraussetzung für das Funktionieren solcher Zuweisungen mit mehr oder weniger komplex strukturierten linken Seiten ist, daß das System imstande ist, bei Erreichen der Zuweisung zur Laufzeit die Typen der beteiligten Objekte eindeutig zu bestimmen. Bei einer Zuweisung wie x := 4 kann der Typ von x eindeutig festgestellt werden, auch wenn x weder deklariert noch zuvor benutzt wurde. Anders sieht es aus etwa bei der Zuweisung f(i) := 14.

Wird f zum ersten Mal benutzt, ist nicht eindeutig zu bestimmen, ob f eine Abbildung oder ein Tupel ist. In solchen Fällen muß der Programmierer Sorge tragen, daß eine eindeutige Zuordnung von Objekt zu Typen möglich wird. Dies geschieht durch Zuweisung der leeren Menge bzw. des leeren Tupels an den Bezeichner:

f := {} initialisiert f als Menge. Wird f anschließend in korrekter Weise als Abbildung benutzt, entstehen keine Probleme.

Analog initialisiert `f := []` das Objekt `f` als Tupel; mit

```
(for i in [1..10]) f(i) := i; end for;
```

oder einer ähnlichen Schleife wird das Tupel anschließend aufgefüllt.

Gleiches gilt für komplexere Gebilde, denken wir an eine Matrix **mat** der Dimension $n \times m$, die zu 0 initialisiert werden soll; n, m seien bekannt.
Die Anweisung

```
(for i in [1..n], j in [1..m]) mat(i)(j) := 0; end for;
```

resultiert in einem Laufzeitfehler: es ist nicht festzustellen, ob `mat` ein Tupel von Tupeln (wie gewünscht) oder eine Abbildung ist, deren Wert an Stelle `j` ein Tupel (oder eine andere Abbildung) ist. Ergo muß wieder initialisiert werden – aber wie?

Das einfache `mat := [[]]` funktioniert nicht; hier könnte nur das innere Tupel aufgefüllt werden, also eine $1 \times m$ Matrix initialisiert werden. Stände die Anzahl der Zeilen im Vorhinein fest, so könnte man mit `mat := [[] [] [] []]` z.B. eine $4 \times m$-Matrix initialisieren. Da dies im allgemeinen aber nicht der Fall ist, muß der umständliche Weg gegangen werden:

```
mat := [];
(for i in [1..n])
   mat(i) := [];
   (for j in [1..m])
      mat(i)(j) := 0;
   end for j;
end for i;
```

Dies mag als Beispiel für die Vorgehensweise bei komplexen linken Seiten genügen. Der Programmierer sollte darauf achten, daß die Ausdrücke nicht zu komplex werden, da die Übersichtlichkeit und die Lesbarkeit leidet.

II.5.4.3 Verwendung von Zuweisungen als Ausdrücke

Häufig trifft man auf die Notwendigkeit, Gruppen von Variablen mit dem gleichen Wert zu initialisieren. Die aus der Sprache C bekannte Möglichkeit, dies in einem Statement zu tun, gibt es auch in SETL:

```
x := y := z := 1;
```

initialisiert x, y und z zu 1. Was steckt dahinter? Obige Anweisung ist eine Abkürzung für `x := (y := (z := 1));`

Hier werden Zuweisungen als Ausdrücke auf der rechten Seite verwendet. Der Wert des Ausdrucks (`z := 1`) ist der Wert der rechten Seite, also 1. Der Wert der Größe auf der linken Seite wird als Seiteneffekt ebenfalls verändert.

Man kann diesen Effekt an vielen Stellen ausnutzen, zumeist dann, wenn der Wert eines Ausdrucks über eine Anweisung hinaus erhalten bleiben soll. Man weist ihn einer Hilfsgröße zu, auf die man später zurückgreift; es lassen sich so Neuberechnungen ersparen. Ein Beispiel ist

```
if (x := f(u)+g(v)) in s then f(u) := x;
   else print('Wert nicht in der Menge!');
end if;
```

Dieses Konstrukt mag im Einzelfall sehr nützlich sein, doch dürfte der übermäßige Gebrauch die Lesbarkeit eines Programms eher negativ beeinflussen.

II.5.5 Konstantendeklaration

Als letzte der Erweiterungen der Konzepte soll auf die Möglichkeit eingegangen werden, Konstanten zu vereinbaren, die als Werte zusammengesetzte Objekte haben. Erinnern wir uns dazu daran, was im ersten Kapitel über Konstanten gesagt wurde: dort wurden als zulässige Werte genannt

a. elementare Objekte wie ganze und reelle Zahlen sowie Zeichenketten
b. bereits bekannte Konstantenbezeichner
c. einfache Bezeichner, die nicht vorher als Konstante definiert wurden.

Außerdem können elementare Objekte über arithmetische Operationen verknüpft werden. Die Regeln, nach denen zusammengesetzte Typen als Werte von Konstanten gewonnen werden können, sind eher spärlich: zulässig sind nur solche Werte, bei denen Objekte der unter (a) – (c) beschriebenen Art durch Tupel- oder Mengenklammern zusammengesetzt werden. Das heißt,

```
const konstante_1 = [1.0, {4,9,11}, 'abra'];
const konstante_2 = 'alpha',
      konstante_3 = 'beta',
      konstante_4 = {[konstante_2, konstante_3]};
```

sind zulässig. Die zweite Deklaration hätte dabei auch kurz durch

```
konstante_4 = {[alpha, beta]}
```

beschrieben werden können (man erinnere sich an die Semantik dieser Deklaration vom Typ c.). Dagegen sind andere Operatoren als Tupel- und Mengenklammern nicht zugelassen, d.h. insbesondere ist die Verwendung der Standardoperationen unzulässig. So wird etwa nach

```
const set1 = {2, 4, 6},
      set2 = {4, 9, 12};
```

die Vereinbarung

```
const konstante_5 = set1 * set2;
```

nicht akzeptiert. Auch Tupelselektoren sind unzulässig: nach

```
const t1 = [1, 2, 3, 4, 5, 6];
```

führt

```
const t2 = t1(2..4);
```

zu einem Fehler; analoges gilt für Abbildungsselektoren. Es gilt, daß solche Operatoren unzulässig sind, bei denen zur Initialisierung eine implizite Schleife durchlaufen werden muß.

II.6 Aufgaben zu Kapitel II

1. a) Sei t ein Tupel. Geben Sie Anweisungen an, mit denen zu t Tupel t1, t2 und t3 erzeugt werden, für die gilt:

    - t1 enthält die Komponenten von t in umgekehrter Reihenfolge.
    - t2 enthält alle voneinander verschiedenen Komponenten von t genau einmal.
    - t3 enthält all die Komponenten von t genau einmal, die mindestens zweimal in t auftreten.

    b) Seien t1, t2 Tupel. Geben Sie ein SETL-Programm an, das zu jeder Komponente von t1 ausgibt, wie oft sie als Komponente von t2 auftritt.

    c) Sei S eine Menge von Tupeln mit n Komponenten, x ein Tupel mit ebenfalls n Komponenten. Geben Sie ein Programm an, das dasjenige Tupel aus S ermittelt, das mit x die meisten gemeinsamen Komponenten hat.

2. a) Die *Goldbach*-Vermutung besagt, daß jede gerade Zahl größer als zwei als Summe zweier Primzahlen geschrieben werden kann. Verifizieren Sie dies für die ersten 100 geraden Zahlen mit einem SETL-Einzeiler.

    b) Schreiben Sie ein Programm, das die Menge all der ganzen Zahlen zwischen 2 und 200 ausgibt, die als Produkt zweier Primzahlen dargestellt werden können.

3. Eine *Bowling*-Partie besteht aus 10 *Versuchen*, die zehn Kegel abzuräumen. Ein jeder Versuch besteht aus einem oder zwei Würfen: räumt man mit dem ersten Wurf alle Kegel ab, so spricht man von einem *strike*; in diesem Fall entfällt der zweite Wurf. Ansonsten wirft man im zweiten Wurf auf die Kegel, die im ersten nicht getroffen wurden. Räumt man mit dem zweiten Wurf die verbliebenen Kegel ab, so spricht man von einem *spare*. Bei einem *strike* im zehnten Versuch hat man zwei, bei einem *spare* einen weiteren Wurf. Es wird nun wie folgt gezählt: ein *strike* zählt 10 plus dem Resultat der nächsten beiden Würfe, ein *spare* zählt 10 plus dem Resultat des nächsten Wurfes, ansonsten zählen die in den beiden Würfen umgeworfenen Kegel.
    Schreiben Sie ein Programm, das von einem Tupel ganzer Zahlen überprüft, ob es ein den Regeln entsprechendes Ergebnis einer Bowling-Partie sein kann, und das in diesem Fall das erzielte Ergebnis berechnet.

4. Multimengen *(bags)* unterscheiden sich von Mengen dadurch, daß Elemente mehrfach in ihnen auftreten können. Man kann sich für eine Multimenge M etwa die folgenden SETL-Darstellungen vorstellen:

    - ein Tupel, in dem die Elemente von M willkürlich angeordnet sind, oder
    - eine Abbildung, deren Definitionsbereich die Menge der unterschiedlichen Elemente von M ist, und die für jedes Element angibt, wie oft es in M vorkommt.

    a) Schreiben Sie zwei Prozeduren, die die Konvertierungen von der einen in die andere Darstellung vornehmen.

    b) Schreiben Sie für beide Darstellungen Prozeduren zur Berechnung des Durchschnitts, der Vereinigung und der Differenz zweier Multimengen.

5. Geben Sie SETL-Anweisungen an, die

   - zu einer Abbildung `f` die Umkehrabbildung `g`
   - zu Abbildungen `f`, `g` die Komposition `f o g` bestimmen.

6. Schreiben Sie eine Prozedur `delete_bin_tree`, die ein gegebenes Element mit dem Schlüssel `value` aus einem binären Suchbaum `tree` entfernt.

7. Sei M eine Menge. Eine Teilmenge $R \subseteq M \times M$ heißt *Relation* über M. Zu R und M heißen

   - $\delta_M := \{(m, m); m \in M\}$ *Diagonale* oder *identische Relation*,
   - $R^+ := \bigcup_{n \geq 1} R^n$ mit $R^1 := R$, $R^{n+1} := R^n \circ R$ und
     $$X \circ Y := \{(a, c); \exists b \in M : (a, b) \in X, (b, c) \in Y\}$$
     transitive Hülle,
   - $R^* := R^+ \cup \delta_n$ *transitive und reflexive Hülle* zu R.

   Schreiben Sie ein SETL-Programm, das eine Relation R über einer endlichen Menge M einliest und die transitive reflexive Hülle zu R bestimmt.

8. Sei $G = (V, E)$ ein gerichteter Graph mit Knotenmenge V und Kantenmenge $E \subseteq V \times V$. Sei $c : E \to \mathbb{N}$ eine Gewichtsfunktion.

   a) Schreiben Sie eine Prozedur, die einen gerichteten Graphen und eine zugehörige Gewichtsfunktion in adäquater Form einliest.

   b) Ein Tupel $w = (v_0, \dots, v_k)$ mit $v_i \in V$ für alle i, $0 \leq i \leq k$, und $(v_i, v_{i+1}) \in E$ für alle i, $0 \leq i \leq k - 1$ heißt *Weg von v_0 nach v_k*.
   Ein Graph G heißt *streng zusammenhängend*, wenn es für alle Knoten $a, b \in V$ einen Weg von a nach b in G gibt. Schreiben Sie eine Prozedur zur Überprüfung, ob ein gegebener Graph streng zusammenhängend ist.

   c) Seien für einen Weg $w = (v_0, \dots, v_k)$ die *Kosten* $c(w)$ definiert durch
   $$c(w) := \sum_{i=0}^{k-1} c((v_i, v_{i+1})).$$

   Dann heißt zu $a, b \in V$ der Weg w_1 mit
   $$c(w_1) = \min\{c(w); w \text{ ist Weg von } a \text{ nach } b\}$$
   kostengünstigster Weg von a nach b.
   Schreiben Sie eine Prozedur, die zu gegebenen Knoten a und b einen kostengünstigsten Weg von a nach b bestimmt.

III Beispiele

Dieses Kapitel soll zur Illustration der mächtigen Konstrukte dienen, die SETL dem Programmierer zur Verfügung stellt. Zunächst stellen wir den Algorithmus von Knuth, Morris und Pratt vor, der ein Muster in einer Zeichenkette zu finden gestattet. Hier zeigt es sich, daß sich mit Mengen und Abbildungen durchsichtig formulieren läßt, auch wenn die eigentliche Programmstruktur doch noch recht ähnlich zu der eines Pascal-Programms ist. Dies ändert sich in den beiden nächsten Beispielen, die in einer konventionellen Sprache nicht mehr in einem Lehrbuch übersichtlich darstellbar sind, weil die Datenstrukturen und Algorithmen nicht so knapp – und trotzdem verständlich – präsentiert werden können. Das zweite Beispiel geht auf dynamisches Hashen ein, das dritte auf die Konstruktion eines Parser-Generators für kontextfreie Grammatiken. Besonders in diesem Beispiel läßt sich verfolgen, wie die mathematische Beschreibung direkt in ablauffähigen Code umgesetzt werden kann.

III.1 Muster in Zeichenketten

Gegeben seien Zeichenketten p und s, und gefragt ist danach, ob p in s vorkommt, ob es also einen Index k gibt mit $p = s(k..(k + \#p - 1))$. Die einfachste und am wenigsten effiziente Art läßt sich dann schon wie angegeben aufschreiben:

```
procedure SucheMuster(p, s);
  assert is_string(p);
  assert is_string(s);
  return
     exists k in [1..#s] | p=s(k..(k+#p-1));
end procedure SucheMuster;
```

Wir wollen uns mit dieser Lösung nicht zufriedengeben; man kann sich leicht überlegen, daß sie $O(\#p * \#s)$ Vergleiche erfordert.

Nehmen wir an, daß wir $p(1..i)$ und $s(1..i)$ schon miteinander verglichen und gesehen haben, daß sie übereinstimmen, aber daß $p(i + 1) \neq s(i + 1)$ gilt. Der naive Ansatz würde jetzt $p(1)$ mit $s(2)$, $p(2)$ mit $s(3)$ etc. vergleichen; das ist aber nicht nötig, denn es nützt unser Wissen, daß Anfangsstücke von p und s miteinander übereinstimmen, nicht so recht aus.

Es ist besser, das längste Anfangsstück $p(1..j)$ so zu suchen, daß es mit einem Endstück $s((i - j + 1)..i)$ übereinstimmt, und daß zusätzlich $p(j + 1) = s(i + 1)$ gilt. Ist solch ein Anfangsstück $p(1..t)$ gefunden, so geht die Suche bei $p(t + 1)$ weiter. Nach unserer Annahme gilt $p(1..i) = s(1..i)$, also insbesondere $s((i - j + 1)..i) = p((i - j + 1)..i)$ so daß bei der Suche nach dem längsten Anfangsstück s nicht mehr benötigt wird.

Wir bestimmen zunächst $f(i) := \max\{j < i; p(i..j) = p((i - j + 1)..i)\}$. Wenn wir $\max \emptyset := 0$ setzen, ergibt sich $f(0) = f(1) = 0$. Die Berechnung von $f(i)$ geschieht dann auf direktem Wege z.B. durch

```
f := {};
(forall i in [0..#p])
  f(i):=
    if (g:={j in {1..i-1}|p(1..j)=p((i-j+1)..i)})={}
        then 0
        else max/g
        end;
end forall;
```

Da wir in diesem Beispiel daran arbeiten, einen schnelleren Algorithmus zu finden, geben wir eine effizientere Lösung an.

```
f := {[0,0],[1,0]};  $ Initialisierung
(forall j in [2..#p])
   vorher := f(j-1);
   loop do
      if vorher=0 then
         f(j) := if p(1) = p(j) then 1 else 0 end;
         continue forall;
      else
         if p(j) = p(vorher+1) then
            f(j) := vorher+1;
            continue forall;
         else
            vorher := f(vorher);
         end if p(j);
      end if vorher;
   end loop;
end forall;
```

Die Korrektheit dieser Schleife zur Berechnung von f geht von der folgenden Beobachtung aus: zur Berechnung von $f(i)$ verschaffe man sich zunächst den vorherigen Wert $k :=$ $f(i-1)$, so daß also gilt $p(1..k) = p((i-k)..(i-1))$. Gilt nun $p(k+1) = p(i)$, so erhält man $p(1..(k+1)) = p((i-k)..i)$, also $f(i) = f(i-1) + 1$. Gilt aber $p(k+1) \neq p(i)$, so suche man sich den nächstkleineren Index $t < f(i-1)$ mit $p(1..t) =$ $p((i-t)..(i-1))$ und probiere erneut, ob $p(t+1) = p(i)$. Da wegen der Voraussetzung an k gilt: $p((i-t)..(i-1)) = p((k-t+1)..k)$, ist $t := f(k) = f(f(i-1))$ ein geeigneter Kandidat.

Zur Komplexität der Berechnung läßt sich zeigen, daß der Körper der inneren Schleife während der gesamten Berechnung von f höchstens $\#p$-mal ausgeführt wird, so daß f in $O(\#p)$ Schritten berechnet werden kann.

Beispiel:

$p = 1010110$ ergibt für f

i	0	1	2	3	4	5	6	7
$f(i)$	0	0	0	1	2	3	1	2
$p(i)$		1	0	1	0	1	1	0

Beim Suchen nach p in s geht man also so vor, daß man $s(1)$ mit $p(1)$, $\ldots$, $s(j)$ mit $p(j)$ vergleicht, bis ein Index i erreicht ist, für den $s(1..i) = p(1..i)$ und $s(i + 1) \neq p(i + 1)$ gilt. Da $s((i - f(i) + 1)..i) = p(1..f(i))$ gilt, sucht man weiter in der Zeichenkette $s((i - f(i) + 1)..)$, indem man $s(i + 1)$ mit $p(f(i) + 1)$ vergleicht, u.s.w. Dies geschieht, bis entweder s erschöpft oder p gefunden ist. Dieses Vorgehen wird durch eine Tafel T am prägnantesten beschrieben. Ist Σ das Alphabet, aus dem die Buchstaben für p stammen, so setzt man für $\sigma \in \Sigma$

$$Z := \{0, \ldots, \#p\}$$
$$T(j, \sigma) := \begin{cases} j + 1 & \text{falls } j < \natural p \text{ und } \sigma = p(j + 1) \\ 0 & j = 0, \sigma \neq p(1) \\ T(f(j), \sigma) & \text{falls } \sigma \neq p(j + 1), j \leq 1, j \neq \natural p \end{cases}$$

Wenn also ein Buchstabe σ im Zustand $j > 0$ gelesen wird, so besteht bereits Übereinstimmung von $p(1..j)$ mit einer Teilzeichenkette von s. Ist $\sigma = p(j + 1)$, so besteht sogar Übereinstimmung von $p(1..(j + 1))$; gilt dagegen $\sigma \neq p(j + 1)$, so suche man ein möglichst großes t mit der Eigenschaft, daß $p(1..t)$ mit einem Teil von s übereinstimmt und σ mit $p(t + 1)$. Diese Suche wird durch die Funktion T beschrieben. Für $j = 0$ muß mit der Suche ganz von neuem in p begonnen werden, falls $\sigma \neq p(1)$.

Faßt man die Elemente von Z als Knoten auf und verbindet j mit k durch eine Kante mit der Beschriftung σ, falls $T(j, \sigma) = k$ so erhält man für unser Beispiel

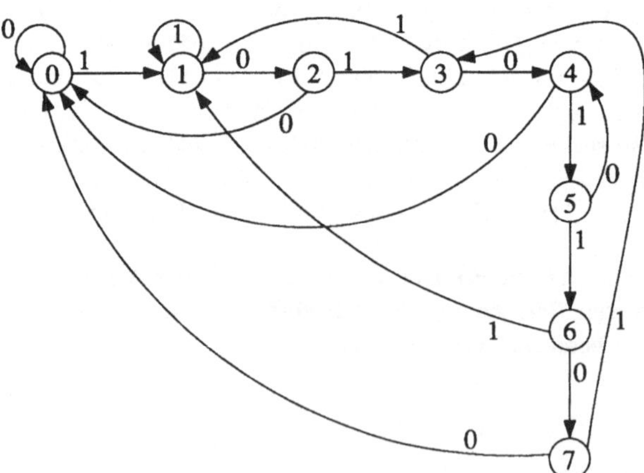

Eine Zeichenkette s enthält genau dann die Zeichenkette p, wenn sie von 0 aus den Knoten 7 erreichen kann, wobei für jede Kante ein Buchstabe aus s konsumiert wird. Allgemein ist p in s genau dann enthalten, wenn der Zustand $\#p$ vom Anfangszustand 0 aus erreichbar ist.

Es ist keine Einschränkung, die Buchstaben für s aus dem Alphabet Σ für p zu nehmen.

Zur Formulierung in SETL:

```
program MusterInKetten;
var f, tab;
    $ f ist wie oben bestimmt, tab dient zur Formulierung
    $ der Tabelle
init f := {[0,0], [1,0]},
    tab := {};
read (p);
    $ p ist das Muster, nach dem gesucht werden soll
z := [0..#p];
sigma := {q|q in p};
(forall i in z)
    ...        $ Berechnung von f wie oben
end forall;
$ tab wird als Abbildung formuliert, die jedem Buchstaben
$ diejenige Abbildung zuordnet, die jeden Knoten auf den
$ Folgeknoten wirft. (also tab(σ)(j) := T(j,σ)). Damit kann
$ die Wirkung jeder Buchstabenfolge als Komposition von
$ Abbildungen formuliert werden.
(forall buchst in sigma)
    tab(buchst) := {};
    (forall j in z)
        tab(buchst)(j) :=
            if j<#p then
                if buchst = p(j+1)then j+1
                elseif j=0 and buchst≠p(1)then 0
                elseif j>=1 and buchst≠p(j+1)then
                        tab(buchst)(f(j))
                else om  $ darf nicht fehlen!!!
            end;
    end forall j;
end forall buchst;

$ Wir lesen die Zeichenkette, in der gesucht werden soll
read(s);
assert forall t in s|t in sigma;
```

```
$ Überprüfe, ob p in s enthalten ist (.comp sei der Operator,
$ der Abbildungen verknüpft)

print (if .comp / [tab(t):t in s](0)=#p then
          'gefunden'
       else
          'nicht gefunden' end);


operator .comp(f,g);
   ...
end operator .comp;
end program MusterInKetten;
```

Anmerkung:

Die gewählte Formulierung über die Verkettung von Abbildungen zum Durchlaufen von Knoten ist unnötig aufwendig, da man ja stets die Komposition von Abbildungen berechnet, wo das Einsetzen eines Funktionswertes in einen anderen genügen würde. Die Umformulierung läßt sich einfach bewerkstelligen: statt `tab` als Abbildung aufzufassen, die wieder Abbildungen liefert, fassen wir `tab` als Abbildung seiner Argumente auf, ersetzen also in der Berechnung von `tab` jedes Auftreten der Form `tab(x)(y)` durch `tab(x,y)`. Damit ist `tab` eine Abbildung von $\Sigma \times \{0..\#p\}$ in $\{0..\#p\}$ (statt eine Abbildung von Σ in die Menge aller Abbildungen von $\{0..\#p\}$ in $\{0..\#p\}$).

Die Zeichenkette p ist genau dann in der Kette s enthalten, wenn die Variable `Zustand` nach Ausführung des folgenden Code-Stückes den Wert #p hat:

```
Zustand := 0; $ Anfangsknoten
(forall t in s)
    Zustand := tab(t, Zustand);
    if Zustand = #p then
        quit;
    end if;
    $ Wandern zum nächsten Knoten
end forall;
```

In dieser Lesart ergibt sich unmittelbar, daß der Algorithmus $O(\#p^2 + \#s)$ Schritte im schlechtesten Fall braucht: $O(\#p^2)$ zum Aufbau von f und T, $O(\#s)$ zur Iteration über die Zeichenkette s.

III.2 Dynamisches Hashen

III.2.1 Vorbemerkungen

Das effiziente Speichern und Verwalten großer Datenbestände ist ein zentrales Gebiet der Informatik. Wir kennen im wesentlichen zwei Arten der Organisation von Dateien mit direktem Zugriff: die eine verwendet einen baumstrukturierten Index, d.h. die Schlüssel der Datensätze werden in einem Suchbaum abgelegt, und über den Eintrag im Baum kann der Datensatz selber gefunden werden. Binäre Suchbäume, wie wir sie im Abschnitt über Abbildungen beschrieben haben, sind das einfachste Beispiel für eine solche Struktur. Diese können den Nachteil haben, daß das Entarten zu listenähnlichen Strukturen nicht ausgeschlossen werden kann. Deshalb gibt es diverse Typen sogenannter balancierter Baumstrukturen, bei denen gewährleistet ist, daß die Anzahl der Zugriffe in etwa logarithmisch von der Anzahl der gespeicherten Daten (bzw. ihrer Schlüssel) abhängt. Die Verwaltung solcher Baumstrukturen (als Beispiel seien *AVL-Bäume* oder *B-Bäume* genannt) ist ungleich aufwendiger als die der gewöhnlichen binären Suchbäume; die Datenstrukturen für ihre Implementation sind jedoch im wesentlichen die gleichen. Wir wollen uns deshalb mit der zweiten Art des Datenspeicherns befassen, dem *Hashing*. Diese Technik speichert die Schlüssel (und auf die wollen wir uns konzentrieren) in *Hash-Tafeln*. Der verfügbare Speicherplatz – dies kann Platz im Hauptspeicher oder einem Hintergrundspeicher sein – wird in Segmente aufgeteilt und mit einer *Hash-Funktion h* wird für einen Schlüssel *k* bestimmt, in welchem Segment (auch *bucket*) der Schlüssel zu speichern oder zu suchen ist.

Man unterscheidet zwischen *statischen* und *dynamischen* Hash-Verfahren. Bei den statischen Verfahren hat man eine feste Zahl von Segmenten fester Größe. Das erleichtert die Verwaltung, führt aber zu dem Phänomen, daß bei signifikantem Wachsen oder Schrumpfen die Effizienz stark nachläßt, und daß häufige Reorganisationen notwendig werden. Diese Verfahren sind also vor allem dann zu empfehlen, wenn die Anzahl der Datensätze mehr oder weniger konstant bleibt, wenn also etwa vor allem Änderungsdienste auf einer Menge von Datensätzen zu erwarten sind.

Dynamische Hash-Verfahren versuchen, solche periodischen Reorganisationen zu vermeiden, indem sie den erforderlichen Reorganisationsaufwand in die üblichen Algorithmen zum Einfügen und Entfernen einbeziehen; dies entspricht dem Vorgehen bei den balancierten Suchbäumen. Wir unterscheiden zwei Klassen solcher Verfahren: eine, in der irgendeine Art von Index, Vergleichs- oder Zugriffstabelle verwendet wird, und eine, in der darauf verzichtet wird. Es hängt von verschiedenen Faktoren ab, welches Verfahren für welche Anwendung angemessen ist; dies wollen wir hier nicht diskutieren. Von der Implementation her gilt wie bei den Suchbäumen, daß sie sich zwar in technischen Details unterscheiden, daß jedoch die zugrundeliegenden Datenstrukturen oder auch die Benutzerschnittstelle im wesentlichen übereinstimmen. Wir wollen ein Verfahren vorstellen, das in der Literatur schlicht *dynamisches Hashen* genannt wird, also denselben Namen trägt wie die gesamte Klasse von Verfahren.

III.2.2 Das Verfahren

Dynamisches Hashen gehört zu den Verfahren, die mit einer Indexstruktur arbeiten. Das Schema wurde 1978 von P.A. Larson eingeführt. Es unterscheidet sich von den anderen Verfahren mit Index dadurch, daß die Indextabellen ein gleichmäßiges, lineares Wachstum zeigen und nicht überproportional wachsen wie bei den verwandten Verfahren.

Die zugrundeliegende Hashfunktion liefert zu einem gegebenen Schlüssel K eine *Bitfolge* $h(K) = (b_0, b_1, b_2, \ldots)$. Das Verzeichnis wird entsprechend als Binärbaum organisiert. Die durch $h(K)$ gelieferten Bits werden dazu verwendet, einen Pfad von der Wurzel zu einem Blatt in diesem Baum auszuwählen. Das jeweilige Blatt enthält dann die Adresse desjenigen Segments, in dem der Datensatz zu K gespeichert ist.

Am Anfang besteht das Verzeichnis aus einem einzigen Blatt und einem einzelnen Segment. Sobald dieses voll ist, wird es gesplittet: alle Sätze mit $b_0 = 1$ werden in ein neues Segment eingespeichert und das Verzeichnis wird entsprechend abgeändert. Werden weitere Datensätze eingefügt, so werden nach und nach mehr Segmente gesplittet und das Verzeichnis wächst entsprechend mit.

Man sieht sofort, daß das Verzeichnis $2n - 1$ Knoten besitzt, wenn die Datei aus n Segmenten besteht. Sind diese Segmente im Sekundärspeicher abgelegt, wo man geschickterweise die Größe einer Seite als Segmentgröße wählen könnte, und kann das Verzeichnis selbst im Hauptspeicher gehalten werden, so braucht man zum Auffinden eines Datensatzes stets nur einen einzigen Sekundärspeicherzugriff.

III.2.3 Die SETL-Implementation

Die SETL-Implementation des dynamischen Hashens berücksichtigt die Unterschiede zwischen Haupt- und Sekundärspeicher nicht; sie geht davon aus, daß alle Datensätze im Hauptspeicher gehalten werden, und zwar in Segmenten oder buckets einer festen Größe *bsize*. Der Wert der Hashfunktion für einen Schlüssel K weist den Weg durch den Baum zu dem Segment, in dem ein Datensatz abgelegt oder gefunden werden kann. Wird ein bucket aufgeteilt, so wird das Blatt im Baum, das auf ihn weist, durch einen inneren Knoten ersetzt, dessen erster Sohn das alte Blatt ist, und dessen zweiter Sohn ein neues Blatt ist, das auf das neue Segment verweist. Umgekehrt ist natürlich auch vorzusehen, daß ein Segment, das nach Löschen aller in ihm enthaltenen Datensätze leer geworden ist, freigegeben, und der Baum entsprechend abgeändert wird. Diese Funktionen werden erledigt durch Prozeduren `splitbucket` und `delbucket`, die als Parameter den Namen der Hash-Tafel und den in Frage stehenden Knoten des Verzeichnisses erhalten.

Wir werden auf diese Prozeduren später zu sprechen kommen. Für den normalen Benutzer des Hash-Verfahrens bleiben sie in der Regel verborgen; er soll sich um die technischen Fragen der Verwaltung und der Reorganisation keine Gedanken machen müssen. Die Funktionen, die er benutzt, entsprechen denen bei den binären Suchbäumen. Es sind dies

```
make_dynhash_table(wr table, bsize),

insert_dynhash_table(rw table, value),
```

```
    delete_dynhash_table(rw table, key),
und search_dynhash_table(rd table, key).
```

Mit make_dynhash_table wird eine Hashtabelle mit Namen table initialisiert, deren einzelne buckets die Größe bsize haben. Mit insert_dynhash_table wird ein Datensatz value in die Tabelle mit Namen table eingefügt, mit del_dynhash_table ein Datensatz mit dem Schlüssel key entfernt. Schließlich liefert search_dynhash_table den Datensatz mit dem Schlüssel key, sofern er in der Tabelle table enthalten ist. Wir wollen diese Prozeduren nun im einzelnen beschreiben, brauchen dazu jedoch eine Beschreibung der verwendeten Datenstrukturen und globalen Variablen.

Der Indexbaum zu einer Hashtabelle wird genau wie bei binären Suchbäumen organisiert als Menge von Atomen, die durch Abbildungen verknüpft sind. Die Abbildung parent liefert den Vorgänger eines Knotens, die Abbildung children die Nachfolger in Form eines Tupels mit zwei Komponenten. Für die Wurzel ist parent, für Blätter ist children undefiniert. Dementsprechend testet man mit den Makros

```
    macro is_leaf(node); children(node)=om endm;
bzw. macro is_root(node); parent(node)=om endm;
```

einen Knoten auf diese beiden Fälle ab. Die Makros

```
    macro left(node); children(node)(1) endm;
    macro right(node); children(node)(1) endm;
```

liefern den linken bzw. rechten Nachfolger eines Knotens. Eine Abbildung bucket ordnet jedem Blatt das zugehörige Segment zu. Dieses ist als Tupel organisiert, in das die Datensätze sukzessive eingetragen werden, bis die maximale Anzahl von Einträgen erreicht ist. Diese wiederum ist gegeben durch eine Abbildung bucketsize, die einer Hash-Tafel die Größe der zugehörigen Segmente zuordnet.

Damit sind die benötigten Strukturen bereits beschrieben. Auf den Schlüssel eines Datensatzes value wollen wir mittels eines Makros key_of(value) zugreifen, dessen genaue Definition vom Einzelfall abhängt und hier offen bleibt. Wichtig ist nur, daß auf der Menge der Schlüssel die Gleichheitsrelation definiert sein muß. Klarerweise müssen Schlüssel eindeutig sein, d.h. verschiedene Datensätze müssen verschiedene Schlüssel haben.

Neben den schon erwähnten Hilfsprozeduren zum Aufspalten und Löschen von Segmenten besitzen die Prozeduren noch weitere Hilfsfunktionen:
in dynhash(key) wird die eigentliche Hash-Funktion definiert, die in der beschriebenen Weise einem Schlüssel ein Bitmuster zuordnet.
Mit findnode_dynhash(key, table) wird das Blatt im Indexbaum geliefert, das durch den Hash-Wert von key bestimmt ist. findkey_dynhash sucht noch weiter und liefert, falls vorhanden, den Index des Datensatzes mit Schlüssel key innerhalb des entsprechenden buckets. Auch diese Prozeduren werden wir später genauer betrachten.

Schließlich benutzen wir einen selbstdefinierten Booleschen Operator, der testet, ob der Datensatz zu einem gegebenen Schlüssel in einem Segment vorhanden ist oder nicht:

```
op .in_dyn(key, buck);
  return exists value in buck | key_of(value) = key;
end op .in_dyn;
```

Damit können wir nun unsere vier Hauptprozeduren beschreiben:

```
procedure make_dynhash_table(wr table, bsize);
$ initialisiert eine Hash-Tafel, die unter dem Namen
$ table angesprochen wird, dieser Name ist ein Zeiger
$ auf die Wurzel des Indexbaumes der Hash-Tafel und
$ wird als Parameter an alle Prozeduren übergeben
root := newat;
bucketsize(root) := bsize; $ Grösse der Segmente
bucket(root) := [];        $ erstes Segment wird
                           $ initialisiert
table := root;
end procedure make_dynhash_table;
```

Mit der folgenden Prozedur wird ein Datensatz newvalue in die Hash-Tafel mit dem Namen table eingetragen, falls nicht schon ein Wert mit gleichem Schlüssel eingetragen ist; in diesem Fall wird nichts eingetragen. Die Prozedur vermeldet einen erfolgten Neueintrag, indem sie den Booleschen Wert **true** an das aufrufende Programm zurückgibt; ist der Wert schon vorhanden, wird **false** zurückgegeben.

```
procedure insert_dynhash_table(rw table, newvalue);
  node := findnode_dynhash(key_of(newvalue), table);
    $ sucht das Blatt, in dessen bucket der Eintrag zu
    $ erfolgen hat
  if key_of(newvalue) .in_dyn bucket(node)
    then return false;
    $ Datensatz mit gleichem Schlüssel schon vorhanden
    else bucket(node)with := newvalue;
        $ neuer Wert wird am Ende angefügt
      if bucket(node)>bucketsize(table)
        $ Überlauf; es muß gesplittet werden
        then splitbucket_dynhash(node, table);
      end if;
    return true;
  end if;
end procedure insert_dynhash_table;
```

Nicht schwieriger ist das Entfernen eines Datensatzes zu einem gegebenen Schlüssel; hier muß nur umgekehrt darauf geachtet werden, ob ein Segment nach Entfernen des Schlüssels leer geworden ist. Die Prozedur vermeldet erfolgreiches Entfernen durch Rückgabe von **true**; ist der Schlüssel gar nicht in der Tafel verzeichnet, wird **false** zurückgegeben.

```
procedure delete_dynhash_table(rw table, delkey);
   [node, index] := findkey_dynhash(table, delkey);
   $ die Funktion gibt Segment und Index des zu löschenden
   $ Elementes zurück, falls vorhanden, sonst om
   if node=om
      then return false;     $ Datensatz nicht vorhanden
      else
           $ entferne in dem entsprechenden Segment
           $ das Element mit Index index.
            bucket(node)(index..)
                  := bucket(node)(index+1..);
            if bucket(node) = []
               then delbucket_dynhash(node, table);
            end if;
            return true;
      end if node=om;
end procedure delete_dynhash_table;
```

Die Funktion `findkey_dynhash` liefert die wesentlichen Informationen bei der Suche
nach einem Datensatz mit einem bestimmten Schlüssel, nämlich zugeordnetes Segment und
Position innerhalb des Segmentes. Der dort gefundene Datensatz wird zurückgegeben. Ist er
nicht in der Hash-Tafel enthalten, wird om zurückgegeben.

```
procedure search_dynhash_table(rd table, searchkey);
   [node, index] := findkey_dynhash(table, searchkey);
   if node≠om
      then return bucket(node)(index);
      else return om;
   end if;
end procedure search_dynhash_table;
```

Soweit die Prozeduren, die ein Anwender für seine Arbeit mit einer dynamischen Hash-
Tafel braucht. Es sind jedoch noch einige Details zu klären. Wichtig ist offenbar, wie das
Segment zu einem Schlüssel und also der Weg durch den Indexbaum gefunden werden kann.
Eine einfache Möglichkeit besteht darin, einem Schlüssel – wir lassen Schlüssel der Typen
integer, real, string sowie Tupel und Mengen mit Komponenten dieser Typen zu –
einen **integer**-Wert zuzuweisen. Die gesuchte Bitfolge entsteht dann durch fortgesetzte
Division dieses Wertes durch 2.

```
procedure dynhash(key);
  case type key of
  ('integer'):      return key**3;      $ willkürlich gewählt
  ('real'):         return fix(key+.5)**3;
  ('string'):       sum := 0;
                    (for i in [1..#key])
                          sum+:=abs(key(i));
                    end for;
                    return sum**2;
  ('tuple','set'):  sum := 0;
                    (for i in key)
                          sum+:=dynhash(i);
                    end for;
                    return sum**2;
  else print('Typ', type key,
              'nicht als Schlüssel zulässig');
        return 0;
  end case;
end procedure dynhash;
```

Dieser für einen Schlüssel gelieferte ganzzahlige Wert wird nun benutzt, um das Blatt zu einem Schlüssel zu finden. Wir teilen den Wert fortgesetzt durch 2 und laufen im Indexbaum nach links, wenn der Wert gerade ist, sonst nach rechts, und zwar solange, bis wir an einem Blatt angelangt sind.

```
procedure findnode_dynhash(key, table);
  if is_leaf(table)
    then return table; $ table ist die Wurzel des Indexbaumes;
                       $ ist diese zugleich Blatt, sind wir
                       $ fertig
    else hashval := dynhash(key);
         node := table; $ mittels node hangeln wir uns durch
                        $ den Baum
         (while not is_leaf(node))
           node := if even hashval then left(node)
                                    else right(node) end;
           hashval div := 2;
         end while;
         return node;
  end if is_leaf;
end procedure findnode_dynhash;
```

Die Funktion `findkey_dynhash` liefert dann zu gegebenem Schlüssel unter Verwendung von `findnode_dynhash` den entsprechenden bucket und den Index, an dem der Datensatz mit diesem Schlüssel innerhalb des buckets positioniert ist.

```
procedure findkey_dynhash(table, searchkey);
  currentnode := findnode_dynhash(searchkey, table);
  currentbucket := bucket(currentnode);
  $ currentbucket ist das zum Schlüssel gehörige Segment die
  $ Position innerhalb des Segments ist eindeutig und kann
  $ mittels des Operators arb bestimmt werden

  index := arb{i in [1..currentbucket]|
              key_of(currentbucket(i))=searchkey};

  if index ≠ om then return [currentnode, index];
              else return [];
  end if;
end procedure findkey_dynhash;
```

Fehlen noch die etwas aufwendigeren Prozeduren zum Splitten und Löschen von buckets.
Beim Aufsplitten wird zunächst ein Blatt in einen inneren Knoten verwandelt, es werden
zwei neue Blätter erzeugt und eingerichtet, und der bucket des alten Blattes zuvor in einen
Hilfsbucket gerettet.

```
procedure splitbucket_dynhash(node, rw table);
  auxbucket := bucket(node);   $ Retten des Inhalts
  leftnode := newat;
  rightnode := newat;          $ neue Knoten
  bucket(node)  := om;         $ node wird innerer Knoten
  children(node) := [];        $ hat keinen zugeordneten
  bucket(leftnode) := [];      $ bucket, aber zwei Nach-
  bucket(rightnode) := [];     $ folger; Initialisierung

  left(node) := leftnode;      $ der buckets für die
  right(node) := rightnode;    $ neuen Blätter
  parent(leftnode) := parent(rightnode) := node;
  $ Herstellen der Verbindungen zwischen Vater und Söhnen.

  $ Nun müssen die in auxbucket gesicherten Datensätze auf die
  $ beiden neuen buckets verteilt werden. Dazu muß für jeden
  $ Schlüssel das entsprechende Bit berechnet werden, aufgrund
  $ dessen eine Zuordnung zum bucket des neuen linken (Bit = 0)
  $ oder des neuen rechten Blattes erfolgt. Dieses Bit erhält
  $ man, in dem der Hash-Wert des Schlüssels geteilt wird durch
  $ eine Zahl 2**level, wo level die Entfernung von der Wurzel
  $ des Indexbaumes zum Knoten ist. Ist das Ergebnis gerade, so
  $ ist das Bit gleich 0, sonst 1. Zunächst muß level
  $ natürlich berechnet werden. Dazu laufen wir von node
  $ zurück zur Wurzel des Indexbaumes und zählen die Schritte.
```

```
   aux := node;
   level := 0;
   (while aux ≠ table) level +:= 1;
        aux := parent(aux);
   end while;
   divisor := 2**level; $ ist der Divisor, der auf alle
                        $ Schlüsselwerte anzuwenden ist.


   $ Nun erfolgt die Verteilung der Datensätze


   (for value in auxbucket)
       hashvalue := dynhash(key_of(value));
       if even(hashvalue div divisor)
          then bucket(leftnode) with := value;
          else bucket(rightnode)with := value;
       end if;
   end for;


   $ es muß noch überprüft werden, ob die Verteilung erfolgreich
   $ war, d.h. ob nicht der denkbare, wenngleich  unwahrschein-
   $ liche Fall aufgetreten ist, daß alle Daten in einen der
   $ beiden neuen buckets geraten sind. In diesem Fall müßte das
   $ Verfahren iteriert werden.


   if #bucket(leftnode)>bucketsize(table)
      then splitbucket_dynhash(leftnode, table);
   elseif #bucket(rightnode)>bucketsize(table)
      then splitbucket_dynhash(rightnode, table);
   end if;
end procedure splitbucket_dynhash;
```

Umgekehrt ist schließlich eine Prozedur vorzusehen, die den Fall behandelt, daß ein Segment durch das Löschen eines Datensatzes leer wird. Handelt es sich bei diesem Segment um das zur Wurzel des Baumes gehörige, so geschieht nichts; es liegt wieder die Grundsituation vor dem Eintrag des ersten Datensatzes vor. Ansonsten unterscheiden wir zwei Fälle: ist der Bruder des Knotens mit geleertem bucket ein Blatt, so können wir den Vater der beiden Knoten durch dieses Blatt ersetzen; ist er innerer Knoten, so wird nichts unternommen.

```
procedure delbucket_dynhash(node, rw table);
$ die Prozedur verwendet ein Makro zum Entfernen eines Blattes
$ aus dem Indexbaum
macro remove(node);
   bucket(node) := om; parent(node) := om
endm;
```

```
if not is_root(node)
   then dad := parent(node);
        brother := if left(dad)=node then right(dad)
                                     else left(dad)
            end;


        if is_leaf(brother)
           then bucket(dad)  := bucket(brother);
                children(dad)  := om;
                remove(node);
                remove(brother);
        end if;
end if not is_root;
end procedure delbucket_dynhash;
```

Damit ist das Verfahren des dynamischen Hashens vollständig beschrieben.

III.3 Ein Parser-Generator

In diesem Abschnitt wollen wir Ihnen zeigen, wie man aus einer recht umfänglichen Problemspezifikation ein SETL-Programm gewinnen kann. Wir werden einen Generator programmieren, der als Eingabe eine kontextfreie Grammatik hat, und die Datenstrukturen ausgibt, die die Syntaxanalyse für die Grammatik steuern. Dies geschieht durch ein Pascal-Programm.

Zunächst führen wir kurz in die Theorie ein (interessierte Leser seien auf das Standardwerk von Aho, Sethi und Ullman für weitere Informationen verwiesen), dann gliedern wir das SETL-Programm und formulieren es abschließend.

III.3.1 Zur Syntaxanalyse kontextfreier Grammatiken

Programmiersprachen werden syntaktisch durch kontextfreie Grammatiken be- schrieben. Eine solche Grammatik $G = (N, T, S, R)$ besteht aus einer Menge N von Nicht-Terminals, einer Menge T von Terminals ($V := N \cup T$ ist endlich und heißt das Vokabular von G), einem Startsymbol $S \in N$ und einer endlichen Menge R von Ableitungsregeln. Jede Regel hat die Form $A \to \mu$ mit $A \in N$, $\mu \in V^*$ und erlaubt die Ersetzung von A unabhängig vom Kontext dieses Symbols durch μ. Man definiert eine Relation $\Rightarrow$ durch $\alpha A \beta \Rightarrow \alpha \mu \beta$, falls $A \to \mu$ eine Regel in R ist; $\overset{*}{\Rightarrow}$ sei die transitive Hülle von $\Rightarrow$. Die von G erzeugte Sprache $L(G)$ ist dann die Menge aller Wörter $w \in T^*$, die aus S durch $\overset{*}{\Rightarrow}$ abgeleitet werden kann, also

$$L(G) := \{w \in T^*; S \overset{*}{\Rightarrow} w\}$$

Ist nun $v \in T^*$ ein Wort über T, so erhebt sich die Frage, ob $v \in L(G)$ gilt. Dies ist offensichtlich genau dann der Fall, wenn eine Folge von Regeln gefunden werden kann, die v aus dem Startsymbol S erzeugt.

Jedes Programm in einer Programmiersprache wird vom Übersetzer auf syntaktische Korrektheit überprüft (Syntaxanalyse). Dazu wird das Programm als Wort über einem geeigneten

Alphabet terminaler Symbole dargestellt, und es wird nachgeprüft, ob sich dieses Wort in der Sprache befindet, die von der Grammatik der Programmiersprache erzeugt wird. Es ist für spätere Phasen des Übersetzungsprozesses wichtig, die konkreten Regeln (Ableitungsschritte) zu kennen, da mit jeder Regel gewisse Aktionen verbunden sind.

III.3.1.1 Die Analyse-Maschine

Für eine eingeschränkte Klasse von Grammatiken kann man das Problem der Syntaxanalyse recht einfach lösen. Hierzu konstruiert man konzeptionell eine Maschine, die in der folgenden Abbildung wiedergegeben ist:

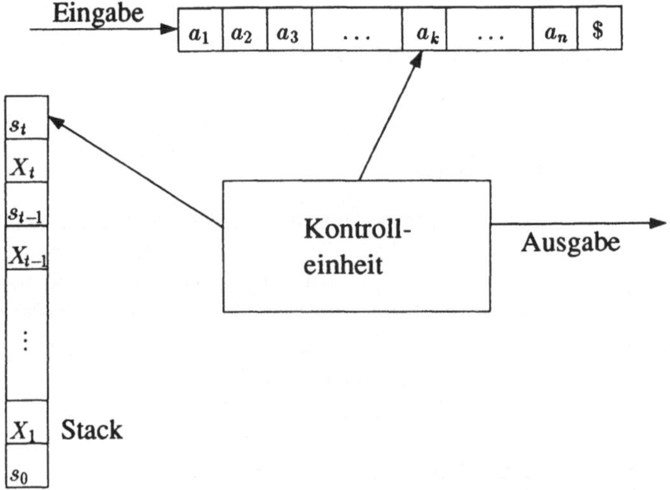

Diese Maschine besteht aus einem Eingabeband zur Eingabe des Wertes $a_1 \ldots a_n$, das analysiert werden soll; $ deutet das Ende des Wortes an. Die Kontrolleinheit liest von diesem Band, wobei der Lesekopf in a_1 startet und jeweils um eine Einheit nach rechts wandert, bis $ erreicht ist. Gleichzeitig manipuliert die Kontrolleinheit den Stack.

Der Stack besteht aus einer alternierenden Folge $s_0 X_1 s_1 \ldots X_t s_t$, wobei die $X_i \in V$ Grammatik-Symbole sind, und die s_i Zustände. Zur Manipulation des Stack werden zwei Tafeln *action* und *goto* herangezogen. Liest die Kontrolleinheit a_k und ist s_t oben auf dem Stack, so kann folgendes geschehen:

1. *action* $[s_t, a_k]$ $= shift\ s$. In diesem Fall kommen a_k und s_t auf den Stack, und der Lesekopf wandert um eine Position nach rechts.

2. *action* $[s_t, a_k]$ $= reduce\ A \to \beta$ (wobei $A \to \beta$ eine Regel in der Grammatik ist). Die Kontrolleinheit nimmt $2 * \#\beta$ Elemente vom Stack und legt A sowie s auf den Stack, wobei $s := goto\ [s_{t-\#\beta}, A]$ ist ($s_{t-\#\beta}$ ist das oberste Stacksymbol, wenn $2 * \#\beta$ Symbole vom Stack abgeräumt sind). Der Lesekopf wandert in diesem Falle nicht weiter.

3. $action\,[s_i, a_k] = accept$. Die Syntaxanalyse ist erfolgreich beendet.

4. $action\,[s_i, a_k] = error$. Ein Fehler ist vorgekommen, und wir brechen ab.

III.3.1.2 Konstruktion der Tafeln

Es ist also nötig, die Tafeln *action* und *goto* zu kennen. Hier gibt es verschiedene Verfahren, deren Mächtigkeit und Komplexität sich unterscheiden. Wir wollen die einfachste darstellen.

Sei $G = (N, T, S, R)$ eine kontextfreie Grammatik. Ein *Item* für G besteht aus einer Produktion in R, die auf der rechten Seite einen Punkt enthält. Die Produktion $A \to BC$ gibt Anlaß zu den drei Items $A \to \bullet BC$, $A \to B \bullet C$, $A \to BC \bullet$.

Die Hülle $cl\,(I)$ einer Menge I von Items wird wie folgt iterativ bestimmt:

Zunächst wird $cl\,(I)$ zu I initialisiert, dann wird die Menge abgeschlossen: ist $A \to \alpha \bullet B\mu$ ein Item in $cl\,(I)$ und $B \to \mu$ eine Produktion, so füge man $B \to \bullet \mu$ zu $cl\,(I)$ hinzu. Dies geschieht solange, bis sich nichts mehr ändert.

Daneben benötigen wir eine Übergangsfunktion sp, die für eine Menge I von Items und ein Grammatik-Symbol X definiert ist als

$$sp\,(I, X) := cl\,(\{A \to \alpha X \bullet \beta ; A \to \alpha \bullet X\beta \in I\})$$

Wir erweitern unsere Grammatik G zu einer Grammatik G', indem wir ein neues Startsymbol S' und eine neue Produktion $S' \to S$ zu G hinzufügen. Dies geschieht, um vom Startsymbol aus eine eindeutig bestimmte Anfangsproduktion zu haben. Es gilt ganz offensichtlich $L(G) = L(G')$.

Wir benötigen im folgenden $K(G')$, die kanonische Kollektion von Items für G'. Sie wird iterativ bestimmt durch

Initialisierung: $K(G') := cl\,(\{S' \to \bullet S\})$;

Abschluß: ist $I \in K(G')$ und X ein Grammatiksymbol von G', so füge man $sp\,(I, X)$ zu $K(G')$ hinzu. Dies geschieht solange, bis sich nichts mehr ändert.

Damit sind unsere Vorbereitungen fast abgeschlossen. Wir brauchen für die weitere Formulierung unseres Formalismus für jedes Non-Terminal A die Menge $FOLLOW\,(A) := \{a \in T;$ es gibt eine Ableitung $S' \overset{*}{\Rightarrow} \alpha A a \beta\}$.

$FOLLOW(A)$ besteht also aus allen terminalen Symbolen, die auf A in einer Ableitung folgen können (hierbei zählen wir \$ zu den terminalen Symbolen, so daß $\$ \in FOLLOW\,(S')$).

Ist $C = \{I_0, \ldots, I_n\}$ die kanonische Kollektion von Items für G', so setzt man $Z := \{0, \ldots, n\}$ als Menge der Zustände.

1. $action\,[i, a] := shift\;j$, falls $A \to \alpha \bullet a\beta \in I_i$ und $sp\,(I_i, a) = I_j$ $(a \in T)$

2. $action\,[i, a] := reduce\;A \to \beta$, falls $A \to \beta \bullet \in I_i$ und $a \in FOLLOW\,(A)$ $(A \in N$, also $A \neq S')$

3. $action\,[i, \$] := accept$, falls $S' \to S \bullet \in I_i$

4. $goto\,[i, A] := j$, falls $sp(I_i, A) = I_j$ $(A \in N)$

5. alle nicht erwähnten Einträge werden auf *error* gesetzt

6. der Anfangszustand k ergibt sich aus I_k, falls $S' \to \bullet S \in I_k$

Wenn ein *action*-Feld mehrfach definiert ist, arbeitet das Verfahren nicht – wir müssen zu komplizierteren Methoden greifen.

III.3.2 Das SETL-Programm

Es sei eine kontextfreie Grammatik gegeben; wir werden nun ein SETL-Programm entwerfen, das diese Grammatik einliest, verarbeitet, und ein Pascal-Programm ausgibt. Dieses Pascal-Programm definiert zwei Datenstrukturen `action` und `go_to`, über deren Darstellung wir uns Gedanken machen müssen.

III.3.2.1 Vorbereitungen

Aus der groben Gliederung ergibt sich eine Problemzerlegung in die drei Teile

- Eingabe-Schnittstelle
- Verarbeitung
- Ausgabe-Schnittstelle

Wir werden diese drei Teile getrennt diskutieren. Bevor wir dies in Einzelheiten tun, müssen wir uns über die auf diesem Niveau sichtbaren Daten einigen. Die Eingabe-Schnittstelle liest die Grammatik und konvertiert sie in eine interne Form, die Verarbeitungsphase produziert aus der internen Form der Grammatik die Daten zu `action` und `go_to`, und die Ausgabe-Schnittstelle macht daraus ein Pascal-Programm.

Beim Lesen der Grammatik ist es ausreichend, lediglich die Produktionen zu lesen; jede Produktion wird durch Angabe der linken Seite und dann weiter durch Angabe der rechten Seite geschrieben, wobei die Grammatik-Symbole durch Leerzeichen voneinander getrennt sind. Das Startsymbol, so legen wir fest, ist die linke Seite der ersten Produktion. Jede Produktion muß auf eine Zeile passen; steht nur ein Grammatik-Symbol X auf einer Zeile, so wird dies als leere Produktion $X \rightarrow \epsilon$ gedeutet.

Um eindeutige Namen zu haben, konvertieren wir die gelesenen Symbole der Grammatik in eine interne Form (hier hilft die Standardfunktion **newat**). Wir müssen allerdings später die interne Form in eine externe Form zurückverwandeln, und dazu benötigen wir die Abbildungen `InternerName` und `ExternerName`. Diese beiden Objekte sollten global zugänglich sein. Ebenfalls global sollten die Komponenten der Grammatik sein, als da sind `Terminals`, `NonTerminals`, `GrammSymbole` und `Produktionen`. Die ersten drei Variablen sind Mengen, `Produktionen` ist eine Menge einzelner Produktionen; hierbei wird jede Produktion selbst als Paar dargestellt: die erste Komponente gibt die linke Seite wieder, die zweite Komponente ist das Tupel der rechten Seite – damit ist die Grammatik ziemlich vertupelt.

Diese Konstruktion hat zur Folge, daß für jedes nicht-terminale Symbol B die Menge der rechten Seiten aller Produktionen mit B als linker Seite gegeben ist durch `Produktionen{B}`.

Weiterhin brauchen wir als globale Objekte `AltStart` und `NeuStart`, für das alte und das neue Startsymbol, die (neue) Startproduktion `StartProd` und `Dollar` als Markierung für das Ende der Eingabe.

Es wird sich herausstellen, daß für spätere Phasen die Abbildungen `go_to` und `action`, die ja die Arbeitsweise des Parsers regeln, und die Indikatoren `shift`, `reduce`, `accept` global sein sollten. Weiterhin benötigen wir als globale Variable die Menge `Kollektion` als die kanonische Kollektion des Parsers. Die Abbildungen `first` und `follow` werden als global deklariert. Ihre Berechnung wollen wir dem Leser als Übungsaufgabe überlassen.

Unser Programm beginnt also mit der Deklaration und Initialisierung dieser globalen Objekte:

```
var   Terminals, NonTerminals, GrammSymbole,
      Produktionen, AltStart, NeuStart, StartProd;

init Produktionen := { },
     NonTerminals := { },
     GrammSymbole := { };

var   InternerName, ExternerName, go_to, action,
      Kollektion;

init InternerName := { },
     go_to        := { },
     action       := { };

var   first, follow;

var   shift, reduce, accept, Dollar, epsilon;

$ Initialisierung

[shift, reduce, accept, Dollar, epsilon]
     := [newat: i in {1..5}];
InternerName('dollar') := Dollar;
InternerName('epsilon') := epsilon;
```

III.3.2.2 Die Eingabe-Schnittstelle

Wir nehmen an, daß der Dateiname für die Grammatik von **getspp** geliefert wird, wobei der Name des Parameters auf der Kommandozeile mit `grdat` angegeben ist.

Nach diesen Vorbereitungen läßt sich die Eingabeschnittstelle angeben:

```
procedure LiesGrammatik;
$ Liest die kontextfreie Grammatik und konvertiert sie in eine
$ interne Form.

  $ lokale Konstante
  const leer = '',
     blank= ' ';
```

```
$ Wir lesen den Dateinamen, überprüfen, ob er sinnvoll ist.
$ Ist er es nicht, so brechen wir das Programm ab;
$ ist er es, so öffnen wir die Datei
 Eingabe := getspp('grdat=/');
if Eingabe = leer then
   print('keine Eingabedatei');
   stop;
end if;

open(Eingabe, 'CODED-IN');
$ Wir lesen nun die Grammatik Zeile für Zeile, bis die
$ Datei erschöpft ist.

loop do
   get(Eingabe, Zeile);
   $ Dateiende schon erreicht ?
   if Zeile = om or Zeile = leer then quit loop;
   end if;
   Zeile + := blank;
   $ so ist sichergestellt, daß die Zeile mit einem
   $ Leerzeichen aufhört
   $ Erstes Symbol ist linke Seite;
   links := break(Zeile, blank);
   span(Zeile, blank);
   $ auf diese Weise steht stets ein nicht-leeres
   $ Zeichen am Anfang.

   $ Ist das Startsymbol schon definiert?
   AltStart := AltStart ? links;

   $ Wir verfertigen einen internen Namen und fügen
   $ die linke Seite zur Menge der Non-Terminals hinzu.
   prod := [IntNme := NeuerInternerName(links)];
   NonTerminals with := IntNme;
   GrammSymbole with := IntNme;

   $ Jetzt verarbeiten wir die rechte Seite der Produktion
   r_prod := [ ];
   (while Zeile ≠ leer)
       Symbol := break(Zeile, blank);
       span(Zeile, blank);
       r_prod with := SymNme :=
                    NeuerInternerName(Symbol);
       GrammSymbole with := SymNme;
   end while;
```

```
   $ Vervollständige die Produktion und füge sie dem
   $ Tupel aller Produktionen hinzu.

   prod with := r_prod;
   Produktionen with := prod;
end loop;

$ Die Datei wird geschlossen
close(Eingabe);

$ Wir setzen einige globale Objekte und erweitern dabei
$ die Grammatik

AltStart := InternerName(AltStart);
NeuStart := NeuerInternerName(str newat);
NonTerminals with := NeuStart;
GrammSymbole with := NeuStart;
StartProd := [NeuStart, [AltStart]];
Produktionen with := StartProd;
Terminals := GrammSymbole - NonTerminals;
end procedure LiesGrammatik;
```

Die Prozedur `NeuerInternerName` wurde zwar benutzt, aber noch nicht definiert:

```
procedure NeuerInternerName(obj);
$ Generiert für obj einen internen Namen, falls noch
$ keiner vorhanden ist. Der interne Name ist ein Atom

   InternerName(obj) := InternerName(obj) ? newat;
   return InternerName(obj);
end procedure NeuerInternerName;
```

III.3.2.3 Berechnung der Tafeln

Damit ist die Eingabephase abgeschlossen, und wir wenden uns der Erzeugung der Tafeln `go_to` und `action` zu. Hierzu sollten wir uns zunächst Gedanken über die Darstellung von Items machen: ist $X \rightarrow Y_1 \ldots Y_{i-1} \bullet Y_i \ldots Y_k$ ein Item der Grammatik, so erweitern wir zur Darstellung des Items das Tupel, das die Produktion darstellt, um eine letzte Komponente. Diese Komponente gibt die Position des Punkts an (es würde beim obigen Item $i - 1$ eingetragen). Umfaßt die rechte Seite einer Produktion k Symbole, so sind offensichtlich die Positionen aus $\{0 .. k + 1\}$ möglich.

Zur leichteren Formulierung definieren wir ein Makro, das uns die Position angibt

```
macro PunktPos(item); item(3) endm PunktPos;
```

Damit sind wir in der Lage, die Hüllenoperation `cl` kompakt zu formulieren:

```
procedure cl(Menge_Items);
$ Berechnet die Hülle einer Menge von Items. Die Hülle wird
$ zu Menge_Items initialisiert und iterativ aufgefüllt.
   Huelle := Menge_Items;
   (while exists [A, prod, k] in Huelle |
         (B := prod(k+1)) in NonTerminals and
         (exists gamma in Produktionen{B} |
               (neu:=[B, gamma, 0]) notin Huelle))
      Huelle with := neu;
   end while;
   return Huelle;
end procedure cl;
```

Analog kann die Prozedur sp nun sehr einfach formuliert werden:

```
procedure sp(Item_Menge, symb);
$ Item_Menge ist eine Menge von Items. Wir berechnen
$ zunächst die Menge der Kandidaten, die sich durch
$ "Punktverschiebung" ergibt.

   Kandidaten :=
      {Item(1..2) + [PunktPos(Item)+1]:
          Item in Item_Menge |
          Item(2)(PunktPos(Item)+1) = symb};
   return cl(Kandidaten);
end procedure sp;
```

Mit diesen Hilfsmitteln kann nun die oben konstruierte kanonische Kollektion berechnet werden. Wir formulieren dies als Funktion, die diese Kollektion als Tupel zurückgibt. Das Tupel ist so arrangiert, daß es als erstes Element diejenige Menge von Items hat, die $[S' \rightarrow \bullet S]$ enthält.

```
procedure KanonischeKollektion();
$ Berechnet die kanonische (SLR)-Kollektion einer
$ kontextfreien Grammatik

   StartItem := StartProd with 0;

   $ Wir beginnen mit der Hülle des StartItems
   kanonisch := {cl({StartItem})};

   $ Diese Menge wird aufgefüllt.

   (while exists i in kanonisch, x in GrammSymbole |
            (y := sp(i, x)) notin kanonisch)
        kanonisch with := y;
    end while;
```

```
    $ Wir suchen die Menge von Items, die das StartItem
    $ enthält.

    assert exists i in kanonisch | StartItem in i;

    $ Schließlich geben wir das kanonisch entsprechende
    $ Item mit i am Anfang zurück.

    return [i] + [j in kanonisch | j ≠ i and j ≠ { }];
end procedure kanonischeKollektion;
```

Damit sind alle Hilfsmittel bereitgestellt, die gesuchten Abbildungen go_to und action zu berechnen. Wir sollten uns aber vorher Gedanken darüber machen, wie wir die Aktionen darstellen. Für unsere Zwecke genügt es zunächst, eine Aktion der Form *"shift j"* darzustellen als Paar [shift, j], und *"reduce A →β"* als Paar [reduce, [A, [β]] (also als zweite Komponente die interne Darstellung der Produktion zu nehmen). Die akzeptierende Aktion wird durch accept dargestellt, und wir stellen *error* nicht explizit dar – ist keine Aktion definiert (oder kein neuer Zustand durch go_to beschrieben), so wird dies als *error*-Eintrag gedeutet. Wir haben action als mehrwertige Abbildung formuliert – Konflikte lassen sich auf diese Weise leichter erkennen.

Die nun folgende Formulierung macht Gebrauch von zwei Funktionen, die hier nicht formuliert werden. Die erste ist index: index(m,t) gibt für ein Tupel t den ersten Index i mit t(i)=m an (oder terminiert das Programm, falls kein solcher Index existiert), die zweite ist follow: follow(a) berechnet die Menge *FOLLOW*(a), die oben definiert wurde. Beide Funktionen sollen im Rahmen der Übungsaufgaben formuliert werden.

```
procedure go_to_und_action;
$ Berechnet die Abbildungen go_to und action aufgrund der
$ kanonischen Kollektion.  Wir berechnen zunächst go_to.
$ Dazu und für die Berechnung von action benötigen wir die
$ Zustände des Parsers

    Kollektion := KanonischeKollektion();
    (forall i in Kollektion, a in NonTerminals |
              (k := sp(i, a)) ≠ om)
          go_to(index(i, Kollektion), a) :=
                index(k, Kollektion);
    end forall;

    $ Die Berechnung von action erfordert die Betrachtung
    $ einiger Fälle:

    (forall i in Kollektion, Item in i)
        $ Berechne den Index von i für späteren Gebrauch
        i_ind := index(i, Kollektion);
```

```
   $ Fallunterscheidungen:
   if (a := Item(2)(PunktPos(Item)+1)) in Terminals
         $ 1. Steht zur Rechten des Punktes ein
         $ Terminal, dann: shift
    then j_ind := index(sp(i, a), Kollektion);
         action{i_ind, a} with := [shift, j_ind];
   elseif Item = StartProd with 1 then
         $ 2. Handelt es sich bei dem Item um die
         $ Startproduktion mit abschließendem
         $ Punkt? dann: accept
         action{i_ind, dollar} with := accept;
   elseif Punktpos(Item) = #Item(2) then
         $ 3. Steht der Punkt ganz rechts?
         $ Dann: Reduktion
         (forall x in follow(Item(1)))
               action{i_ind, x}
                     with := [reduce, Item(1..2)];
         end forall x;
      end if;
  end forall i;

$ Wir überprüfen, ob Konflikte in den Aktionen vorliegen.
$ Dies ist genau dann der Fall, wenn Aktionen mehrfach besetzt
$ sind. Wenn dies so ist, schreiben wir eine Fehlermeldung
$ aus und beenden das Programm.

if exists [x,y] in domain action | #action{x,y} > 1 then
  print ('keine SLR-Grammatik');
  stop;
end if;
end procedure go_to_und_action;
```

III.3.2.4 Die Ausgabe-Schnittstelle

Der letzte Schritt besteht in der Umsetzung dieser Abbildungen in die Tafeln eines Pascal-Programms. That's messy. Dazu müssen wir die Darstellung im Pascal-Programm diskutieren. Wenn wir davon ausgehen, daß die terminalen Symbole für einen Parser von der lexikalischen Analyse geliefert werden, so erscheint es sinnvoll, die Terminals als numerische Konstanten darzustellen (diese Darstellung muß natürlich gegebenenfalls mit der lexikalischen Analyse abgesprochen sein); analog kodieren wir die Nonterminals als numerische Konstanten (die Nonterminals stellen ja innere Symbole der Grammatik dar und sind als solche unempfindlich gegen – konsistente – Umbenennungen). Wir numerieren die Produktionen und stellen jede Produktion durch ihre Ordinalzahl dar. Jede Aktion des Parsers wird durch einen Verbund dargestellt.

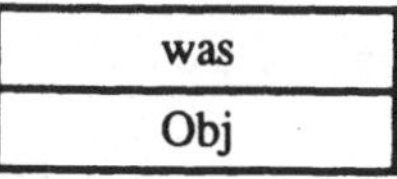

Das Feld was gibt die Art der Aktion wieder (shift, reduce, accept, error), der Inhalt von Obj ist abhängig von was:

1. bei was = shift wird der neue Zustand ausgegeben
2. bei was = reduce wird die Nummer der Produktion angegeben
3. bei was = accept oder was = error wird 0 eingetragen

Die go_to-Funktion des Parsers ist formuliert als ein Feld, indiziert über Zustände und Nonterminals von ganzen Zahlen, wobei wir festlegen, daß für eine Kombination von Zustand und Nonterminal der go_to-Wert genau dann gleich dem error-Eintrag ist, wenn der Eintrag 0 ist. Wir setzen also die Pascal-Konstante error am besten auf 0.

Nach diesen Vorüberlegungen sind die folgenden Aufgaben zu erledigen:

* Ausschreiben des Programm-Kopfs
* Ausschreiben von Konstanten-, Typ- und Variablendeklarationen
* Ausschreiben der action- und go_to-Einträge

Wir nehmen vereinfachend an, daß das Pascal-Programm ausschließlich aus der Definition der Einträge besteht, und daß wir auf die Standard-Ausgabe schreiben.

Die erste Teilaufgabe von oben ist trivial, das Ausschreiben der Variablendeklarationen auch (da wir nur action und go_to als Variablen zu vereinbaren haben). Zur Vorbereitung des Ausschreibens von Konstanten- und Typdeklarationen werden wir benutzen:

```
procedure SchreibListen(li_1, li_2, Art);
$ li_1 und li_2 sind gleichlange Listen; die erste
$ besteht aus Zeichenketten, die zweite aus den zu-
$ gehörigen Werten. Art ist eine Zeichenkette, die
$ ausgedruckt wird und die Werte 'const' und 'type'
$ annimmt.

   const indent = '          ';      $ Einrückung;
   print(Art);
   (forall i in [1 .. #li_1])
      print(indent, li_1(i), ' = ', li_2(i), ';');
   end forall;
   print;
end procedure SchreibListen;
```

Das Ausschreiben der Aktionen wird durch das Makro putAktion bewerkstelligt. Es ist ein wenig komplex, da hier vier verschiedene Fälle zu berücksichtigen sind. Um dies ein wenig zu mildern, führen wir ein lokales Makro ein, das diese Fälle übersichtlicher macht.

```
macro putAktion(i, a; loc1, loc2, loc3, Xtra);
$ loc1, loc2, loc3, Xtra sind lokale Parameter für
$ dieses Makro
$ i ist ein Element der kanonischen Kollektion des
$ Parsers, a ist ein Terminal oder das Atom Dollar
  loc1 := 'action[' + str i + ',';
  loc2 := ExternerName(a) + ']';
  loc3 := 7*' ';
  $ Einrücken;
  macro Xtra(eins, zwei, drei, vier);
    if action(i, a) = om then eins
    elseif is_tuple(action(i, a)) then
            if action(i,a)(1)=reduce then zwei
            elseif action(i,a)(1)=shift then drei
            else om
            end  $ inneres if
    else vier
    end $ äußeres if
  endm Xtra;

  $ Jetzt geht es los
  print(loc3,loc1+loc2+'.was := ',
      Xtra('error','reduce','shift','accept'), ';');
  print(loc3,loc1+loc2+'.obj := ',
      Xtra(0, index(action(i,a)(2),ProdTuple),
      action(i,a)(2), 0), ';');
  $ ProdTuple ist das Tupel der Produktionen, s. u.
  drop Xtra;
  $ Das Makro Xtra ist abhängig von den Parametern
  $ i und a, muss also für jeden Aufruf von putAktion
  $ neu definiert werden. Daher machen wir es ungültig,
  $ wenn wir das übergeordnete Makro verlassen.
endm putAktion;
```

In analoger Weise definieren wir das Makro putGoto, das für die Ausgabe der Tabelle go_to zuständig ist. Wir geben es ohne Kommentar an:

```
macro putGoto(i, a; loc1, loc2, loc3, Xtra);
$ i - Element der kanonischen Kollektion
$ a - NonTerminal
  loc1 := 'go_to[' + str i + ',';
  loc2 := ExternerName(a) + '] := ';
  loc3 := 7*' ';
```

```
    macro Xtra(eins, zwei);
      if go_to(i, a) = om then eins
      else zwei
      end $ if
    endm Xtra;
  print(loc3, loc1+loc2,
      Xtra('error', go_to(i,a)), ';');
  drop Xtra;
endm putGoto;
```

Damit sind wir endlich in der Lage, die Ausgabe-Schnittstelle zu beschreiben:

```
procedure SchreibProgramm;

$ Wir geben die Kopfzeile des Programms aus
print('program parser(input, output);');

$ Als nächstes vereinbaren wir die Konstanten

KonstNamen := ['error', 'shift', 'reduce', 'accept'];
KonstWerte := [0..3];

$ Die terminalen und nicht-terminalen Symbole werden
$ durch ihre externen Namen angegeben. Dazu inver-
$ tieren wir die Abbildung InternerName;
ExternerName := {[y, x]: [x, y] in InternerName};
TermTup := [t: t in Terminals with dollar];
KonstNamen + := [ExternerName(tt): tt in TermTup];
KonstWerte + := [1 .. #TermTup];

NonTermTup := [t : t in NonTerminals];
KonstNamen + := [ExternerName(tt): tt in NonTermTup];
KonstWerte + := [#TermTup+1 .. #TermTup+#NonTermTup];

$ Wir benötigen noch die Grenzen für Bereiche
KonstNamen + := ['minTerminal','maxTerminal','minNonT',
                'maxNonT','maxZustand'];
KonstWerte + := [1,                        $ für minTerminal
                #TermTup,                  $ für maxTerminal
                #TermTup + 1,              $ für minNonT
                #TermTup + #NonTermTup,    $ für maxNonT
                #Kollektion];

$ Das geben wir endlich aus
Schreiblisten(KonstNamen, KonstWerte, ' const ');
```

```
$ analog gehen wir bei der Typdeklaration vor

TypNamen := ['ParsAkt',              $ Aktionen des Parsers
             'Zustand',              $ Zustände des Parsers
             'Terminal',
             'NonTerminal',
             'ActRec'];              $ Record für action;


TypWerte := ['error .. accept',          $ ParsAkt
             '1 .. maxZustand',
             'minTerminal .. maxTerminal',
             'minNonT .. maxNonT',
             'record was:ParsAkt; obj: integer end'];


SchreibListen(TypNamen, TypWerte, ' type ');

$ Die Variablendeklarationen sind trivial

print('var');
print(7*' ', 'action: array[Zustand, Terminal] of ActRec;');
print(7*' ', 'go_to: array[Zustand, NonTerminal] of Zustand;');
print;    print('begin');


$ Wir beginnen damit, die Produktionen und ihre Ordinalzahl
$ als Kommentar auszudrucken. Vorher konvertieren wir die
$ Menge der Produktionen in ein Tupel

ProdTuple := [p: p in Produktionen];
print(' (*');
(forall i in [1..#ProdTuple])
     ZuDrucken    := str i +' : ';
     ZuDrucken + := ExternerName(ProdTuple(i)(1));
     ZuDrucken + := ' -> ';
     (forall k in ProdTuple(i)(2))
          ZuDrucken + := ExternerName(k) + ' ';
     end forall;
     print(ZuDrucken);
end forall;
print('*)');


$ Bei der Ausgabe von action muß über alle möglichen Paare
$ iteriert werden, deren erste oder zweite Komponente zum
$ Argument der Abbildung action beiträgt. Dies ist notwendig,
$ um das Pascal-Feld action für alle möglichen Paare zu
$ definieren. Dazu bilden wir Projektionen des
```

```
$ Definitionsbereichs.

ProjAct_1 := {t(1): t in domain action};
ProjAct_2 := {t(2): t in domain action};

 (forall i in ProjAct_1, a in ProjAct_2)
      putAktion(i, a);
 end forall;

$ analog bei go_to

ProjG_1 := {t(1): t in domain go_to};
ProjG_2 := {t(2): t in domain go_to};

 (forall i in ProjG_1, a in ProjG_2)
      putGoto(i, a);
 end forall;


print('end. (* Seufz! *)');


end procedure SchreibProgramm;
```

III.3.2.5 Das Gesamtprogramm, Rückblick

Das gesamte SETL-Programm sieht dann als Skelett formuliert so aus:

```
program monster;

$ Variablendeklarationen, Initialisierungen

   ⋮

$ Hauptprogramm

   LiesGrammatik;
   go_to_und_action;
   SchreibProgramm;

$ Prozeduren

   ⋮


end program monster;
```

Zur besseren Übersicht geben wir den Aufrufgraphen des Programms an (wobei die Berechnung von *FOLLOW* nicht berücksichtigt ist):

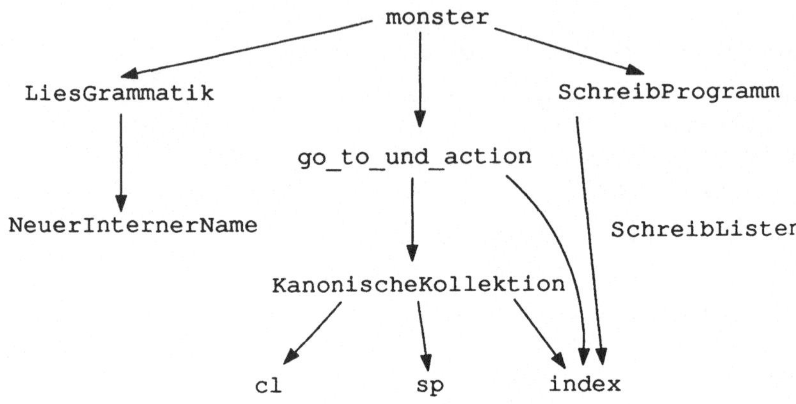

Rückblickend haben wir eine formidable Aufgabe auf recht kompakte Art gelöst, denn die Programmierung selbst eines einfachen Parser-Generators ist offensichtlich nicht trivial. Daß dies auf recht geringem Raum möglich war, ist den folgenden beiden Eigenschaften von SETL zuzuschreiben:

1. SETL erlaubt die Formulierung von Algorithmen auf hohem semantischen Niveau sehr eng an der mathematischen Beschreibung der Problemlösung,
2. SETL bedient sich hierzu der Mengenlehre als der mathematischen Umgangssprache, gestattet also eine sehr natürliche Ausdrucksweise.

Wir werden diese Eigenschaften von SETL näher untersuchen, wenn wir diese Sprache in den Zusammenhang des Prototyping stellen.

Wenn wir uns noch einmal die Konstruktionen vergegenwärtigen, so sind wir der mathematischen Problembeschreibung sehr eng gefolgt. Dadurch ist trotz des recht großen Umfangs eine immer noch übersichtliche Lösung entstanden. Im Kapitel IV werden Sie SETL-Konstrukte kennenlernen, mit deren Hilfe die Gliederung größerer Programme syntaktisch unterstützt werden kann.

III.4 Aufgaben zu Kapitel III

1. Formulieren Sie die Funktion `index`, die für ein Tupelelement x und ein Tupel t den kleinsten Index i angibt mit `t(i)=x`.

2. Es sei $G = (N, T, S, R)$ eine kontextfreie Grammatik. Für eine Zeichenkette $\alpha \in V^*$ definiert man $FIRST(\alpha) := \{t \in T^*;$ es gibt $\beta \in V^*$ mit $\alpha \overset{*}{\Rightarrow} t\beta$ und $|t| = 1$, oder $\alpha \overset{*}{\Rightarrow} \epsilon$ und $t = \epsilon\}$, also gilt insbesondere $FIRST(t) = \{t\}$, falls $t \in T$.

    Man kann zeigen, daß
    $$FIRST(\alpha\beta) = FIRST(\alpha) \oplus FIRST(\beta) \qquad (*)$$
    gilt, wenn für $L, M \subset V^*$ definiert ist:
    $$L \oplus M := \{w \in T^*; \text{ w ist der erste Buchstabe von } xy \text{ für } x \in L, \, y \in M,$$
    $$\text{falls } |xy| \geq 1, \text{ oder } w = \epsilon\}.$$

    Also genügt es wegen $(*)$ zur Berechnung von $FIRST(\alpha)$ für beliebiges $\alpha \in V^*$, daß man $FIRST(A)$ für $A \in N$ berechnet.

    Das geht so: man setzt für alle $i \geq 0$, $t \in T : F_i(t) := \{t\}$, weiter für $A \in N$:
    $$F_i(A) := \{t \in T^*; A \to t\alpha \text{ ist in } R, \text{ wobei } t \in T, \text{ oder } \alpha = \epsilon \text{ und } t = \epsilon\}.$$

    Ist $F_0, \ldots, F_i$ definiert, so setzt man für $A \in N$:
    $$F_{i+1}(A) := \{t \in T^*; A \to X_1 \ldots X_n \text{ ist in R, und } t \in F_i(X_1) \oplus \ldots \oplus$$
    $$F_i(X_n)\} \cup F_i(A).$$

    Dann ist $FIRST(A) = F_i(A)$, wobei i der erste Index j ist, so daß $F_j(B) = F_{j+1}(B)$ für alle $B \in N$ gilt.

    Implementieren Sie diesen Algorithmus zur Berechnung von $FIRST(\alpha)$ für alle $\alpha \in V^*$.

3. Sei G wie in Aufgabe 2. Für $A \in N$ berechnet man $FOLLOW(A)$ wie folgt: man iteriert die Schritte (2)–(3), bis sich keine Änderung mehr ergibt

    (1) \$ kommt in $FOLLOW(S)$, wobei \$ das Ende der Eingabe bezeichnet.

    (2) Für eine Produktion $A \to \alpha B\beta$ wird $FIRST(\beta) - \{\epsilon\}$ zu $FOLLOW(B)$ hinzugefügt.

    (3) Für eine Produktion $A \to \alpha B$, oder eine Produktion $A \to \alpha B\beta$ mit $\beta \overset{*}{\Rightarrow} \epsilon$ (also $\epsilon \in FIRST(\beta)$) wird $FOLLOW(A)$ zu $FOLLOW(B)$ hinzugefügt.

    Schreiben Sie einen Algorithmus zur Berechnung der $FOLLOW$-Mengen.

4. Modifizieren Sie den Parser-Generator so, daß ein C-Programm statt eines Pascal-Programms ausgegeben wird.

5. Modifizieren Sie den Parser-Generator wie folgt: es wird eine kontextfreie Grammatik eingegeben. Ausgegeben wird ein SETL-Programm, das eine Zeichenkette liest und

    a) sie entweder als nicht zur Sprache gehörig zurückweist, oder

    b) die Kette akzeptiert und einen Syntaxbaum ausgibt. Jeder Knoten des Syntaxbaums ist mit seiner syntaktischen Kategorie (Name des Nonterminals) dekoriert.

IV Programming in the Large – Mechanismen für die Erstellung komplexer Programmsysteme

IV.1 Einleitung

Mit den in den Kapiteln I und II beschriebenen Konstrukten für den Aufbau von Programmen lassen sich im Prinzip beliebig große Programme verfertigen: man strukturiert das Programm mittels Prozeduren und Makros, faßt diese mit einem Hauptprogramm in einer einzigen Datei zusammen, übersetzt es und läßt es ablaufen.

Mit zunehmender Größe stößt dieses Vorgehen allerdings schnell an Grenzen:

- [ ] schon das Editieren wird mühsam, die Übersichtlichkeit und Lesbarkeit des Programms geht verloren, der textuelle Zusammenhang von funktional in Beziehung stehenden Prozeduren ist kaum mehr aufrechtzuerhalten, auch sind funktional zusammenhängende Prozeduren nur schwerlich als solche zu erkennen.

- [ ] da alle an der Erstellung des Programms Beteiligten dieselbe Datei bearbeiten und verändern, ist eine effektive Versionskontrolle nur mühsam zu erreichen.

- [ ] überhaupt ist das getrennte Erstellen und Testen von Programmteilen schlecht zu realisieren: Schnittstellen zwischen Teilen sind nicht leicht sauber zu definieren; Änderungen von Anzahl und Art von Parametern in Prozeduren können fatale Folgen haben. Zugriffsrechte auf Prozeduren und Variable sind nicht in wünschenswerter Weise regelbar.

- [ ] schließlich muß nach jeder noch so kleinen Änderung das gesamte Programm neu übersetzt werden, was bei SETL zu erheblichen Zeitverlusten führen kann.

Offenbar benötigt man ab einer gewissen Größenordnung der Programme über Prozeduren und Makros hinaus weitere Strukturierungsmöglichkeiten, um den Entwurf und die Implementierung großer Systeme zu erleichtern. D. Parnas hat bereits 1972 Prinzipien für dieses *programming in the large* aufgestellt. Diese beinhalten unter anderem:

- [ ] die modulare Zerlegung:
  das System wird aufgeteilt in relativ unabhängige Einheiten (Moduln), die getrennt (und durchaus auch von verschiedenen Personen) erstellt, verifiziert und getestet werden können.
- [ ] definierte Schnittstellen:
  die Kommunikation zwischen den Moduln vollzieht sich nach genau festgelegten Regeln, die im vorhinein zu definieren sind.
- [ ] Geheimnisprinzip (information hiding):
  die Interna eines Moduls sind privat und nach außen nicht sichtbar. Modifikationen von Code in Moduln beeinflussen das Gesamtsystem nicht.

☐   Datenabstraktion:
Datentypen werden als abstrakte Datentypen mit ihren Operationen zur Verfügung gestellt, ohne daß ihre Implementation sichtbar wird.

Die Realisierung dieser Prinzipien hat gezeigt, daß die Probleme des Programmentwurfs sehr
viel besser in den Griff zu bekommen und beherrschbar sind.

Es ist zu fragen, mit welchen Sprachen modulare Programmierung möglich ist. Wir wissen,
daß z.B. ALGOL in allen seinen Varianten, Pascal, LISP oder PROLOG hierfür keine Konstrukte zur Verfügung stellen, was insbesondere bei letzterem zu Problemen bei gemeinhin
großen Programmen auf dem Gebiet der künstlichen Intelligenz führt. Rudimentär realisiert
ist das Konzept in FORTRAN, aber erst neuere Sprachen sehen es bereits im Sprachentwurf
vor, etwa Modula-2 (in Gestalt von **modules**), C (**files**), Ada (**packages, generic
packages**), oder eben SETL. Wir wollen in diesem Kapitel beschreiben, wie die Realisierung in SETL im einzelnen aussieht.

IV.2 Aufbau komplexer SETL-Programme

Die Programmeinheiten, die SETL zur Realisierung modularer Programmierung bietet, sind
Bibliotheken (**libraries**) und Moduln (**modules**).   Beide bieten Möglichkeiten, in
Zusammenhang stehende Prozeduren zu Einheiten zusammenzufassen.   Sie unterscheiden
sich in der Art, in der sie mit ihrer Umgebung kommunizieren.

Bibliotheken sind Sammlungen völlig eigenständiger Routinen, von denen einige anderen
Programmeinheiten zur Benutzung zur Verfügung gestellt (*exportiert*) werden, die jedoch
nicht auf Objekte aus anderen Einheiten zugreifen, also weder Variablen oder Konstanten
noch Prozeduren *importieren*.

Moduln pflegen dagegen eine kompliziertere Form der Kommunikation mit ihrer Umgebung.
Sie greifen auf Objekte aus anderen Programmeinheiten zu, d.h. sie benutzen in anderen
Moduln definierte Prozeduren, sie lesen Konstanten und lesen oder schreiben Variablen, die
global für das gesamte Programm vereinbart sind. (Extern definierte Makros können natürlich
nicht benutzt werden, denn – der Leser erinnert sich – deren Gültigkeitsbereich ist über die
textuelle Umgebung definiert.)   Moduln stellen schließlich selbst auch Prozeduren für die
externe Nutzung zur Verfügung.

Sowohl importierte als auch exportierte Objekte müssen in einer Schnittstellenbeschreibung
bekannt gemacht werden. Diese zerfällt in der Regel in eine *nach innen orientierte* Beschreibung für die importierten und eine *nach außen orientierte* Beschreibung für die exportierten
Objekte.

In Ada oder Modula-2 findet man diese beiden Teile in separaten Einheiten. So enthält das
definition module in Modula-2 das nach außen, das **implementation module**
das nach innen orientierte Interface, letzteres zusammen mit dem Code für den Modul selbst.

In SETL sehen die Dinge etwas anders aus: hier wird die Kommunikation der Moduln zentral
in einem Verzeichnis (**directory**) beschrieben. Dieses Verzeichnis enthält Listen globaler
Variablen und Konstanten, eventuelle Initialisierungen solcher Variablen, und es beschreibt

für jeden Modul M, welche externen Variablen von M gelesen und/oder geschrieben, welche Variablen und Konstanten, die in M selbst definiert werden, nach außen sichtbar gemacht, und welche Prozeduren importiert und exportiert werden.

Schließlich gibt es neben Verzeichnis, Moduln und Bibliotheken eine Programmeinheit (**program unit**); diese entspricht dem **module** in Modula-2 und enthält als Kern ein Hauptprogramm, mit dessen erster Anweisung die Ausführung des gesamten Programms beginnt, und das dessen Ablauf steuert. Die Programmeinheit kann zusätzlich selbst wieder eine Menge von Prozeduren enthalten und Variablen und Konstanten definieren.

Damit sind die Bestandteile eines SETL-Programms genannt; es besteht – in dieser Reihenfolge – aus

☐   einem Verzeichnis
☐   einer Programmeinheit
☐   einer Menge von Bibliotheken und Moduln.

Diese Programmteile können nun in einer einzigen physikalischen Datei zusammengefaßt sein; die Übersetzung unterscheidet sich dann nicht von der einfacher SETL-Programme. Meistens wird man Moduln und Bibliotheken jedoch in eigenen Dateien vorfinden und getrennt übersetzen wollen.   Wir wollen zunächst die einzelnen Programmteile genauer beschreiben, und anschließend die zur Verfügung stehenden Mechanismen zur getrennten Übersetzung diskutieren.

IV.2.1 Bibliotheken

Bibliotheken sind Kollektionen von eigenständigen Prozeduren, die in der Regel zur Verwendung in mehr als nur einem Programm vorgesehen sind. Mögliche Beispiele sind Sammlungen von unterschiedlichen Sortieralgorithmen, Sammlungen numerischer, etwa trigonometrischer Funktionen zur Ergänzung des etwas kargen Vorrats, den SETL anbietet, oder Sammlungen von Ein-/Ausgaberoutinen, etwa für formatierte Ausgaben. Auch zur Spezifikation abstrakter Datentypen sind sie vorzüglich geeignet.

Da verschiedene Programme die Routinen einer Bibliothek nutzen können sollen, muß ein Zugriff von Prozeduren innerhalb der Bibliothek auf extern definierte Objekte ausgeschlossen werden. Desweiteren erhalten externe Einheiten keinen Zugriff auf Konstante oder Variable, die innerhalb der Bibliothek definiert sind. Aufgrund dieser eingeschränkten Art der Kommunikation sind Bibliotheken von ihrem formalen Aufbau her die einfachsten Einheiten. Sie bestehen – in dieser Reihenfolge – aus

i.   einer Anfangszeile, die das Schlüsselwort **library** und einen Bezeichner, den Namen der Bibliothek, enthält; die Zeile wird durch ein Semikolon abgeschlossen.
ii.   einer Liste von Prozeduren, die in der Bibliothek definiert und zur externen Benutzung vorgesehen sind. Diese Liste wird durch das Schlüsselwort **exports** eingeleitet; für jede einzelne Prozedur ist deren Kopfzeile in genau der Weise anzugeben, wie sie innerhalb der Bibliothek aufgeführt ist, also sowohl der Name als auch die in Klammern eingeschlossene Liste formaler Parameter, wobei auch eventuelle Zusätze von **rd**, **rw**

und **wr** übernommen werden. Die einzelnen Elemente werden durch Kommata getrennt, die Liste selbst durch Semikolon abgeschlossen.

iii. einer Folge von Deklarationen von Variablen und Konstanten in der Form, wie wir sie im ersten Kapitel kennengelernt haben, also zusammen mit eventuellen Initialisierungen dieser Variablen. Der Gültigkeitsbereich dieser Objekte ist auf die Bibliothek beschränkt, es sind also globale Größen, die in jeder Prozedur der Bibliothek bekannt sind, aber nicht nach außen bekanntgemacht werden können.

iv. einer Folge von Prozeduren, deren Spezifikation in der üblichen Weise erfolgt.

v. einer Abschlußzeile, die die Schlüsselwörter **end library** enthält, optional gefolgt von dem Bibliotheksbezeichner, und die durch Semikolon abgeschlossen wird.

Als Beispiel wollen wir angeben, wie sich etwa der abstrakte Datentyp *binärer Such-baum* mit den auf ihm definierten Operationen, die wir im zweiten Kapitel in einer SETL-Implementation angegeben haben, als Bibliothek darstellt. Man beachte, daß die Hilfsfunktion locate_bin_tree nicht in der **exports**-Liste auftritt; sie dient nur zur internen Realisierung anderer Funktionen und braucht dem Benutzer nicht zugänglich gemacht zu werden.

```
library bin_trees;

exports make_bin_tree(wr tree),
        insert_bin_tree(rw tree, newvalue),
        delete_bin_tree(rw tree, key),
        search_bin_tree(tree, key),
        inorder_bin_tree(tree),
        preorder_bin_tree(tree),
        postorder_bin_tree(tree);

var     parent, children, value;

init    parent := {},
        children := {},
        value := {};

$ es folgen die Prozedurvereinbarungen, denen noch eventuelle
$ Makro-Definitionen vorausgehen können. Wir listen die
$ Makros und die Texte der Prozeduren nicht mehr auf.

procedure make_bin_tree(wr tree);
    ...
end procedure make_bin_tree;


procedure insert_bin_tree(rw tree, newvalue);
    ...
end procedure insert_bin_tree;

$ es folgen Spezifikationen der anderen exportierten Prozeduren
$ und von Hilfsprozeduren. Abgeschlossen wird die Bibliothek mit

end library bin_tree;
```

IV.2.2 Moduln

Moduln unterscheiden sich von Bibliotheken durch die komplexere Art der Kommunikation mit der Umgebung. Trotzdem ist der formale Aufbau eines Moduls nicht sehr verschieden von dem einer Bibliothekseinheit, denn die Beschreibung der Schnittstellen, durch die sich Moduln von Bibliotheken unterscheiden, erfolgt im zentralen Verzeichnis und nicht im Modul selbst.

i. Die Kopfzeile eines Moduls besteht aus dem Schlüsselwort **module**, gefolgt von einem Paar von Bezeichnern, die durch die Folge " – " (Leerzeichen, Bindestrich, Leerzeichen) voneinander getrennt sind.
   Der erste dieser Bezeichner ist der Verzeichnis-Name, also der Name für das gesamte Programm. Er tritt in allen Moduln und in der Programmeinheit auf. (Nicht jedoch bei Bibliotheken; ein weiterer Hinweis auf die größere Eigenständigkeit von Bibliotheksprozeduren.) Der zweite Bezeichner ist der Name des Moduls selbst.

ii. Es folgen (optional) sogenannte *library items*, i.e. Namen von Bibliotheken, auf die aus dem Modul heraus zugegriffen wird. Eine Liste solcher Namen wird eingeleitet durch das Schlüsselwort **libraries**, die Elemente der Liste werden durch Kommata getrennt. Man beachte, daß hier Namen von Bibliotheken, nicht von Prozeduren aus Bibliotheken aufgelistet werden. Ein Modul, der eine Bibliothek in einem *library item* benennt, kann auf alle Prozeduren zugreifen, die von der Bibliothek exportiert werden. So erhielte man mit der Anweisung

```
libraries bin_tree;
```

   Zugriff auf alle sieben Prozeduren, die `bin_tree` exportiert.

iii. Optional kann eine Kopie der Schnittstellenbeschreibung für den Modul aus dem zentralen Verzeichnis folgen. Diese dient zu Dokumentationszwecken, ist aber für die Übersetzung ohne Belang.

   Der Rest entspricht den Punkten iii. bis v. im Aufbau von Bibliotheken:

iv. Es erfolgen zunächst Deklarationen von Variablen und Konstanten und eventuelle Initialisierungen der Variablen. Diese Objekte sind global für den Modul definiert, d.h. sie sind in allen Prozeduren des Moduls bekannt, nicht jedoch in anderen Moduln oder der Programmeinheit; sie können auch nicht exportiert werden, und es können Objekte in anderen Programmteilen durchaus den gleichen Namen haben.

v. Anschließend werden die Prozeduren des Moduls in der üblichen Weise aufgelistet.

vi. Den Abschluß bildet eine Zeile, die die Schlüsselwörter **end module**, optional gefolgt vom Modulnamen, enthält.

Wir wollen als Beispiel noch einmal den Parser-Generator aus dem dritten Kapitel betrachten. Er hat bereits die richtige Größe, um sich für eine Modularisierung anzubieten, und ist noch klein genug, um eine übersichtliche Darstellung im Rahmen dieses Abschnitts zu ermöglichen.

In der Zerlegung sollte man soweit wie möglich berücksichtigen, ob Prozeduren funktional in Zusammenhang stehen, auf dieselben globalen Objekte zugreifen und ähnliches. Solche Prozeduren sollte man in einem Modul zusammenfassen.

Für das Programm `monster` scheint eine Zerlegung in vier Moduln geeignet, je einen für die Ein- und Ausgabe, einen dritten für die Berechnung der *first*- und *follow*-Mengen, und schließlich einen für die Berechnung der *goto*- und *action*-Tabellen. Alle diese Moduln tauschen Informationen untereinander aus, so daß Bibliotheken als Programmteil nicht in Frage kommen.

Der Modul für die Eingabe der Grammatik sieht etwa wie folgt aus:

```
module monster - inputs;

$ monster ist der Name des gesamten Programms, und also auch
$ der Name des später zu benennenden Verzeichnisses;
$ inputs ist der Name des Moduls. library items entfallen;
$ die Zugriffsspezifikation beschreiben wir später

const leer  = '',
      blank = ' ';

$ globale Variablen für den Modul werden nicht vereinbart
procedure LiesGrammatik;
$ diese Prozedur wird vom Modul exportiert
      :
end procedure LiesGrammatik;

procedure NeuerInternerName(obj);
$ diese Prozedur wird nur von LiesGrammatik aufgerufen;
$ sie braucht nicht nach aussen bekannt gemacht zu werden.
      :
end procedure NeuerInternerName(obj);

$ das war's auch schon


end module monster - inputs;
```

In analoger Weise werden die Moduln

```
module monster - compute_first_and_follow,
module monster - compute_go_to_and_action und
module monster - outputs vereinbart.
```

Man beachte dabei, daß die Makros `PunktPos`, `PutAktion` und `PutGoto` textuell in die Dateien eingefügt werden müssen, in denen die Moduln stehen, von deren Prozeduren sie aufgerufen werden (vgl. Abschnitt III.3).

IV.2.3 Die Programm-Einheit

Programmeinheiten unterscheiden sich in ihrem Aufbau von Moduln außer in den unterschiedlichen Schlüsselwörtern nur dadurch, daß vor der Folge von Prozeduren (die auch fehlen kann) eine Folge von ausführbaren Anweisungen stehen muß, die das Hauptprogramm bilden. Ansonsten finden wir hier wie dort

i.   eine Menge von *library items*,
ii. optional eine Kopie der Zugriffsspezifikation für die Programmeinheit aus dem Verzeichnis,
iii. eine Menge von Vereinbarungen von Objekten, deren Sichtbarkeit auf das Hauptprogramm und die in der Einheit definierten lokalen Prozeduren beschränkt ist
iv. und die Definition eben dieser Prozeduren.

Die erste Zeile besteht aus dem Schlüsselwort **program**, gefolgt von einem Paar von Bezeichnern, wie bei den Moduln beschrieben. Die Abschlußzeile, naja . . .
Für unser Beispiel liest sich das wie folgt:

```
program monster - main;

$ Vereinbarungen fehlen ebenso wie library items
$ Hauptprogramm:

   Initialisiere;
   InternerName('dollar') := Dollar;
   LiesGrammatik;
   first_and_follow;
   go_to_and_action;
   SchreibProgramm;

   procedure Initialisiere;
   $ ein didaktisches Kunstprodukt; diese eine Zeile
   $ kann wie früher natürlich auch oben stehen

   [shift, reduce, accept, Dollar, epsilon] :=
        [newat: i in {1 .. 5}];
   end procedure Initialisiere;

end program monster - main;
```

Greift die Programmeinheit – oder besser das Hauptprogramm – nicht auf externe Prozeduren zu, werden also weder eine Zugriffsspezifikation für Moduln im zentralen Verzeichnis noch *library items* in der Programmeinheit selbst benötigt, so liegt genau ein einfaches Programm in der früher beschriebenen Form vor, das wir ohne Verzeichnis zum Ablauf bringen können.

IV.2.4 Das zentrale Verzeichnis (directory)

Es bleibt noch, das vielmals erwähnte Verzeichnis selbst in seinem Aufbau zu beschreiben.
Es besteht aus:

i. einer Kopfzeile, die das Schlüsselwort **directory** und den Namen des Programms
   enthält, den man in der Kopfzeile vor Programmeinheit und Moduln wiederfindet.

ii. Deklarationen (**var**-, **const**- und **init**-Anweisungen wie üblich); ein hier vereinbartes
   Objekt ist sichtbar in der Programmeinheit oder einem Modul, wenn der Zugriff in (iii)
   oder (iv) entsprechend vereinbart ist.

iii. einer Zugriffsspezifikation für die Programmeinheit, dem *Programmdeskriptor*.

iv. einer entsprechenden Zugriffsspezifikation für jeden Modul, dem *Moduldeskriptor*.

v. einer Abschlußzeile mit den Schlüsselwörtern **end directory** und dem Verzeichnis-
   Namen.

Die Programm- und Moduldeskriptoren regeln zum einen, auf welche der in (ii) vereinbarten
Objekte die Programmeinheit und der Moduln lesend und/oder schreibend zugreifen dürfen.
Sie regeln zum anderen die Sichtbarkeit der Prozeduren aus den einzelnen Programmteilen.

Die Deskriptoren bestehen aus einer Kopfzeile, die mit der Kopfzeile der entsprechenden
Einheit bis auf den Zeilenabschluß identisch ist, also

```
      program dname - pname:
bzw.  module dname - mname:
```

wobei dname, pname und mname die Namen von Verzeichnis, Programmeinheit und Modul
sind.

Wichtig ist, daß die Zeile hier mit einem Doppelpunkt und nicht mit einem Semikolon
abgeschlossen wird.

Es folgt eine Zugriffsspezifikation, die in beiden Fällen gleich aufgebaut ist. Dies ist die
Spezifikation, die wir bei der Beschreibung von Programmeinheit und Moduln schon erwähnt
haben: sie kann dort zu Dokumentationszwecken zusätzlich aufgeführt werden.

Die Spezifikation für eine Einheit besteht zunächst aus einer Vereinbarung der Zugriffsrechte
der Einheit auf die im Verzeichnis deklarierten globalen Variablen und Konstanten, und zwar
leitet das Schlüsselwort **reads** eine Liste von Objekten ein, die gelesen, das Schlüsselwort
writes eine entsprechende Liste von Objekten, die in der Einheit verändert, also geschrieben
werden können. Anstelle der Listen von Objekten kann auch das Schlüsselwort **all**
stehen mit der offensichtlichen Bedeutung, daß der Zugriff auf alle globalen Variablen und
Konstanten vereinbart ist.

Der Zugriff auf Prozeduren aus anderen Einheiten wird in einer Liste beschrieben, die durch
das Schlüsselwort **imports** eingeleitet wird. Die Elemente dieser Liste sind die Namen
von Prozeduren, die von anderen Moduln exportiert werden, zusammen mit ihren formalen
Parametern. Diese müssen dabei genau so angegeben werden wie in der Kopfzeile der
Prozedurdefinition, also auch mit eventuellen **rw**-, **wr**- und **rd**-Zusätzen; diese textuelle
Übereinstimmung wird vom Compiler überprüft.

Ist also eine Prozedur mit

```
procedure p(x, rw y, rd z);
```

vereinbart, so lautet das entsprechende **imports**-Element

```
imports p(x, rw y, rd z),
```

wohingegen etwa

```
imports p(x, y, z)
```

zu einem Fehler führen würde.

Völlig analog werden in einer **exports**-Anweisung die Prozeduren aufgelistet, die von einem Modul exportiert werden.

```
exports p(x, rw y, rd z), ...;
```

Das bedeutet insbesondere, daß es zu jeder **imports**-Anweisung **imports** p(...) eine entsprechende **exports**-Anweisung **exports** p(...) in einem anderen Modul geben muß.

Man beachte, daß ein Prozedurname in nur einer **exports**-Liste auftreten darf und nicht in mehreren, weil ansonsten eine eindeutige Zuordnung von exportierten Prozeduren zu Moduln unmöglich wird. Dagegen kann sehr wohl eine Prozedur gleichen Namens als lokale, nicht exportierte Prozedur eines Moduls oder einer Bibliothekeinheit vorhanden sein, ohne daß Konflikte entstehen.

Als Beispiel geben wir das Verzeichnis für den Parser aus Kapitel III an; dazu werden ein Programm- und vier Moduldeskriptoren benötigt.

```
directory monster;

$ Die folgenden Variablendeklarationen sind identisch mit den
$ früheren; einige werden nur jeweils innerhalb eines Moduls
$ benutzt, man könnte sie also auch als globale Variable
$ eines Moduls definieren; der Leser möge das selbst versuchen

var Terminals, NonTerminals, GrammSymbole,
    Produktionen, AltStart, NeuStart, StartProd;

init Produktionen := {},
     NonTerminals := {},
     GrammSymbole := {};

var  InternerName, ExternerName, go_to, action,
     Kollektion;

init InternerName := {},
     go_to  := {},
     action := {};

var first, follow;
```

```
var shift, reduce, accept, Dollar, Epsilon;

$ Es folgen der Programmdeskriptor und vier Moduldeskriptoren

program monster - main:
reads shift, reduce, accept, Dollar, Epsilon;
writes shift, reduce, accept, Dollar, Epsilon,
        InternerName;
imports LiesGrammatik, first_and_follow,
        go_to_and_action, SchreibProgramm;

module monster - inputs:
reads NonTerminals, Terminals, GrammSymbole,
      Produktionen, AltStart, NeuStart, StartProd;
writes InternerName, NonTerminals, Terminals,
       GrammSymbole, Produktionen, AltStart,
       NeuStart, StartProd;
exports LiesGrammatik;
$ lokal: NeuerInternerName

module monster - compute_first_and_follow:
reads all;

writes first, follow;
exports first_and_follow;

module monster - compute_go_to_and_action:
reads NonTerminals, Produktionen, StartProd,
      GrammSymbole, Kollektion, follow, accept,
      Dollar, reduce;
writes Kollektion, go_to, action;
exports index(m, t), go_to_and_action;
$ lokal: cl, sp, KanonischeKollektion

module monster - outputs:
reads InternerName, Terminals, ExternerName,
      Kollektion, NonTerminals, Produktionen,
      StartProd, Neustart, action,go_to;
writes ExternerName;
imports index(m, t);
exports SchreibProgramm;
$ lokal: SchreibListen

end directory monster;
```

Damit sind die Bestandteile eines komplexen SETL-Programms vollständig beschrieben. Es ist nun möglich, alle Teile in der oben genannten Reihenfolge in eine gemeinsame Datei zu kopieren, zu übersetzen und zu testen. Damit würden wir aber einige Vorteile des Konzepts zur Modularisierung wieder aufgeben.

Vielmehr ist ja das Ziel, auch das getrennte Übersetzen von Programmteilen zu ermöglichen, um bei lokalen Änderungen den Übersetzungsaufwand einzuschränken. Den entsprechenden SETL-Mechanismus beschreiben wir im folgenden Abschnitt.

IV.3 Getrennte Übersetzung

Die getrennte Übersetzung und das Zusammenfügen von Programmteilen zu einem lauffähigen Gesamtprogramm vollzieht sich in SETL nach Regeln, die dem in C oder Modula-2 erfahrenen Programmierer sicherlich etwas schwerfällig erscheinen; dies umso mehr, als man in Anbetracht der Eleganz und des Komforts der Sprache selber nun auch ähnlich elegante Konzepte für das Übersetzen und Binden von Programmteilen erwarten könnte. Dies ist nicht der Fall, wie überhaupt die Programmier- und Systemumgebung zu SETL bisher eher stiefmütterlich behandelt wurde, was sich im Fehlen von Werkzeugen zur Fehlersuche und -behandlung, von syntaxgerichteten Editoren oder ähnlicher Dinge erweist.

Separate Übersetzung bedarf in SETL einer gewissen Übung und erfordert Kenntnisse über den Ablauf des Übersetzungsprozesses. Im Mittelpunkt stehen dabei SETLs `q1`-files. Diese `q1`-files sind das Produkt der Semantik-Analyse des dreistufigen Compilers. Die erste Stufe umfaßt die lexikalische Analyse; aus dem Quellcode werden zwei files mit Namenserweiterung `pol` und `xpol` erzeugt, die als Eingabe für die semantische Analyse dienen. Deren Ausgabe wiederum, eben ein `q1`-file, dient als Eingabe für die Codeerzeugung. An deren Ende liegt das Programm in einer ausführbaren Form in Gestalt einer Datei mit Namenserweiterung `cod` vor. Alle zwischenzeitlich erzeugten Dateien werden automatisch gelöscht. Will man dies verhindern, insbesondere das `q1`-file erhalten, so geht das mit der Compiler-Option **sif** (save intermediate file) und Angabe eines Namens, den das `q1`-file erhalten soll. Unter UNIX etwa übersetzt man also ein SETL-Programm `test.stl` mit **stl -c test.stl q1=test.q1 sif=1** und hat dann nach Ausführung die Dateien `test.q1` und `test.cod`.

Die Idee ist nun, separat erstellte q1–files zu einem lauffähigen Programm zusammenzubauen. Allerdings lassen sich nur Bibliotheken wirklich unabhängig übersetzen. Für die Übersetzung von Moduln muß man die Abhängigkeiten innerhalb des komplexen Programms kennen. Dies resultiert in einer inkrementellen Vorgehensweise: man übersetzt zunächst das zentrale Verzeichnis in ein q1–file, übersetzt dann den ersten Modul und verbindet ihn mit dem q1–file für das Verzeichnis zu einem neuen, größeren q1–file. Dann übersetzt man das nächste Modul und verbindet dieses mit dem alten q1–file wieder zu einem größeren. Dieses Verfahren setzt man fort, bis schließlich die Programmeinheit übersetzt und eingebunden ist. Die Reihenfolge, in der man Moduln und Programmeinheit hier auswählt, ist beliebig; wichtig ist, daß man mit dem Verzeichnis beginnt. Nimmt man nun Änderungen in einem Programmteil vor, so muß der ganze Prozeß von dem Punkt an wiederholt werden, an dem der geänderte Programmteil eingebunden wurde.

Technisch läuft ein Schritt des Verfahrens wie im folgenden Bild skizziert ab:

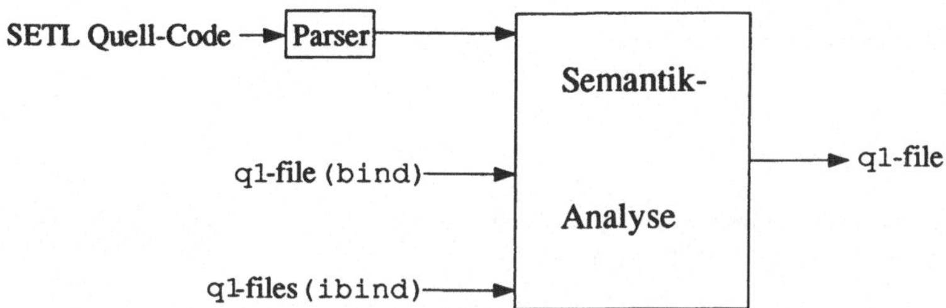

Der Output der ersten Phase des Compilers wird zusammen mit q1–files, die über die Parameter `bind` und/oder `ibind` spezifiziert werden, der Semantik-Analyse-Phase übergeben. Diese erzeugt daraus ein neues q1-file und – falls gewünscht und möglich – ein ausführbares Programm.

`bind` und `ibind` unterscheiden sich wie folgt: mit `bind` wird ein einzelnes q1-file spezifiziert, mit `ibind` wird eine Datei spezifiziert, die als einzige Einträge Namen von q1-files enthält, die der Reihe nach abgearbeitet werden. Enthält also die Datei `test.bnd` die Einträge **bin_tree.q1** und **dyn_hash.q1**, so werden die genannten q1–files bei Angabe von `ibind=test.bnd` nacheinander in den Übersetzungsprozeß einbezogen. `bind` oder `ibind` können fehlen, und man kann das eine durch das andere simulieren.

Betrachten wir, wie wir auf die beschriebene Art und Weise unser Parser-Beispiel behandeln können. Wir geben eine Folge von Befehlen an, die am Ende ein ablauffähiges SETL-Programm liefert. Dateinotation und Kommandosprache genügen wieder den UNIX-Konventionen; die Unterschiede zu anderen Systemen betreffen nicht die Vorgehensweise. Gehen wir davon aus, daß das Verzeichnis in einer Datei `directory.stl`, die Programmeinheit in `prog.stl`, und die vier Moduln in der genannten Reihenfolge in den Dateien `mod1.stl`, `mod2.stl`, `mod3.stl` und `mod4.stl` stehen, dann wird mit

```
setl -c directory.stl q1=directory.q1 sif=1
```

zunächst ein q1-file für das Verzeichnis erzeugt, und es werden dann nacheinander die Moduln und abschließend die Programmeinheit dazugebunden:

```
setl -c mod1.stl q1=mod1.q1 bind=directory.q1 sif=1
setl -c mod2.stl q1=mod2.q1 bind=mod1.q1 sif=1
setl -c mod3.stl q1=mod3.q1 bind=mod2.q1 sif=1
setl -c mod4.stl q1=mod4.q1 bind=mod3.q1 sif=1
setl -c prog.stl bind=mod4.q1
```

In der Datei `prog.cod` steht anschließend das ablauffähige Programm.

Angenommen, aus einem oder mehreren Programmteilen würde zusätzlich auf Prozeduren aus Bibliothekseinheiten zugegriffen. Diese mögen in Dateien `lib1.stl`, `lib2.stl` und `lib3.stl` stehen. Dann wäre eine mögliche Vorgehensweise, diese zunächst unabhängig voneinander zu übersetzen mit:

```
setl -c lib1.stl q1=lib1.q1 sif=1
```
 (lib2, lib3 analog).

Anschließend könnte man eine Datei `lib.bnd` editieren mit den Einträgen:

```
lib1.q1
lib2.q1
lib3.q1
```

Um die q1-files einzubinden, genügte dann der Zusatz `ibind=lib.bnd` etwa bei der Übersetzung des ersten Moduls, also

```
setl -c mod1.stl q1=mod1.q1 bind=directory.q1 ibind=lib.bnd sif
```

Auf diese Art kann man auch vorgehen, wenn man nur Bibliotheken und keine Moduln als einzubindende Programmeinheiten hat.

Die formalen Aspekte der Modularisierung großer Programme haben wir damit behandelt; inhaltliche Aspekte werden wir später, in den Abschnitten über Prototyping und Software Engineering, noch detaillierter diskutieren.

IV.4 Inclusion Libraries

Ein anderer Weg, die Übersichtlichkeit und Lesbarkeit von SETL-Programmen zu erhöhen, sei abschließend kurz beschrieben. Vergleichbar dem `#include`-Befehl in C oder einigen Pascal-Implementationen gibt es auch in SETL die Möglichkeit, extern spezifizierten SETL-Code aus anderen Dateien mit einem einzigen Befehl verfügbar zu machen, wobei technisch nichts Anderes passiert als die textuelle Einsetzung des Codes an die betreffende Stelle. Dies ist eine sinnvolle Verkürzung eines Programms besonders dann, wenn der Name für das einzufügende Codestück eindeutig auf die Funktion hinweist. Auch ist es die einzige Möglichkeit, extern definierte Makros einzubinden, was unter Umständen von Nutzen sein kann.

Sammlungen von solchen Codestücken heißen in SETL *inclusion libraries*. Jedes Element einer solchen Bibliothek wird durch eine Zeile der Gestalt

```
.member ElementName
```

eingeleitet, wobei der Punkt in der zweiten Spalte der Zeile stehen muß. Durch `Element-Name` wird nun das Codestück identifiziert, das in der folgenden Zeile beginnt und den Text bis zum nächsten Auftreten einer `.member`-Anweisung bzw. bis zum Dateiende umfaßt. Bildet man zum Beispiel eine inclusion library mit Sortieralgorithmen, so könnte diese grob so aussehen:

```
.=member bubblesort
procedure bubblesort(s);
    :
end procedure bubblesort;
```

```
.=member quicksort
procedure quicksort(rw s);
    ⋮
end procedure quicksort;

.=member shellsort
    ⋮
```
usw.

Die Codestücke, die in einem Eintrag zur Verfügung gestellt werden, brauchen dabei nicht notwendig syntaktische Einheiten wie Prozeduren, Makros o.ä. zu sein, da die Einbindung rein textuell erfolgt; in der Regel wird das aber doch am sinnvollsten sein.

Um nun ein solches Codestück aufzurufen, setzt man im Programm an der Stelle, an der es stehen soll, einen Befehl

```
.copy ElementName
```

ein, wobei der Punkt wieder in der zweiten Spalte stehen muß. Zur Übersetzungszeit wird eine solche Zeile ersetzt durch das Codestück, das unter dem angegebenen Namen in der inclusion library steht.

Im Beispiel wird das linksstehende Programm durch das rechtsstehende ersetzt:

```
program sort;                        program sort;
read(t);                             read(t);
quicksort(t);                        quicksort(t);
 .copy quicksort      ==>            procedure quicksort;
end program;                             ⋮
                                     end procedure quicksort;
                                     end program;
```

Natürlich muß der Compiler wissen, in welcher physikalischen Datei die inclusion library steht. Dies teilt man mit dem Parameter **ilib** mit, also für eine inclusion library in der Datei sort.lib mit einer UNIX-Kommandozeile wie

```
setl -c test.stl ilib=sort.lib.
```

V Programm-Transformationen

Wir wollen in diesem Kapitel eine Familie von Techniken diskutieren, die SETL besonders attraktiv macht, wenn es um die Konstruktion effizienter und korrekter Programme geht. Zunächst sollen Breitbandsprachen eingeführt werden; dann wollen wir SETL als Breitbandsprache identifizieren und zeigen, wie man davon mit Hilfe von Programm-Transformationen profitieren kann. Die Transformationen befassen sich im wesentlichen mit der Aufrechterhaltung von Invarianten, die auf verschiedene Weisen identifiziert werden. Sie lassen sich klassifizieren in top-down-Techniken, bei denen mengentheoretische Ausdrücke algebraisch manipuliert werden, und bottom-up-Techniken, bei denen ein Differentiationskalkül im Hintergrund steht. Beide Klassen von Transformationen werden durch ausführliche Beispiele illustriert: die algebraische Technik dient dazu, einen Algorithmus zur Speicherbereinigung herzuleiten, die Differentiationstechnik dazu, Algorithmen zur Berechnung des Zentrums eines freien Baums und von Zyklen in Graphen herzuleiten. Abschließend machen wir einige Bemerkungen im Hinblick auf neuere Entwicklungen.

V.1 Breitbandsprachen

Programmieren ist eine Aktivität, die die algorithmische Lösung von Problemen mit Hilfe von Rechnern anstrebt. Diese Beschreibung verdeutlicht das Spannungsfeld, in dem ein Programmierer lebt: zum einen soll eine Lösung für ein Problem korrekt sein, zum anderen soll diese Lösung auf dem Rechner ablaufen, also effizient sein. Die Korrektheit der Lösung empfiehlt, möglichst eng an ihrer formalen oder mathematischen Beschreibung zu programmieren, ihre Effizienz legt nahe, möglichst eng an der Maschine zu bleiben. Wir sehen bei SETL, daß Programme als formale Beschreibung korrekt, aber ineffizient sein können, und bei Assemblersprachen, daß hier im Gegenteil die Effizienz zwar vorhanden, Korrektheit aber nur sehr mühsam nachprüfbar ist.

Die Spannung zwischen Effizienz und Korrektheit muß überwunden werden, wenn es gelingen soll, auf systematische Art korrekte Programme zu gewinnen. Ideal sind solche Sprachen, die es erlauben, möglichst nah an der formalen Spezifikation einer Lösung zu programmieren, die aber gleichzeitig Konstrukte verfügbar machen, möglichst eng an der Maschine zu arbeiten. In einer solchen Sprache kann man eine Lösung zunächst auf sehr hohem semantischen Niveau formulieren und sich von der Korrektheit der Lösung überzeugen. Dies kann formal geschehen, indem man das Programm mit mathematischen Hilfsmitteln verifiziert, oder informell, indem man sich davon überzeugt, daß eine getreue Übertragung der manipulierten mathematischen Objekte in die Programmiersprache stattgefunden hat.

Beispiel:

Mathematisch ist $p \in I\!N$, $p \geq 2$ eine Primzahl genau dann, wenn

$$\forall i \in \{2, .., p-1\} : p \bmod i \neq 0$$

Mithin kalkuliert in SETL

$$\{p \textbf{ in } \{2..n\} \mid (\textbf{forall } i \textbf{ in } \{2..p-1\} \mid p \textbf{ mod } i \neq 0)\}$$

die Menge der Primzahlen, die ein vorgegebenes n nicht überschreiten.

In der Regel ist natürlich die Übertragung von mathematischen Gegebenheiten in das sehr hohe Niveau einer Programmiersprache nicht so einfach und direkt, aber doch auf durchsichtige Weise möglich. Nehmen wir also an, daß wir ein korrektes Programm auf sehr hohem Niveau haben, und daß die Sprache ablauffähige Programme zu formulieren gestattet, so daß unser Programm lauffähig ist. In aller Regel müssen wir an dieser Stelle den Preis für den Komfort der Sprache zahlen, denn hohes expressives Niveau bedeutet, daß dem Compiler und dem Laufzeitsystem viel zu regeln übrig bleibt. Also ist das resultierende Programm langsam. Nun hat unseren Annahmen zufolge die Sprache ein breites Spektrum, für jedes Konstrukt auf hohem Niveau muß es daher äquivalente Konstrukte auf mittlerem oder niedrigem Niveau geben, so daß man schrittweise das Programm transformiert, indem das expressive Niveau gesenkt wird. Die Transformationen müssen natürlich die Korrektheit des Programms bewahren, und auf diese Art und Weise wird ein korrektes Programm auf niedrigem expressiven Niveau gewonnen, das effizienter als das vorgegebene ist.

Um den so skizzierten Weg gehen zu können, wird folgendes benötigt:

- eine Breitbandsprache zur Formulierung der Algorithmen auf verschiedenen Niveaus
- Transformationsregeln, die Konstrukte auf hohem Niveau auf Konstrukte auf niedrigem Niveau übersetzen
- ein Transformationssystem, das die Transformationen durchführt.

Dieses Transformationssystem kann meist die Anwendbarkeit von Transformationen erkennen und sie durchführen, daher durch korrektheitsbewahrende Transformationen aus korrekten, aber ineffizienten Spezifikationsprogrammen korrekte und effiziente Produktionsprogramme machen. Die Konstruktion solcher automatischen Systeme ist gegenwärtig nicht realistisch, daher beschränkt man sich auf halbautomatische, die dem Programmierer manche Aktionen vorschlagen und auf seinen Wunsch auch Transformationen durchführen.

Im Zentrum eines solchen transformationellen Ansatzes stehen Programm-Transformationen, denen wir uns im folgenden zuwenden werden, nachdem wir einige erläuternde Bemerkungen gemacht haben.

Breitbandsprachen sind von ihrer Konzeption her einigermaßen umständlich als homogene Sprache zu entwerfen und zu übersetzen, weil viele Einzelheiten in der Diktion zu berücksichtigen sind. Die bekannteste Sprache dieses Typs ist CIP-L, die an der Technischen Universität in München von der Gruppe um F.L. Bauer und K. Samelson entwickelt und zum Teil implementiert wurde (von Bauer stammt auch der Ausdruck "Breitbandsprache", engl. "wide spectrum language"). CIP-L umfaßt Elemente sehr hohen expressiven Niveaus (etwa Quantoren) wie solche niedrigen Niveaus (etwa Zählschleifen). Im Vergleich zu CIP-L ist SETL ein wenig eingeschränkter in der Bandbreite; SETL-Spezifikationen sind als ausführbare Programme ausgelegt, während nicht alle CIP-L Konstrukte effektiv sind. An seinem niedrigen Ende kann SETL mit Ada oder Pascal verglichen werden, was die algorithmischen Konstrukte betrifft.

V.2 Zwei klassische Transformationen

In diesem Abschnitt werden wir zunächst zur Einführung in die Problematik zwei recht weit verbreitete Transformationen betrachten (nämlich die Transformation einer rekursiven in eine iterative Prozedur sowie die Transformation "Reduktion der Stärke" für arithmetische Operationen). In den folgenden Abschnitten werden wir auf einige Transformationen eingehen, die spezifisch für SETLs Zugang zur Formulierung von Algorithmen mittels Objekten der endlichen Mengenlehre sind.

V.2.1 Transformation rekursiver Prozeduren

Im Abschnitt I.3.2 hatten wir in der Prozedur `fib1` eine rekursive Rechenvorschrift formuliert, die Fibonacci-Zahlen berechnet. Die Struktur der Rekursion läßt sich wie folgt bestimmen:

- jeder Zweig der bedingten Anweisung, die die Ausführung rekursiver Aufrufe kontrolliert, enthält höchstens einen rekursiven Aufruf (*lineare Rekursion*)
- in jeder Inkarnation von `fib1`, die selbst wieder `fib1` aufruft, findet lediglich eine Rückübertragung der Werte der aufgerufenen Inkarnation statt (*schlichte* Aufrufe)

Rekursive Prozeduren oder Funktionen mit dieser Eigenschaft heißen *repetitiv rekursiv*; sie können besonders leicht in iterative Prozeduren verwandelt werden. Der rekursive Aufruf wird dabei in eine **while**-Schleife übersetzt, die von der gleichen Bedingung kontrolliert wird, wie das Anstoßen rekursiver Aufrufe. Da Werte in der rekursiven Lesart rückübertragen werden, modelliert man diese Rückübertragung auf geeignete Weise im Körper der Schleife für die iterative Version. Dazu führt man für jeden formalen Parameter eine lokale Variable ein, die zu dem aktellen Werten des Parameters initialisiert wird. Bei Funktionen ergibt sich der Rückgabewert der iterativen aus der rekursiven Version.

Diese Transformation soll nun am Beispiel von `fib1` konkretisiert werden. Wir haben hier den Fall, daß es sich nicht um einen ganzzahligen, nicht-negativen dritten Parameter handelt, der Einfachheit halber abgespalten, da es sich im wesentlichen um die Behandlung einer Ausnahme handelt. Es ergibt sich als Resultat

```
procedure fib_iterativ(x, y, n);
$ lokal: x_loc, y_loc, n_loc
$ Initialisierung
   [x_loc, y_loc, n_loc] := [x, y, n];
$ Ausnahmebehandlung
   if n_loc < 0 then return om; end if;
$ Schleife, die sich aus der rekursiven Version ergibt

   (while n_loc > 0)
       [x_loc, y_loc, n_loc] :=
           [y_loc, x_loc+y_loc, n_loc];
   end while;
```

```
  return x_loc;
end procedure fib_iterativ;
```

Beachten Sie hierbei, daß die parallele Zuweisung in der Schleife aus der Rückübertragung
der Werte im rekursiven Aufruf resultiert und hier das Parameterverhalten wiedergibt. Insbesondere kann diese Zuweisung nicht durch drei entsprechende sequentielle ersetzt werden,
sondern muß erst sequentialisiert werden.

Die oben angegebene Transformation ist ein Spezialfall einer viel allgemeineren, die Rekursion in Iteration zu überführen gestattet. Diese Technik muß natürlich von jedem Compiler
einer Sprache mit rekursiven Konstrukten beherrscht werden.

V.2.2 Reduktion der Stärke

Die *Reduktion der Stärke* erlaubt in gewissen Fällen die Ersetzung einer "teuren" Multiplikation durch eine "billigere" Addition. Dies ist an gewisse Voraussetzungen gebunden, z.B.
daß ein Ausdruck multiplikativ von einer Variablen abhängt, die sich additiv ändert.

Beispiel:

```
  i := 1;
  (while i < 17)
      e := 10*i;
      print(e);
      i + := 3;
  end while;
```

Hier wird nach Erhöhung der Variablen i um 3 der Wert von e stets durch Multiplikation
mit 10 gewonnen, wo es doch ausreichen würde, den alten Wert von e um 30 zu erhöhen,
um den neuen zu erhalten, also

Beispiel (Fortsetzung):

```
  i := 1;
  t := 10;
  (while i < 17)
      e := t;
      print(e);
      t + := 30;
      i + := 3;    $ hier t = i*10
  end while;
```

Wir haben hier aus systematischen Gründen eine temporäre Variable t eingeführt, denn im
allgemeinen Fall kann ja e durch eine andere Anweisung geändert werden, während t fast
überall der Invarianten t = 10*i gehorchen muß. Es ist unmittelbar zu sehen, daß sechs
Multiplikationen in der ursprünglichen Version durch sechs Additionen ersetzt werden.

Beispiel:

```
x := 0.0;
deltax := 0.015;
(while x < 1.0)
    y := sin(x);
    print(y);
    x + := deltax;
end while;
```

In diesem Beispiel ist zwar die Abhängigkeit des neuen x-Werts vom alten linear, der neue
y-Wert hängt aber in komplizierter Weise vom alten ab:

```
sin(x + deltax) =  sin(x) * cos(deltax)
                 + cos(x) * sin(deltax)
```

Beim Durchlauf durch diese Schleife muß andererseits 65-mal der Sinus einer reellen Zahl
berechnet werden, und das ist numerisch recht aufwendig. Daher lohnt es sich, nach
Alternativen zu suchen. Man benötigt aus dem obigen Additionstheorem für den Sinus
an der "neuen" Stelle x den Wert von Sinus und Kosinus an der "alten" Stelle x, so daß
jeweils sin(x) und cos(x) auf dem neusten Stand gehalten werden müssen. Wir führen
temporäre Variable tsinx und tcosx für sin(x) bzw. cos(x) sowie dsinx und dcosx
für sin(deltax) bzw. cos(deltax) ein und erhalten

Beispiel (Fortsetzung):

```
x := 0.0;
deltax := 0.015;
[tsinx, tcosx] := [sin(x), cos(x)];
[dsinx, dcosx] := [sin(deltax), cos(deltax)];
(while x < 1.0)
    y := tsinx;
    print(y);
    [tsinx, tcosx] :=
        [tsinx * dcosx + tcosx * dsinx,
         tcosx * dcosx - tsinx * dsinx];
    x + := deltax;
    $ hier gilt dann
    $ (*) tsinx = sin(x); tcosx = cos(x)
end while;
```

Dieses Beispiel kommt unabhängig von der Anzahl der Durchläufe durch die **while**-
Schleife mit vier Anwendungen der Winkelfunktionen aus (dafür sind pro Iteration vier
Multiplikationen und drei Additionen/Subtraktionen erforderlich). Insgesamt ergibt sich eine
beträchtliche Ersparnis an Rechenzeit – wobei offensichtlich ist, daß beide Algorithmen im
Hinblick auf ihre Ausgabe gleichwertig sind. Die Gleichwertigkeit wird durch die Invariante
(*) gewährleistet.

Insgesamt können wir an den beiden Transformationen (Rekursion $\rightarrow$ Iteration, Reduktion der Stärke) die folgenden Eigenschaften konstatieren:

a) sie sind korrektheitsbewahrend: die Algorithmen leisten vor und nach der Transformation dasselbe,

b) sie sind im Hinblick auf ihre Anwendbarkeit an gewisse Bedingungen gebunden: repetitive Rekursion im ersten, lineare Abhängigkeit einer Schleifenvariablen vom vorhergehenden Wert im zweiten Fall. Diese Bedingungen sind durch Algorithmen überprüfbar,

c) die transformierten Algorithmen sind zum Teil wesentlich effizienter als ihre Vorgänger.

Bei der Reduktion der Stärke kommt noch hinzu, daß die Variablen, die zur Transformation Anlaß gaben, lediglich minimal geändert wurden.

V.3 Formale Differenzbildung

Man hat bei der Konstruktion von Mengen oft die Situation, daß sie iterativ aufgebaut werden und sich dabei nur minimal ändern. Diese minimalen Änderungen (Einfügen oder Entfernen einiger weniger Elemente) lassen sich meist mit Hilfe der symmetrischen Differenz von Mengen erfassen. Im folgenden wird ein auf M. Sharir zurückgehender Kalkül angegeben, der auf der Manipulation von Mengen mit diesem Operator beruht.

Gegeben sei eine universelle Menge U, für A, $B \subset U$ setzt man

$$A \triangle B := (A \cup B) - (A \cap B)$$

als die symmetrische Differenz von A und B. Man sieht leicht die folgenden Eigenschaften

a) $(A \triangle B) \triangle C = A \triangle (B \triangle C)$
b) $A \triangle U = A^C$ (A^C ist das Komplement von A in U)
c) $A \triangle \emptyset = A$, $A \triangle A = \emptyset$
d) $A \cap (B \triangle C) = (A \cap B) \triangle (A \cap C)$
e) die Gleichung $A \triangle X = B$ wird eindeutig durch $X = A \triangle B$ gelöst

Insgesamt ist die Potenzmenge $\mathfrak{P}(U)$ von U mit der symmetrischen Differenz eine Abelsche Gruppe, tritt noch der Durchschnitt hinzu, so bildet $(\mathfrak{P}(U), \triangle, \cap)$ einen Ring. Wir werden diese Operationen im folgenden benötigen.

V.3.1 Ein Differenzenkalkül

Ist F eine Abbildung, die von einer Menge S abhängt, und wird S zu $S \triangle DS$ geändert (wobei die Mächtigkeit von DS sehr klein gegenüber der von S sein soll), so läßt sich $F(S \triangle DS)$ angeben als

$$F(S \triangle DS) = F(S) \triangle DF$$

mit einer unbekannten DF, also

$$DF = F(S \triangle DS) \triangle F(S)$$

Ob diese Transformation profitabel ist, hängt von F ab (gilt z.B. stets $F(A \triangle B) = F(A) \triangle F(B)$, so ergibt sich $DF = F(DS)$), also davon, ob Vereinfachungen möglich sind.

Bezeichnet $D(A \, op \, B)$ für einen binären Operator op die Lösung X der Gleichung

$$(A \triangle DA) \, op \, (B \triangle DB) = (A \, op \, B) \triangle X,$$

so gibt $D(A \, op \, B)$ an, wie sich Änderungen in den Argumenten bei der Anwendung von op darstellen. Daher nennt man in Analogie zur Differenzenrechnung $D(A \, op \, B)$ auch die Differenz von $A \, op \, B$. Man leitet leicht die folgenden Regeln ab:

(1) $D(A \triangle B) = DA \triangle DB$

(2) $D(A \cap B) = (A \cap DB) \triangle (B \cap DA) \triangle (DA \cap DB)$

$$\begin{aligned}
(\text{denn } D(A \cap B) &= ((A \triangle DA) \cap (B \triangle DB)) \triangle (A \cap B) \\
&= ((A \triangle DA) \cap B) \triangle ((A \triangle DA) \cap DB) \triangle (A \cap B) \\
&= (A \cap B) \triangle (DA \cap B) \triangle (DB \cap A) \triangle (DA \cap DB))
\end{aligned}$$

(3) $\begin{aligned}[t] D(A \cup B) &= D(A \triangle B \triangle (A \cap B)) \\
&= DA \triangle DB \triangle (A \cap DB) \triangle (B \cap DA) \triangle (DA \cap DB) \end{aligned}$

(4) gilt $K \triangle DK = K$, wird K also nicht geändert, so erhält man $DK = \emptyset$

(5) $D(A^C) = D(U \triangle A) = DU \triangle DA = DA$

(6) $D(A \times B) = (A \times DB) \triangle (DA \times B) \triangle (DA \times DB)$

(7) Es sei F eine Abbildung und wie üblich $F^{-1}[A] := \{x; F(x) \in A\}$ das Urbild der Menge A, dann gilt:

$D(F^{-1}[A])$ löst $F^{-1}[A \triangle DA] = F^{-1}[A] \triangle X$, also $D(F^{-1}[A]) = F^{-1}[DA]$

Diese Regeln sollten nun zur Berechnung der transitiven Hülle einer Menge herangezogen werden. Ist $R \subset U \times U$ eine Relation, so ist $S \subset U$ die R-transitive Hülle der Menge $S_0 \subset U$, falls S die kleinste Menge S' ist mit den Eigenschaften

(a) $S_0 \subset S'$

(b) $R\{x\} \subset S'$, falls $x \in S'$.

Die Hülle läßt sich also iterativ ("von innen") berechnen durch

```
S := S₀;
(while exists x in S | R{x} not subset S)
    z := ... ;      $ wähle ein z∉S geeignet
    S with := z;
end while;
```

Die Menge S ändert sich geringfügig durch Einfügen eines einzigen Elements, also gilt stets $DS = \{z\}$. Um den Effekt der Änderungen leichter sichtbar zu machen, und um unseren Kalkül einbringen zu können, schreiben wir den Algorithmus geringfügig um. Dabei hilft die folgende Beobachtung: es gilt

$$\exists x \in S; R\{x\} \not\subseteq S$$

genau dann, wenn

$$(S \times S^C) \cap R \neq \emptyset.$$

Damit erhält man

```
S  := S₀;
H  := {[x, y]: x in S, y in S^C | y in R{x}};
(while H ≠ { })
      z := ... ;
      S with := z;
      H := {[x, y]: x in S, y in S^C | y in R{x}};
end while;
```

Es bleibt zu berechnen, wie sich H beim Einfügen eines Elements ändert. Mit

$$H(S) := \{[x,y] : x \in S, \; y \in S^C; y \in R\{x\}\} = (S \times S^C) \cap R$$

ergibt sich

$$H(S \, \Delta \, DS) = H(S) \, \Delta \, DH$$

also[2]

$$DH = D(S \times S^C) \cap R$$
$$= [(S \times \{z\}) \cap R] \, \Delta \, [(\{z\} \times (S^C \, \text{less} \, z)) \cap R]$$

(wegen $DS = \{z\}$ und der algebraischen Eigenschaften der symmetrischen Differenz sowie des Durchschnitts).

Da $z \notin S$ gewählt werden sollte, sind die beiden Mengen $(S \times \{z\}) \cap R$ und $(\{z\} \times (S^C \, \text{less} \, z)) \cap R$ disjunkt, so daß die symmetrische Differenz eine disjunkte Vereinigung ist. Weiterhin sieht man, daß

$$(S \times \{z\}) \cap R = \{[x,z] : x \in S; z \in R\{x\}\}$$

ebenfalls wegen $z \notin S$ eine Teilmenge von

$$H(S) = (S \times S^C) \cap R$$

ist, und daß

$$(\{z\} \times (S^C \, \text{less} \, z)) \cap R = \{[z,y] : y \in S^C \, \text{less} \, z; y \in R\{z\}\}$$

disjunkt zu $H(S)$ ist.

Damit ergibt sich die folgende Version durch Differenzbildung:

```
S  := S₀;
H  := {[x, y]: x in S, y in S^C | y in R{x}};
(while H ≠ { })
      z := ... ;  $ s.o.
      H := H-{[x,z]:x in S|z in R{x}} $ Teilmenge von H
            +{[z,y]:y in S^C less z|
                        y in R{z}}; $ disjunkt zu H
      S with := z;
      $ hier gilt wieder H=(S×S^C)∩R
end while;
```

<hr>

[2] wir verwenden A less b und A with b als Abkürzungen für $A - \{b\}$ und $A \cup \{b\}$ auch in den folgenden mathematischen Überlegungen.

Nun überlegt man sich aufgrund der Wahl von z, daß gilt:

$$\text{range}(H - \{[x, z] : x \in S; z \in R\{x\}\}) = (\text{range}\, H) - \{z\}.$$

Es reicht daher aus, statt der Relation H die einfachere Menge *RangeH* zu betrachten, also
die Projektion von H auf die zweite Komponente. Man sieht zusätzlich, daß das Element z
der Menge *RangeH* entnommen werden kann, so daß der Algorithmus nunmehr lautet

```
S := S₀;
RangeH := {y: x in S, y in Sᶜ | y in R{x}};
(while RangeH ≠ { })
    z := arb RangeH;
    RangeH := (RangeH less z)
                + {y: y in Sᶜ less z | y in R{z}};
    S with := z;
end while;
```

Dieser Algorithmus entspricht dem üblicherweise verwendeten für die transitive Hülle: hierbei spielt die Menge *RangeH* die Rolle der Kandidaten, die als nächstes ausgewählt werden
können. Der Algorithmus terminiert gerade dann, wenn kein Kandidat mehr ausgewählt
werden kann, wenn also die Menge *RangeH* leer ist.

Diese Technik der Differenzbildung arbeitet top-down, berechnet also die Differenz eines
zusammengesetzten Ausdrucks aus den Differenzen seiner Teilausdrücke. Das Beispiel deutet
an, daß hier recht umfangreiche Manipulationen nötig werden können – und daß mathematisch
einiges investiert werden muß, was die automatische Anwendung dieser Technik als nicht-
trivial erscheinen läßt.

V.3.2 Anwendung auf Schleifen

Mitunter ist es möglich, zwei Schleifen zu einer zu verschmelzen, also eine Schleifenfusion
vorzunehmen. Dies gelingt manchmal dann, wenn in der ersten Schleife ein Objekt aufgebaut
wird, über das dann in der zweiten Schleife iteriert wird. Die Fusion der Schleifen kann dann
Differenzbildungen in der zweiten erlauben, wenn das Objekt inkrementell aufgebaut wird.
Wir diskutieren die Verschmelzung von Schleifen hier nur kurz. Im Rahmen der Kettenregel
bei der Differentation mengentheoretischer Ausdrücke kommen wir hierauf in Abschnitt V.5.4
ausführlicher zurück.
Als Beispiel betrachten wir die Berechnung einer inversen Relation, nachdem die Relation
gerade aufgebaut wurde:

```
S := { };
(while P(S))
    [x, y] := ... ;
    S with := [x, y];
end while;
T := {[a, b]: [b, a] in S};
```

Hier ist P ein Prädikat, das im Augenblick nicht weiter interessant ist. Die Menge T wird durch eine implizite Schleife konstruiert. Verlagern dieser impliziten Schleife ergibt

```
S := { };
 (while P(S))
     [x, y] := ... ;
     S with := [x, y];
     T := {[b, a]: [a, b] in S};
 end while;
```

Nun greift die Differenzbildung: mit

$$T(S) := \{[b,a] : [a,b] \in S\}$$

erhält man aus $T(S \triangle DS) = T(S) \triangle DT$ für die Menge DT die Lösung

$$DT = \{[b,a]; [a,b] \in DS\}.$$

Damit ergibt sich, wie nicht anders zu erwarten, als differenzierte Version

```
S := { };
T := { };
 (while P(S))
     [x, y] := ... ;
     S with := [x, y];
     T with := [y, x];
 end while;
```

Diese Technik wird sich in späteren Beispielen als nützlich erweisen.

V.3.3 Zielorientierte Differenzbildung

In diesem Abschnitt wollen wir uns mit einigen Aspekten der Spezifikation

```
    find S subset U | P(S)
```

befassen. Sie fordert dazu auf, eine Teilmenge S der Universalmenge U mit vorgegebenen Eigenschaften, die im Prädikat P zusammengefaßt sind, zu finden.

In SETL führt das zu fogendem Schema:

```
S := { };
 (while not P(S))
     x := arb (U-S);
     S with := x;
 end while;
```

Wir wollen noch ein wenig weiter gehen und versuchen, mit dem o.a. Schema mehr als nur eine Menge S zu konstruieren. Dazu erweitern wir die deterministische Auswahl **arb** auf die nichtdeterministische Auswahl **arb***. Während **arb** T für eine Menge T auch bei wiederholtem Aufruf für die gleiche Menge T stets das gleiche Element präsentiert, soll **arb*** T bei jedem Aufruf ein anderes Element von T als Wert zurückgeben können. Hier hat jedes Element von T die gleiche Chancen. Ein Algorithmus, der einen Ausdruck wie **arb*** T enthält, kann daher als eine ganze Schar von Ausführungen begriffen werden, wobei jeder Ausführung eine zulässige Auswahl entspricht. Die Ersetzung von **arb** durch **arb*** in unserem Konstruktionsalgorithmus ergibt

```
SCHEMA-0    S := { };
            (while not P(S))
                x := arb* (U-S);
                S with := x;
            end while;
```

Die Schar der Ausführungen von SCHEMA-0 ergibt genau alle Teilmengen von U, die P erfüllen, und die sequentiell-minimal sind.

Definition: $A \subseteq U$ heißt *sequentiell-minimal* bezüglich des Prädikats P, falls A geschrieben werden kann als $A = \{x_1, \ldots, x_r\}$, so daß $P(A)$ gilt, aber $P(\{x_1, \ldots, x_j\})$ für alle $j < r$ falsch ist.

Beispiel:

Sei $U := \{2^j;\ 0 \leq j \leq 10\}$ und für $S \subseteq U$ sei $P(S)$ das Prädikat

$$\sum_{s \in S} s \geq 512.$$

Dann ist $\{2^j;\ 0 \leq j \leq 9\}$ sequentiell-minimal (aber $\{2^9\}$ ist minimal). Also ist nicht jede sequentiell-minimale Lösung auch minimal, obgleich jede minimale Lösung natürlich sequentiell-minimal ist.

Das SCHEMA-0 soll noch ein wenig modifiziert werden. Wir nehmen an, daß das Prädikat $P(S)$ sich schreiben läßt in der Form $K(S) = \emptyset$. Hierbei soll K eine Abbildung von $\mathfrak{P}(U)$ in sich selbst sein – damit kann leichter über das Prädikat argumentiert werden. Da sich in der Schleife die Menge S durch Einfügen eines neuen Elements x ändert, von dem wir annehmen, daß es vorher nicht in S war, können wir nun unsere Überlegungen zur Differenzbildung aus V.3.1 anwenden:

$$K(S \text{ with } x) = K(S \triangle \{x\})$$
$$= K(S) \triangle DK(S, \{x\}).$$

Die letzte Gleichung definiert $DK(S, \{x\})$. Die Differenzbildung führt dann zur folgenden Formulierung

```
SCHEMA-1    S := { };
            K' := K({ });
            (while K' ≠ { })
                x := arb* (U-S);
                K' Δ := DK(S, {x});
                S with := x;
                $ also hier: K' = K(S)
            end while;
```

Wenn wir aus allen möglichen Ausführungen von SCHEMA-1 eine auswählen wollen, die besonders effizient ist, so richten wir sicher unser Augenmerk auf solche Versionen, die K' besonders schnell in die leere Menge überführen. Dies geschieht zuverlässig am besten dadurch, daß in jedem Schritt K' vermindert wird, daß also eine Teilmenge von K' in jedem Schritt entfernt wird. Wird S um DS geändert, so ändert sich $K(S)$ um $DK(S,DS)$, das durch die Gleichung

$$K(S \triangle DS) = K(S) \triangle DK(S,DS)$$
$$= (K(S) - DK(S,DS)) \cup (DK(S,DS) - K(S))$$

bestimmt ist. Also kann man gewährleisten, daß Elemente aus K' entfernt werden, wenn $K(S) \cap DK(S,DS) \neq \emptyset$. Für den Fall $DS = \{x\}$ mit $x \notin S$ wird das durch die folgende Eigenschaft geregelt:

Definition: Die Abbildung $K : \mathfrak{P}(U) \to \mathfrak{P}(U)$ hat die *serielle Auswahleigenschaft* (SAE) genau dann, wenn gilt: für jedes $S \subseteq U$ mit $K(S) = \emptyset$, das minimal bezüglich dieser Eigenschaft ist, gibt es eine Darstellung

$$S = \{x_1, \ldots, x_n\},$$

so daß für alle $j \in \{2, \ldots, n\}$ gilt

$$K(\{x_1, \ldots, x_{j-1}\}) \not\subseteq K(\{x_1, \ldots, x_j\}).$$

Weil $(\mathfrak{P}(U), \triangle, \cap)$ ein Ring ist, sieht man leicht, daß

$$K(S) \not\subseteq K(S \triangle DS)$$

gleichwertig zu

$$K(S) \cap DK(S,DS) \neq \emptyset$$

ist, also

$$K(\{x_1, \ldots, x_{j-1}\}) \not\subseteq K(\{x_1, \ldots, x_j\})$$

gleichwertig zu

$$K(\{x_1, \ldots, x_{j-1}\}) \cap DK(\{x_1, \ldots, x_j\}, \{x_j\}) \neq \emptyset.$$

Wenn K die Eigenschaft SAE hat, so kann man SCHEMA-1 modifizieren. Schränkt man nämlich die nicht-deterministische Auswahl mittels **arb*** in diesem Schema lediglich so ein, daß Elemente aus K' entfernt werden, dann erhält man ein Schema, das trotzdem noch alle minimalen Teilmengen S von U mit $K(S) = \emptyset$ berechnet. Jede minimale Teilmenge S mit $K(S) = \emptyset$ kann dann auch durch das äquivalente SCHEMA-2 berechnet werden, mit

```
SCHEMA-2   S := { };
           K' := K({ });
           (while K' ≠ { })
               x := arb* {w in U-S | DK(S,{w})*K' ≠{}};
               K' Δ := DK(S, {x});
               S with := x;
           end while;
```

SAE geht davon aus, daß eine minimale Teilmenge S bereits berechnet ist, und stellt S geeignet dar. Anders die inkrementelle Selektion:

Definition: $K : \mathfrak{P}(U) \to \mathfrak{P}(U)$ hat die *inkrementelle Auswahleigenschaft* (IAE), falls zu zwei disjunkten Mengen S, T mit $T \neq \emptyset$ und

$$K(S) \not\subseteq K(S \cup T)$$

stets ein $x \in T$ existiert mit

$$K(S) \not\subseteq K(S \text{ with } x).$$

Falls die minimale Lösung S mit $K(S) = \emptyset$ bereits partiell konstruiert ist (also durch Auswahl von, sagen wir, $\emptyset \neq S_0 \subsetneqq S$), so gilt sicher

$$K(S_0) \not\subseteq K(S) = \emptyset,$$

da S minimal ist, also

$$K(S_0) \not\subseteq K(S_0 \cap (S - S_0)).$$

IAE garantiert nun, daß ein Element $x \in S - S_0$ so ausgewählt werden kann, daß im Sinne unserer lokalen Heuristik das Ziel $K' = \emptyset$ möglichst schnell erreicht wird, aus dem "alten" K' also Elemente entfernt werden.

Mit Hilfe des obigen Arguments zur Auswahl von x sieht man auch leicht ein:

Lemma 1: IAE impliziert SAE.

Beweisskizze: Sei S minimal mit $K(S) = \emptyset$. Ist $S = \emptyset$, so ist nichts zu zeigen; ist $S \neq \emptyset$, so erkennen wir aus der Minimalität von S, daß $K(\emptyset) \neq \emptyset$ gilt. Daraus findet man $x_1 \in S$ wegen $S = S \cup \emptyset$, aus $S = \{x_1\} \cup (S - \{x_1\})$ gewinnt man $x_2 \in S$ etc. ∎

Lemma 1 wird hilfreich sein, wenn es darum geht, Kandidaten für SAE zu finden.

Lemma 2: Es sei $K = A \cap B$, wobei $A : \mathfrak{P}(U) \to \mathfrak{P}(U)$ monoton wachsend und $B : \mathfrak{P}(U) \to \mathfrak{P}(U)$ monoton fallend seien; außerdem sei $DB(S, \bullet)$ ein $\cup$-Homomorphismus auf $U - S$. Dann erfüllt K die SAE.

Beweisskizze:

0. Wegen Lemma 1 genügt es zu zeigen, daß K IAE erfüllt. Es gilt

$$DK = (A \cap DB) \triangle (DA \cap B) \triangle (DA \cap DB)$$

1. Ist $S \cap DS = \emptyset$ (werden also zu S Elemente hinzugefügt), so gilt $A \cap DA = \emptyset$ wegen des monotonen Wachsens von A, und $DB \subseteq B$, weil B nach Annahme monoton fällt.
2. Setzt man für $DS \subseteq U - S$

$$M(S, DS) := K(S) \cap DK(S, DS),$$

so erhält man aus den obigen beiden Eigenschaften

$$M(S, DS) = A(S) \cap DB(S, DS),$$

weil $(\mathfrak{P}(S), \Delta, \cap)$ ein Ring ist. Wegen der geforderten $\cup$-Homomorphie von DB gilt darüberhinaus für $T_i \subseteq U - S$

$$M(S, T_1 \cup T_2) = M(S, T_1) \cup M(S, T_2).$$

3. Sei nun $T \neq \emptyset$ disjunkt zu S mit

$$K(S) \not\subseteq K(S \cup U),$$

also

$$M(S, T) = K(S) \cap DK(S, T) \neq \emptyset.$$

Da

$$M(S, T) = \bigcup_{x \in T} M(S, \{x\})$$

muß ein $x \in T$ existieren, so daß

$$M(S, \{x\}) = K(S) \cap DK(S, \{x\}) \neq \emptyset,$$

also mit

$$K(S) \not\subseteq K(S \text{ with } x). \quad \blacksquare$$

Das obige Lemma betrachtet Eigenschaften auf $U - S$. Dies ist dann interessant, wenn Differenzen im Hinblick auf den Zuwachs von S gebildet werden (also $S \cap DA = \emptyset$, mithin $DS \subseteq U - S$).

Wir wenden diese Überlegungen auf die Transformation eines Algorithmus an, der in einem endlichen gerichteten Graphen einen Zyklus findet. Der Graph G sei dargestellt als Menge von gerichteten Kanten, also als Menge von Paaren. Eine Teilmenge C von G enthält einen Zyklus, wenn gilt

$$(*) \qquad \forall x \in C \, \exists y \in C : x(2) = y(1)$$

(würde C nämlich keinen Zyklus enthalten, so würde man eine beliebig lange Folge $(p_n)_{n \in I\!N}$ von Kanten in C konstruieren können, für die $p_n(2) = p_{n+1}(1) \notin \{p_j(1); 1 \leq j \leq n\}$ für alle $n \in I\!N$ gilt – im Widerspruch zur Endlichkeit von G). Also muß eine minimale Menge C mit $(*)$ konstruiert werden:

```
VER-1      C := { };
           (while not P(C))
               w := arb* (G-C);
               C with := w;
           end while;
```

Hierbei ist $P(C)$ das Prädikat

$$(\forall x \in C \, \exists y \in C : x(2) = y(1)) \wedge (C \neq \emptyset).$$

Wir ignorieren zunächst die Bedingung $C \neq \emptyset$ und konzentrieren uns auf die Allaussage. Um sie in die Form $K(C) = \emptyset$ für eine geeignete Abbildung $K : \mathfrak{P}(G) \to \mathfrak{P}(G)$ zu bringen, überlegt man sich, daß die Aussage

$$\exists x \in C \forall y \in C : x(2) \neq y(1)$$

gleichwertig ist mit

$$C \cap (\pi_2^{-1}[\pi_1[C]])^C \neq \emptyset,$$

wobei π_i die Projektion auf die i-te Komponente ist. Setzt man nun

$$K(C) := C \cap (\pi_2^{-1}[\pi_1[C]])^C,$$

so erfüllt die Abbildung SAE. Hierzu genügt es nach Lemma 2 nachzuweisen, daß

$$B(C) := (\pi_2^{-1}[\pi_1[C]])^C$$

monoton fallend ist und daß $DB(S, \bullet)$ ein $\cup$-Homomorphismus auf $G - C$ ist, was nicht allzu schwierig ist, vgl. Aufgabe V.7.2.

Aus VER-1 und SCHEMA-2 ergibt sich dann die äquivalente Version

VER-2

```
C := { };   K := { };
(while K' ≠ { } or C ≠ { })
    w := arb* {a in G-C | DK(C,{a})*K(C)≠{}};
    K' Δ := DK(C, {w});
    C with := w;
end while;
```

Man rechnet leicht nach, daß

$$DK(C, \{a\}) = (\{a\} \cap (\pi_2^{-1}[\pi_1[C]])^C)$$
$$\Delta (C \cap \pi_2^{-1}[\pi_1[C \text{ with } a] - \pi_1[C]])$$
$$\Delta (\{a\} \cap \pi_2^{-1}[\pi_1[C \text{ with } a] - \pi_1[C]])$$

und

$$\pi_1[C \text{ with } a] - \pi_1[C] = \textbf{if } a(1) \in \pi_1[C] \textbf{ then } \emptyset \textbf{ else } \{a(1)\} \textbf{ end}$$

gelten. Der erste und der dritte Δ-Operand lassen sich ausdrücken als

$$(\textbf{if } a(2) \notin \{x(1) : x \in C\} \textbf{ then } \{a\} \textbf{ else } \emptyset \textbf{ end})$$
$$\Delta (\textbf{if } (a(1) = a(2)) \textbf{ and } (a(1) \notin \{x(1); x \in C\}) \textbf{ then } \{a\} \textbf{ else } \emptyset \textbf{ end})$$
$$= \textbf{if } (a(1) \neq a(2)) \textbf{ and } (a(2) \notin \{x(1); x \in C\}) \textbf{ then } \{a\} \textbf{ else } \emptyset \textbf{ end}$$

Der mittlere Δ-Operator von oben reduziert sich zu

$$\textbf{if } a(1) \notin \{x(1); x \in C\} \textbf{ then } \{x \in C; x(2) = a(1)\} \textbf{ else } \emptyset \textbf{ end}$$

Die Berechnung von $DK(C, \{w\})$ und Abspaltung des Teils, der in $K(C)$ liegt, ergibt

$$DK(C, \{a\}) \cap K(C) = \quad \textbf{if } a(1) \in \{y(1); y \in C\} \textbf{ then } \emptyset$$
$$\textbf{else } \{x \in C; x(2) = a(1)\} \textbf{ end}$$

Aus diesen Überlegungen wird die dritte und endgültige Version zusammengesetzt:

VER-3
```
C  := { };
K' := { };
(while K' ≠ { } or C = { })
    a := arb* {w in G-C |
                (w(1) notin {y(1):y in C}and
                (exists x in C|x(2)=w(1)});
    DK := {x in C|x(2)=a(1)} Δ
            (if (a(2)≠ a(1)) and
                (a(2) notin {x(1): x in C})
             then {a} else { }
         end);
    K' Δ := DK;
    S with := a;
end while;
```

In dieser Version wird in jedem Iterationsschritt eine Kante ausgewählt, deren Anfangsknoten noch kein Anfangsknoten einer bereits ausgewählten Kante ist, deren Endknoten dagegen Anfangsknoten einer Kante ist.

Wir werden in V.5.5.2 mit weniger Aufwand einen effizienten Algorithmus für das gleiche Problem aus einer ähnlichen Spezifikation herleiten. Dieser Algorithmus hier konstruiert wegen der Verwendung von **arb*** allerdings potentiell eine ganze Klasse von Lösungen, was der andere Algorithmus nicht tut.

Für eine Klasse von Abbildungen K kann die Differentiation weiter vereinfacht werden, indem man direkt die Menge

$$(\dagger) \qquad L(S) := \{w \in S^C; K(S) \cap DK(S, \{w\}) \neq \emptyset\}$$

inkrementell manipuliert. Um dies herzuleiten, führen wir zunächst L ein: aus SCHEMA-2 erhalten wir

```
S  := { };
K' := K({ });
L' := L({ });
(while K' ≠ { })
    x := arb* L';
    K' Δ := DK(S, {x});
    L' Δ := DL(S, {x});
    S with := x;  $ hier
end while;
```

Die Definition der Ableitung DK bzw. DL garantiert, daß an der Stelle `hier` stets die invariante Beziehung (†) aufrecht erhalten wird. Wenn es nun gelingt, L geschickt auszudrücken, so könnte man auf K verzichten. Das Beispiel unten wird zeigen, daß dies nützlich sein kann.

Die Schleife wird durch die Bedingung $K(S) = \emptyset$ kontrolliert; dies kann durch $L(S) = \emptyset$ ersetzt werden genau dann, wenn die beiden Bedingungen gleichwertig sind, was wiederum durch die folgende Eigenschaft gesichert ist.

Definition: $K : \mathfrak{P}(U) \to \mathfrak{P}(U)$ hat die *unbedingte inkrementelle Auswahleigenschaft* (UIAE), falls gilt: zu $S \subseteq U$ mit $K(S) \neq \emptyset$ existiert ein $x \in S^C$ mit $K(S) \not\subseteq K(S \text{ with } x)$.

Da $K(S) \not\subseteq K(S \text{ with } x)$ genau dann gilt, wenn die Mengen $K(S)$ und $DK(S, \{x\})$ nicht disjunkt sind, gilt

$$K(S) = \emptyset$$

dann und nur dann, wenn

$$L(S) = \emptyset,$$

falls K die Bedingung UIAE erfüllt. Wir modifizieren SCHEMA-2 durch Beschränkung auf L:

SCHEMA-3

```
           S  := { };
           L' := L({ });
           (while L' ≠ { })
               x := arb* L';
               L' Δ := DL;
               S with := x;
           end while;
```

Das Verhältnis von SCHEMA-2 und SCHEMA-3 wird durch den folgenden Satz beschrieben. Hierbei verstehen wir unter der deterministischen Ausführung von SCHEMA-3 die Ausführung dieses Schemas, wenn die nicht-deterministische Auswahl **arb*** durch die deterministische Auswahl **arb** ersetzt wird.

Satz 3: Wenn K der Bedingung UIAE genügt, so gilt:

a) SCHEMA-2 und SCHEMA-3 sind gleichwertig
b) bei deterministischer Ausführung von SCHEMA-3 wird eine sequentielle Lösung S der Gleichung $K(S) = \emptyset$ produziert.

Beweis: Die Aussage a) folgt direkt aus der Voraussetzung UIAE. Zum Beweis von b) überlegt man sich, daß die deterministische Auswahl aus der Schar der Ausführungen eine einzige heraussucht. Daher folgt b) aus a) und aus der Tatsache, daß SCHEMA-2 alle sequentiell-minimalen Lösungen produziert. ∎

Zur Anwendung dieser Überlegungen benötigen wir praktische Bedingungen, die UIAE implizieren. Eine davon wird im nächsten Lemma gegeben:

Lemma 4: Hat $K : \mathfrak{P}(U) \to \mathfrak{P}(U)$ die Eigenschaft IAE und gilt $K(U) = \emptyset$, so erfüllt K die Bedingung UIAE.

Beweis: Sei $S \subseteq U$ mit $K(S) \neq \emptyset$, also $K(S) \not\subseteq K(U)$. Wegen $S \cup S^C = U$ findet man mit IAE ein $x \in S^C$, so daß $K(S) \not\subseteq K(S$ with $x)$. ∎

Für praktische Zwecke ist von Belang, wann die deterministische Ausfürung von SCHEMA-3 eine minimale (und nicht eine sequentiell-minimale) Lösung liefert:

Satz 5: $K : \mathfrak{P}(U) \to \mathfrak{P}(U)$ erfülle UIAE. Dann gilt:

a) ist $S \mapsto S \cup L(S)$ monoton wachsend, so berechnet die deterministische Ausführung von SCHEMA-3 eine minimale Lösung S der Gleichung $K(S) = \emptyset$,

b) wächst $S \mapsto \{w; K(S) \cap DK(S, \{w\}) \neq \emptyset\}$, so auch $S \mapsto S \cup L(S)$.

Beweisskizze:

1. Da die Mengen

$$S \cup L(S)$$

und

$$S \cup \{w; K(S) \cap DK(S, \{w\}) \neq \emptyset\}$$

übereinstimmen, gilt b).

2. Durch

$$S_0 := \emptyset$$
$$S_{n+1} := S_n \cup L(S)$$

erhält man eine wachsende Folge, die gegen eine Menge S^* konvergiert; S^* muß wegen der geforderten Monotonie die kleinste Lösung von $K(S) = \emptyset$ sein. Die deterministische Ausführung von SCHEMA-3 sucht Elemente $x_1, \ldots, x_k$ in dieser Reihenfolge so aus, daß

$$S = \{x_1, \ldots, x_k\}$$

die Gleichung $L(S) = \emptyset$ löst. Man überlegt sich, daß wegen UIAE für $1 \leq j \leq k$ gilt

$$\{x_1, \ldots, x_j\} \subseteq S^*,$$

also $S = S^*$. ∎

Wir wenden uns noch einmal dem Problem der Berechnung der transitiven Hülle einer Menge S_0 bezüglich einer Relation R zu. S ist diese Hülle, falls S die kleinste Menge S^* ist mit $K(S^*) = \emptyset$, wobei

$$K(S) := K_1(S) \cup K_2(S)$$

mit

$$K_1(S) := S_0 \cap S^C$$
$$K_2(S) := R \cap \pi_1^{-1}[S] \cap \pi_2^{-1}[S^C],$$

denn

$$K_1(S) = \emptyset$$

gilt genau dann, wenn gilt

$$S_0 \subseteq S,$$

und

$$K_2(S) = \emptyset$$

gilt genau dann, wenn

$$R \cap \pi_1^{-1}[S] \subseteq \pi_2^{-1}[S],$$

wahr ist, also genau dann, wenn die Implikation

$$x \in S, y \in R\{x\} \implies y \in S$$

gültig ist. Setzt man

$$A_1(S) := S_0,$$
$$B_1(S) := S^C,$$

so sieht man wegen $DB_1(S,DS) = DS$, daß $K_1 = A_1 \cap B_1$ die Voraussetzungen von Lemma 2 erfüllt, analog erhält man aus

$$A_2(S) := R \cap \pi_1^{-1}[S],$$
$$B_2(S) := \pi_2^{-1}[S^C]$$

mit

$$DB_2(S,DS) = \pi_2^{-1}[DS],$$

daß $K_2 = A_2 \cap B_2$ diese Voraussetzungen ebenfalls erfüllt. Da $K_1(S)$ eine Menge von Knoten, $K_2(S)$ eine Menge von Kanten ist, erhält man

$$K_1(S_1) \cap K_2(S_2) = \emptyset$$

für beliebige Mengen S_1, S_2. Daher hat K die Eigenschaft IAE (Übungsaufgabe V.7.1), und da $K(G) = \emptyset$, erhält man aus Lemma 4 die Eigenschaft UIAE. Mit einiger Rechnung sieht man

$$L(S) = S^C \cap (S_0 \cup R[S]),$$

so daß

$$S \mapsto S \cup L(S)$$

monoton wächst. Aus Satz 5 wissen wir, daß das unserer Situation entsprechende SCHEMA-3 die kleinste Lösung von $K(S) = \emptyset$ liefert. Da sich

$$\begin{aligned}
DL(S,\{x\}) &= L(S \text{ with } x) \,\Delta\, L(S) \\
&= D(S^C \cap (S_0 \cup R[S]), \{x\}) \\
&= \{x\} \cup ((R[\{x\}] - S) - L)
\end{aligned}$$

nach einiger Rechnung aus den Differenzenregeln ergibt, kann man SCHEMA-3 wie folgt in unserem Zusammenhang instantiieren:

```
S := {};
L' := S₀;
(while L' ≠{})
    x := arb L';   $ deterministisch
    L' := (L' less x)
            +{y in R{x}|y notin S and y notin L'};
    S with := x;
end while;
```

L' wirkt hier als Liste von Kandidaten. Wird ein Kandidat ausgewählt, so wird er aus der Liste aller Kandidaten entfernt. Als neue Kandidaten ergeben sich alle Knoten, die zu Kandidaten in Beziehung stehen, aber weder selbst bereits Kandidaten sind noch schon in der soweit konstruierten Hülle enthalten sind. Diese Lösung wurde aus einer recht allgemeinen Formulierung gewonnen und zeigt, wie man den vorgestellten Differenzenkalkül zur Ableitung effizienter Algorithmen benutzen kann. Aufgabe V.7.5 gibt einen anderen Zugang zur Berechnung der transitiven Hülle mit Hilfe der in V.5 behandelten Differentiation.

V.4 Transformationelle Ableitung eines Algorithmus zur Speicherbereinigung

In diesem Abschnitt werden wir – Dewar, Sharir und Weixelbaum folgend – zeigen, wie sich die bisherigen Überlegungen dazu benutzen lassen, aus einer formalen Spezifikation einen effizienten Algorithmus herzuleiten. Wir wollen dies am Beispiel eines Algorithmus zur Speicherbereinigung tun, der von praktischem Interesse für solche Programmiersprachen ist, in denen dynamisch Speicherplatz allokiert wird, der von Zeit zu Zeit bereinigt werden muß.

Wir nehmen an, daß jede Speicherzelle gleich groß ist und über eine nicht-negative Zahl adressiert werden kann. Der Speicher ist in Blöcke aufeinanderfolgender Zellen unterteilt, wobei jeder Block eine Startadresse hat; die zu einem Block gehörenden Speicherzellen enthalten die Startadressen weiterer Blöcke – wir abstrahieren hier vom eigentlichen Inhalt, aber auch von Verwaltungsinformationen etc. Es sollte keine leeren Blöcke geben.

Der Speicher wird modelliert als Abbildung F, so daß $F(x) = [t_1, \ldots, t_n]$ ist, wobei t_i die Startadresse eines Blocks ist. Hierbei soll gelten:

(F_1) $\forall x \in \operatorname{domain} F : F(x)$ ist eine Tupel positiver Länge.

(F_2) $\forall x \in \operatorname{domain} F \; \forall y \in F(x) : y \in \operatorname{domain} F$, $F(x)$ enthält also Startadressen anderer Blöcke.

(F_3) $\forall x \in \operatorname{domain} F : x = \sum\{\sharp F(y) : y \in \operatorname{domain} F, y < x\}$, der Speicher ist also in hintereinanderliegenden Zellen allokiert und beginnt bei 0.

Beispiel:

$F := \{[0,[5,0]],[2,[9,4]],[4,[5]],[5,[5,5,4,4]],[9,[2]]\}$ erfüllt die oben genannten Forderungen.

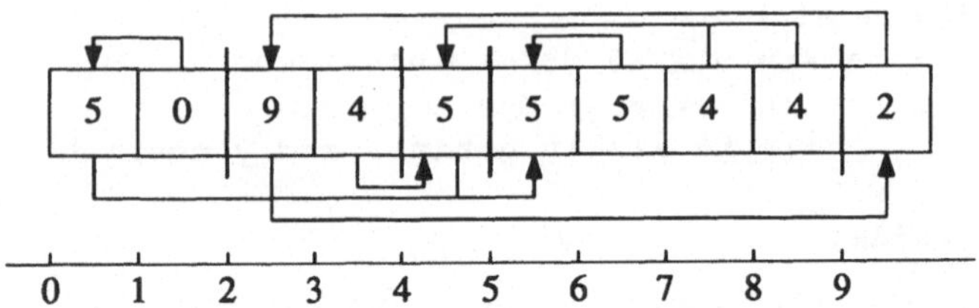

Ein Block *lebt*, wenn entweder seine Startadresse 0 ist oder ein lebender Block seine Startadresse enthält; andernfalls ist der Block *tot*. In unserem Beispiel leben die Blöcke mit den Startadressen $0, 5, 4$; die Blöcke mit den Startadressen 2 und 9 sind tot. Offensichtlich sind die lebenden Blöcke genau die Blöcke der R-transitiven Hülle von $\{0\}$, wobei die Relation R definiert ist durch

$$R := \{[x, F(x)(i)]; x \in \text{domain} \, F, 1 \leq i \leq \sharp F(x)\}$$

Das Problem der Speicherbereinigung besteht nun darin,

- alle lebenden Blöcke zu finden (Markierungsphase),
- die lebenden Blöcke so zusammenzuschieben, daß sie hintereinanderliegenden Speicherplatz bei 0 beginnend belegen (Kompressionsphase),
- die Adressen in den Blöcken so zu modifizieren, daß sie die Startadressen der bewegten Blöcke richtig wiedergeben (Justierungsphase).

Die Markierungsphase besteht aus der Berechnung der transitiven Hülle von $\{0\}$ unter R, die Kompressionsphase berechnet zunächst die neue Adresse eines lebenden Blocks b: dies ist die Summe der Längen aller vor b liegenden lebenden Blöcke, also aller lebenden Blöcke, deren Startadresse vor b liegt. Sind diese Adressen bekannt, werden die lebenden Blöcke dorthin geschoben. In der Justierungsphase müssen die alten Adressen in den lebenden Blöcken durch neue ersetzt werden.

Bezeichnet *Trans(S, H)* die transitive Hülle H von S, und F die Speicherabbildung, so ergibt sich folgender Algorithmus:

(GARB-0)

```
Trans({0},U);
N := {[a, 0+/[#F(c):c in U | c < a]]: a in U};
F := {[N(a),[N(c):c in F(a)]]: a in U};
```

U enthält also die Startadressen aller lebenden Blöcke, für $a \in U$ ist $N(a)$ die neue Startadresse, und da für $a \in U$ jeder Block $c \in F(a)$ lebt, besteht der Block nach der Justierung aus den Adressen $[N(c) : c \in F(a)]$.

Wir passen den Algorithmus aus V.3.3 zur Bildung der transitiven Hülle an die durch F gestellten Gegebenheiten an und erhalten

```
U := { };   W := {0};
(while W ≠ { })
    x := arb W;
    W := (W less x)
          + {F(x)(i): i in [1..#F(x)] |
                      F(x)(i) notin U and
                      F(x)(i) notin W};
    U with := x;
end while;
```

Wir werden diese Berechnung bis auf weiteres durch `Trans({0},U)` abkürzen und den vollen Code einsetzen, wenn es für den weiteren Fortgang nötig ist.

Es erweist sich als geschickt, die Berechnung der neuen Startadresse und die Justierung der Inhalte für die lebenden Blöcke zu trennen, so daß man für $a \in U$

$$N(a) := \sum_{\substack{c \in U \\ c < a}} \sharp F(c)$$

als neue Startadresse und

$$Q(a) := [N(c) : c \in F(a)]$$

als neuen Block hat; insgesamt hat sich dann $F(a)$ nach der Speicherbereinigung zu

$$[N(a), Q(a)]$$

geändert. N und Q können durch Iteration über die Menge U berechnet werden, dabei verschmelzen wir die Schleife zur Konstruktion von Q mit der zur Konstruktion von N (vgl. V.3.2). Analog kann die iterative Konstruktion der neuen Speicherabbildung F in eine explizite Schleife eingebracht werden, so daß sich als eine neue Version ergibt:

(GARB-1)

```
Trans({0},U);

N := { };
Q := {[b, []]: b in U};
(forall a in U)
    N(a) := 0+/[#F(c): c in U | c < a];
    Q := {[b, [N(c): c in F(b)]]: b in U};
end forall;


F := { };
(forall a in U)
    F(N(a)) := Q(a);
end forall;
```

Die letzten vier Zeilen werden durch das Makro Justiere(F,N,Q) abgekürzt.
Zur Initialisierung der Abbildung von Q ist zu bemerken, daß wegen $N = \emptyset$ dort gilt:

$$Q = \{[b,[N(c); c \in F(b)]]; b \in U\}$$
$$= \{[b,[\text{om}; c \in F(b)]]; b \in U\}$$
$$= \{[b,[\,]]; b \in U\}.$$

Man sieht unmittelbar, daß aus der Korrektheit von GARB-0 die Korrektheit von GARB-1 folgt. Dies liegt daran, daß iterative Mengenkonstrukte in explizite Iterationen umgewandelt und Schleifen, wie hier, ineinander verschmolzen werden können, ohne die Korrektheit zu zerstören.

Bei der Iteration über U zur Konstruktion von N wird $N(a)$ von **om** zu der angegebenen Summe geändert. Für die Konstruktion von Q bedeutet dies, daß $Q(b)(i)$ von **om** zu $N(a)$ geändert wird. Diese Änderung muß an allen Stellen vorgenommen werden, an denen vorher a zu finden war: gilt also $F(b)(i) = a$, so muß $Q(b)(i)$ den Wert $N(a)$ erhalten. Um dies formal fassen zu können, führen wir eine Relation M ein, die uns für jedes $a \in U$ sagt, an welchen Stellen b und in welcher Position i in $F(b)$ der Wert a zu finden ist, also

$$[b,i] \in M\{a\}$$

genau dann, wenn

$$F(b)(i) = a.$$

Also läßt sich die Positionsrelation M wie folgt definieren:

$$M := \{[F(b)(i),[b,i]] : b \in U, i \in [1 \mathinner{\ldotp\ldotp} \#F(b)]\}$$

Man sieht, daß M von der transitiven Hülle U und von der Speicherabbildung F abhängt, so daß die Konstruktion von M in die Schleife zur Bildung der transitiven Hülle eingefügt werden kann:

```
U := { };
W := {0};
M := {[F(b)(i), [b,i]]: b in U, i in [1..#F(b)]};
(while W ≠ { })
    x := arb W;
    W := (W less x)
            + {F(x)(i): i in [1..#F(x)]|
                    F(x)(i) notin U and
                    F(x)(i) notin W};
    U with := x;
    M := {[F(b)(i), [b,i]]: b in U, i in [1..#F(b)]};
end while;
```

Da U zur leeren Menge initialisiert wird, ist auch M zu Beginn leer. Bezeichnet man M mit $M(U)$, um die Abhängigkeit von dem bereits konstruierten Teil von U explizit zu machen, so erhält man für $x \notin U$

$$DM(U, \{x\}) = M(U \text{ with } x) \, \Delta \, M(U)$$
$$= \{[F(x)(i), [x, i]] : i \in [1 .. \sharp F(x)]\},$$

und diese Menge ist wegen $x \notin U$ disjunkt zu $M(U)$, so daß sich $M(U \text{ with } x)$ aus der disjunkten Vereinigung der Mengen $M(U)$ und $DM(U, \{x\})$ ergibt. Wir erhalten also

```
U := { };
W := {0};
M := { }
(while W ≠ { })
    x := arb W;
    W := (W less x)
            + {F(x)(i): i in [1..#F(x)]|
                        F(x)(i) notin U and
                        F(x)(i) notin W};
    M + := {[F(x)(i),[x,i]]: i in [1..#F(x)]};
    U with := x;
end while;
```

In der ersten **while**-Schleife werden die modifizierenden Komponenten zu W und zu M zum Teil durch eine implizite Iteration über $[1 .. \sharp F(x)]$ konstruiert. Dies läßt sich durch Verschmelzung der beiden Schleifen effizient gestalten:

```
U := { };
W := {0};
M := { }
(while W ≠ { })
    x := arb W;
    W less := x;
    (forall i in [1..#F(x)])
        y := F(x)(i);
        if y notin U and y notin W then
            W with := y;
        end if;
        M with := [y, [x, i]];
    end forall;
    U with := x;
end while;
```

Wir bezeichnen dieses Stück Code im folgenden abkürzend mit `Konstruiere(U, M)`.

Durch die Einführung von M ergibt sich aus GARB-1 der folgende Stand der Dinge:

(GARB-2)

```
  Konstruiere(U, M);
 N := { };
 Q := {[b,[]]: b in U};
 (forall a in U)
     N(a) := 0 +/[#F(c): c in U | c < a];
     (forall [b,i] in M{a})
          Q(b)(i) := N(a);
     end forall;
 end forall;
 Justiere(F, N, Q);
```

Auch hier ergibt sich die Korrektheit des Übergangs von GARB-1 nach GARB-2 aus der Definition von M und der inkrementellen Konstruktion dieser Relation, die sich durch die Transformationen in V.3.3 rechtfertigen lassen.

Wenn wir zwei unmittelbar aufeinanderfolgende Adressen $a, a' \in U$ mit $a < a'$ haben, so unterscheiden sich $N(a)$ und $N(a')$ lediglich um die Länge $\sharp F(a)$ des Blocks, der $N(a)$ als Startadresse haben wird. Diese Überlegung betrifft die Konstruktion von $N(a)$ in der oben explizit angegebenen Schleife (und damit die Konstruktion von Q), aber auch die Benutzung von N in der Justierungsphase. Sie setzt voraus, daß wir U geordnet haben und über die geordnete Version von U iterieren.

Der Aufbau von N kann mit dieser Idee so beschrieben werden:

```
 N := { };
 NeueAdresse := 0;
 Sort_U := Sort(U);
 (forall a in Sort_U)
    N(a) := NeueAdresse;
    NeueAdresse + := #F(a);
 end forall;
```

(hier ist `Sort(U)` ein Sortieralgorithmus, der die Menge U aufsteigend in ein Tupel sortiert und das Tupel als Resultat zurückgibt.)

Die Abbildung N wird zum Aufbau von Q und zur Konstruktion der neuen Speicherabbildung benötigt. Indem wir uns bei der Iteration über die geordnete Version von U jeweils merken, wo wir im neuen Speicher sind, können wir auf N ganz verzichten.

(GARB-3)

```
  Konstruiere(U, M);
 Q := {[b, []]: b in U};
 Sort_U := Sort(U);
 NeueAdresse := 0;
 (forall a in Sort_U)
     (forall [b,i] in M{a})
          Q(b)(i) := NeueAdresse;
```

```
        end forall;
        NeueAdresse + := #F(a);
    end forall;


    F := { };
    NeueAdresse := 0;
    (forall a in Sort_U)
        F(NeueAdresse) := Q(a);
        NeueAdresse + := #F(NeueAdresse);
    end forall;
```

Die letzte Zuweisung ergibt sich aus der Überlegung, daß stets $\sharp F(a) = \sharp Q(a)$ gilt. Die Darstellung mit Hilfe von F ist hier eleganter, da sich die neue Adresse aus einem Offset zur alten Adresse ergibt.

Die aufmerksame Beobachtung der Abbildungen F und Q legt die Vermutung nahe, daß Q überflüssig ist und durch F ersetzt werden kann, da sich Q aus F ergibt (Definition von Q) und später F mittels Q modifiziert wird (Neudefinition von F). Läßt sich diese Vermutung verifizieren, so können wir ohne Q auskommen, sparen also die Zeit zum Aufbau der Abbildung Q und den Platz, sie abzuspeichern (das Platzargument ist im gegebenen Kontext durchaus berechtigt, denn die Speicherbereinigung findet nur dann statt, wenn kein Speicher mehr zugewiesen werden kann, wenn also Speicherplatz knapp ist). In der Tat kann die Vermutung bestätigt werden, und wir wollen dies in zwei Schritten tun. Wir modifizieren zunächst die Definition von Q:

(G*)
```
    Konstruiere(U, M);
    Sort_U := Sort(U);
    NeueAdresse := 0;
    (forall a in Sort_U)
        (forall [b,i] in M{a})
            F(b)(i) := NeueAdresse;
        end forall;
        NeueAdresse + := #F(a);
    end forall;
    $0
    Q := {[a, F(a)]: a in U};
    F := { };
    NeueAdresse := 0;
    (forall a in Sort_U)
        $1
        F(NeueAdresse) := Q(a);
        $2
        NeueAdresse + := #F(NeueAdresse);
    end forall;
```

Die Abbildung Q wird also erst eine Schleife später definiert und bezeichnet die Abbildung F, allerdings auf U eingeschränkt.

Es bezeichne F_{neu} den Wert von F, wenn die Ablaufkontrolle den Punkt $\$0$ passiert hat. Mit F_{alt} bezeichnen wir den Wert von F in GARB-3 unmittelbar nach Verlassen der ersten Schleife über $Sort\_U$.

Behauptung:

$$\forall x \in U : \sharp F_{\text{neu}}(a) = \sharp F_{\text{alt}}(a)$$

Beweis: Nach Definition der Relation M ist $F_{\text{alt}}(a)(i) = d$ genau dann, wenn $[a, i]$ ein Element von $M\{d\}$ ist. Also ist $F_{\text{neu}}(a)(i) \neq$ **om** genau dann, wenn $F_{\text{alt}}(a)(i) \neq$ **om**. ∎

Diese Tatsache hat zur Konsequenz, daß in der ersten Schleife über $Sort\_U$ für jedes $a \in Sort\_U$ die Werte der Variablen *NeueAdresse* in den Versionen G* und GARB-3 übereinstimmen; insbesondere gilt für jedes a am Beginn der Schleife in beiden Versionen: *NeueAdresse* $= N(a)$.

In der Version G* gilt in der zweiten Schleife über $Sort\_U$ für jedes $a \in Sort\_U$ nach Passieren der Stelle $\$1$ die Relation *NeueAdresse* $= N(a)$, daraus ergibt sich nach Passieren der Stelle $\$2$ die Gleichheit $F_{\text{neu}}(N(a)) = Q(a)$. Aus dieser Beobachtung können wir schließen, daß unmittelbar nach Passieren der Stelle $\$2$ für alle $b \in Sort\_U$ gilt:

$$Q(b) = \begin{cases} F_{\text{neu}}(N(b)), & \text{falls } b \leq a \\ F_{\text{neu}}(b), & \text{sonst} \end{cases}$$

Dies zeigt man durch Induktion über die Position von a in $Sort\_U$:

(1) ist a das minimale Element 0 von $Sort\_U$, so gilt

$$\begin{aligned} F_{\text{neu}}(N(0)) &= F_{\text{neu}}(0) \\ &= Q(0), \end{aligned}$$

und für $b > 0$ sieht man

$$Q(b) = F_{\text{neu}}(b)$$

unmittelbar aus der Definition von Q.

(2) gilt die Behauptung für alle $a < a^*$, so gilt sie auch für a^*: es ist hier zunächst

$$F_{\text{neu}}(N(a^*)) = Q(a^*)$$

zu verifizieren. Das folgt unmittelbar aus den Beobachtungen über das Verhältnis von *NeueAdresse* und N so wie aus dem Code. Da stets $N(b) \leq b$ gilt, folgt auch die behauptete Gleichheit für alle $b > a^*$. ∎

Diese Behauptung hat nun die bemerkenswerte Konsequenz, daß wir in der Tat ohne die Abbildung Q auskommen können. Hierzu formulieren wir den in G* auf die Marke $0 folgenden Code wie folgt um

```
(forall a in domain F - U)
    F(a) := om;
end forall;
NeueAdresse := 0;
(forall a in Sort_U)
    temp := F(a);
    F(a) := om;
    F(NeueAdresse) := temp;
    NeueAdresse + := #F(NeueAdresse);
end forall;
```

Die erste Zeile entspricht der Beschränkung des Definitionsbereiches von Q auf die Menge U in der Version G*. Aus der Sicht der Speicherverwaltung ist dies die Freigabe toten Speichers. Die Korrektheit dieser Transformation folgt direkt aus den obigen Überlegungen im Hinblick auf das Verhältnis von Q und F_{neu}.

Damit sind wir am Ende der Transformationskette angelangt. Da wir den Code gelegentlich in einzelne Teile zerlegt und diese Teile für sich betrachtet haben, geben wir die endgültige Version noch einmal explizit an:

```
U := { };
W := {0};
M := { };
(while W ≠ { })
    x := arb W;  W less := x;
    (forall i in [1..#F(x)])
        y := F(x)(i);
        if y notin U and y notin W then
            W with := y;
        end if;
        M with := [y, [x, i]];
    end forall;
    U with := x;
end while;
Sort_U := Sort(U);
NeueAdresse := 0;
(forall a in Sort_U)
    (forall [b,i] in M{a})
        F(b)(i) := NeueAdresse;
    end forall;
    NeueAdresse + := #F(a);
end forall;
```

```
(forall a in domain F - U)
    F(a) := om;
end forall;

NeueAdresse := 0;
(forall a in Sort_U)
    temp := F(a);
    F(a) := om;
    F(NeueAdresse) := temp;
    NeueAdresse + := #F(NeueAdresse);
end forall;
```

Hier sind sicherlich noch weitere Verbesserungen möglich: so könnte U als Tupel initialisiert werden, in dem in der ersten **while**-Schleife das ausgewählte Element seiner Ordnung gemäß eingefügt wird, etc. Wir wollen uns jedoch mit dem erzielten Resultat begnügen.

V.5 Transformationen für SETL: Differentiation mengentheoretischer Ausdrücke

Im vorherigen Abschnitt haben wir uns im wesentlichen damit befaßt, das inkrementelle Wachstum von Mengen mit Hilfe der symmetrischen Differenz in den Griff zu bekommen. Dieser Zugang war im wesentlichen top-down: um einen zusammengesetzten Ausdruck zu behandeln, manipuliere man zunächst seine Teilausdrücke und fasse diese Resultate zum Ergebnis für den gesamten Ausdruck zusammen. In diesem Abschnitt wollen wir einen auf R. Paige zurückgehenden Zugang betrachten, der sich bemüht, kleine Änderungen in applikativen Ausdrücken formal zu fassen und dabei bottom-up vorgeht. Dieser Zugang ist allgemeiner (da er nicht ausschließlich auf mengentheoretischen Eigenschaften der symmetrischen Differenz beruht). Paige hat ihn benutzt, um einen Katalog von Transformationen zusammenzustellen, und hat um diesen Katalog herum das semiautomatische Programm-Transformationssystem RAPTS (Rutgers Abstract Program Transformation System) konstruiert, mit dessen Hilfe SETL-Programme von sehr hohem semantischen Niveau auf das Niveau etwa von Ada oder Pascal transformiert werden können. RAPTS wird gegenwärtig weiter verfeinert.

Die Differentiation mengentheoretischer Ausdrücke ist eine Verallgemeinerung der üblicherweise "Reduktion der Stärke" genannten Transformation, die bei optimierenden Compilern eingesetzt wird. Dabei geht es darum, kostspielige Operationen in Schleifen durch billigere zu ersetzen, ohne dabei die Korrektheit des berechneten Ausdrucks zu gefährden. Diese wird durch Invarianten gesichert, die – implizit oder explizit – an gewissen Stellen der Schleife aufrechterhalten werden. So gilt z.B. in dem trigonometrischen Beispiel aus V.2.2 an der Stelle (∗) stets die Beziehung `tsinx = sin(x)`. Dies wird dadurch erreicht, daß an geeigneten Stellen differentieller Code eingefügt wird, also solcher Code, der die Änderungen von Ausdrücken durch die Modifikation ihrer Parameter wiedergibt. Die Reduktion der Stärke wird üblicherweise auf arithmetische Ausdrücke angewandt, sie läßt sich jedoch auf natürliche Weise auch auf mengentheoretische Ausdrücke überrtragen: um z.B. für eine Menge A ganzer Zahlen die Invariante

$$E = \{x \in A; x \bmod 2 = 0\}$$

aufrechtzuerhalten, wenn eine Zahl i in A eingefügt wird, kann man entweder E nach der Einfügung neu berechnen:

```
A with := i;
E := {x in A | x mod 2 = 0};
```

oder man kann den differentiellen Code

```
if i mod 2 = 0 then
    E with := i;
end if;
```

vor der Anweisung

```
A with := i;
```

einfügen. Im Effekt sind beide Zugänge gleichwertig, der Zugang über den differentiellen Code ist jedoch offensichtlich effizienter. In diesem Abschnitt sollen Überlegungen angestellt werden, systematisch diesen differentiellen Code zu berechnen.

V.5.1 Technische Vorbemerkungen

Wir benötigen einige Hilfsmittel, die zum Teil aus dem Übersetzerbau kommen. Dabei gehen wir informell vor.

Mitunter benutzen wir für den Wert eines applikativen Ausdrucks $f(x_1, \ldots, x_n)$ eine neue Variable $V = f(x_1, \ldots, x_n)$. Wir nennen V dann die zu f gehörige *virtuelle Variable*. Hierbei soll f applikativ sein, sich also wie eine mathematische Abbildung verhalten und insbesondere keine Seiteneffekte auslösen. Die virtuelle Variable V ist *verfügbar am Ausgang eines Programmpunkts* p genau dann, wenn V den Wert hat, den f hätte, wenn f unmittelbar nach der Anweisung, die zu p gehört, ausgewertet werden würde. *V ist am Eingang von p verfügbar*, wenn V am Ausgang aller Vorgänger von p verfügbar ist. Ist V am Eingang von p verfügbar und wird f in P ausgewertet, so ist dieses Vorkommen von f *redundant* in p. In diesem Fall kann das Vorkommen von f durch V ersetzt werden.

Programme können durch **assert**-Anweisungen instrumentiert werden; diese Anweisungen dienen der Verfikation des Programms, indem Aussagen über seinen Zustand (d.h. Werte von Variablen etc.) gemacht werden. Die Ausführung eines Programms wird *regulär* genannt, falls daraus, daß die Bedingungen aller **assert**-Anweisungen erfüllt sind, folgt, daß die Ausführung normal terminiert. Das Programm selbst heißt *regulär*, wenn all seine möglichen Ausführungen regulär sind. Der Definitionsbereich dom(P) eines regulären Programms P ist die Menge aller Eingabewerte, die reguläre Ausführungen von P zur Folge haben. Um semantik-erhaltende Transformationen zu kennzeichnen, versehen wir die Austrittspunkte aus dem Programm P mit speziellen **assert**-Anweisungen, die den Zustand von P beim Austritt kennzeichnen. Eine Programmtransformation T *erhält* die Regularität eines Programms P, falls das neue Programm $P' := T(P)$ regulär ist und falls die **assert**-Anweisungen an den Austrittspunkten von P durch T nicht geändert werden. Erhält T die Regularität, so heißt T *semantik-treu* für das reguläre Programm P, falls $\operatorname{dom} T(P) \supseteq \operatorname{dom}(P)$ gilt.

Ein *Block* ist eine Programm-Region mit genau einem Eintritts- und einem Austrittspunkt. Wird ein Block B in einem regulären Programm durch einen anderen Block B' ersetzt, so werden die obigen Begriffe auch auf die Transformation $B \mapsto B'$ angewendet.

Sei $f(x_1, \ldots, x_n)$ wieder ein applikativer Ausdruck. f ist für einen Programmpunkt p *wohldefiniert*, falls für jede reguläre Ausführung, die durch p führt, $[x_1, \ldots, x_n] \in \operatorname{domain} f$ gilt. Gelegentlich ist es für f sinnvoll, eine Zuweisung

$$E := f(x_1, \ldots, x_n)$$

zu betonen (z.B. wenn Transformationen darauf gemacht werden sollen). Dazu führen wir die **achieve**-Anweisung ein:

achieve E=f(x$_1$,...,x$_n$);

die semantisch zur Zuweisung gleichwertig sein soll.

Sei für eine Variable v die Menge $\operatorname{OCC}(v)$ definiert als die Menge aller Programmpunkte p, in denen v vorkommt. Die Variable v wird in $p \in \operatorname{OCC}(v)$ *benutzt*, wenn in p ihr Wert betrachtet wird, ohne ihn zu modifizieren; v wird in p *definiert*, wenn der Wert von v in p modifiziert wird (z.B. durch eine Zuweisung, eine **read**-Anweisung oder durch Benutzung von v als Iterationsvariable). Ist $d \in \operatorname{OCC}(v)$ eine Definition von v, so *erreicht d den Programmpunkt p*, falls es einen Ausführungspfad von d nach p gibt, der außer d keine Definition von v enthält. Die Benutzung von $b \in \operatorname{OCC}(v)$ *lebt in p*, falls es einen Ausführungspfad von p nach b gibt, der frei von Definitionen von v ist.

V.5.2 Definition der Ableitung

Gegeben sei ein Block B und ein applikativer Ausdruck $f(x_1, \ldots, x_n)$. In B möge sich eine der Variablen x_i, von denen f abhängt, ändern. Die Ableitung soll darstellen, wie sich der Wert $f(x_1, \ldots, x_n)$ durch diese Modifikation ändert.

Definition: Sei $E = f(x_1, \ldots, x_n)$ ein applikativer Ausdruck und dx_i eine Definition von x_i. Das Paar $[B_1, B_2]$ von Blöcken B_1, B_2 heißt *die Ableitung von E bezüglich dx_i*, falls gilt:

(a) in B_1 und B_2 werden nur E und zu den jeweiligen Blöcken lokale Variablen modifiziert.
(b) der Block

```
    achieve E=f(x₁,...,xₙ);
    B₁
    dxᵢ
    B₂
    assert E=f(x₁,...,xₙ);
```

ist semantik-treu für dx_i und enthält nur redundante Benutzungen von $f(x_1, \ldots, x_n)$.

Die Ableitung sorgt also dafür, daß der Wert von E sich entsprechend der Änderung von x_i ändert. Hierbei wird der Block B_1 dazu benutzt, den Wert von E mit Hilfe des alten Werts von x_i zu manipulieren, entsprechend arbeitet B_2 mit dem neuen Wert von x_i. B_1 bzw. B_2 können der leere Block $\square$ sein, wenn zur Aufrechterhaltung von E lediglich der neue bzw. der alte Wert von x_i notwendig ist. B_1 heißt die *Vorableitung* von E bezüglich dx_i und wird mit $\partial^- E\langle dx_i\rangle$ bezeichnet; analog heißt B_2 die *Nachableitung* und wird mit $\partial^+ E\langle dx_i\rangle$ bezeichnet. Die Ableitung $[\partial^- E\langle dx_i\rangle,\ \partial^+ E\langle dx_i\rangle]$ heißt *stark*, wenn keine Benutzung von E innerhalb von $\partial^- E\langle dx_i\rangle$ oder $\partial^+ E\langle dx_i\rangle$ am Eintritt zu $\partial^- E\langle dx_i\rangle$ lebt. In diesem Fall kann die **achieve**-Anweisung in dem oben angegebenen Code-Block weggelassen werden.

Offensichtlich ist die Ableitung eines Ausdrucks nicht eindeutig bestimmt. Kommt x_i nicht frei in $f(x_1,\ldots,x_n)$ vor, so ist $[\square,\square]$ stets eine Ableitung.

Beispiel:

$E := \{x \in A; x \bmod 2 = 0\}$ soll differenziert werden bezüglich

a) A with $:= i$. Es gilt

```
∂⁻E⟨A with := i⟩  ≡  if i mod 2 = 0 then
                         E with := i;
                     end if;
```

und $\partial^+ E\langle A \text{ with} := i\rangle \ \equiv\ \square$

b) $A := \emptyset$. Es gilt

```
∂⁻E⟨A := ∅⟩  ≡  E := { };
```

und $\partial^+ E\langle A := \emptyset\rangle \ \equiv\ \square$

Beispiel:

Sei F eine Abbildung in die ganzen Zahlen, t eine ganze, $c > 0$ eine natürliche Zahl, $E := \{x \in S; F(x) = t\}$. Dann gilt:

a) $\partial^- E\langle S := \emptyset\rangle \qquad \equiv\ E := \{\ \};$

```
b)  ∂⁻E⟨S with := x⟩  ≡  if F(x) = t then
                             E with := x;
                         end if;

c)  ∂⁻E⟨S less := x⟩  ≡  if F(x) = t then
                             E less := x;
                         end if;

d)  ∂⁻E⟨F(y)+ := c⟩  ≡  if y in S then
                            if y in E then
                                E less := y;
                            elseif F(y) = t - c then
                                E with := y;
                            end if;
                        end if;
```

Die Nachableitungen $\partial^+ E\langle B\rangle$ sind in jedem dieser Beispiele leer, da zur Aufrechterhaltung von E die jeweils durch Zuweisung geänderten Werte nicht mehr benötigt werden.

Beispiel:

Sei F eine Abbildung, $E = \{[F(x), x]; x \in S\}$. Dann gilt

a) $\partial^- E\langle S \text{ with} := x\rangle \equiv \texttt{E\{F(x)\}} \textbf{ with } \texttt{:= x;}$

   $\partial^+ E\langle S \text{ with} := x\rangle \equiv \square$

b) $\partial^- E\langle S \text{ less} := x\rangle \equiv \texttt{E\{F(x)\}} \textbf{ less } \texttt{:= x;}$

   $\partial^+ E\langle S \text{ less} := x\rangle \equiv \square$

c) $\partial^- E\langle F(x) := y\rangle \equiv \textbf{if } \texttt{x} \textbf{ in } \texttt{S} \textbf{ then}$

```
                E{F(x)} less := x;
      end if;
```

$\qquad\qquad\qquad\equiv \textbf{if } \texttt{x} \textbf{ in } \texttt{S} \textbf{ then}$
$\qquad\qquad\qquad\qquad\qquad \partial^- E\langle S \text{ less} := x\rangle$
$\qquad\qquad\qquad \textbf{end if;}$

$\partial^+ E\langle F(x) := y\rangle \equiv \textbf{if } \texttt{x} \textbf{ in } \texttt{S} \textbf{ then}$
$\qquad\qquad\qquad\qquad\qquad \texttt{E\{F(x)\}} \textbf{ with } \texttt{:= x;}$
$\qquad\qquad\qquad \textbf{end if;}$

$\qquad\qquad\qquad\equiv \textbf{if } \texttt{x} \textbf{ in } \texttt{S} \textbf{ then}$
$\qquad\qquad\qquad\qquad\qquad \partial^- E\langle S \text{ with} := x\rangle$
$\qquad\qquad\qquad \textbf{end if;}$

Das letzte Beispiel zeigt, daß man auf die Nachableitung nicht verzichten kann und manchmal beide Ableitungen braucht.

Sei $E = f(x_1, \ldots, x_n)$ ein wohldefinierter applikativer Ausdruck in einem Block B eines regulären Programms P. E heißt *differenzierbar bezüglich B*, falls die beiden folgenden Bedingungen erfüllt sind:

a) keine Benutzung von E lebt in B.

b) ist f am Eingang von B nicht wohldefiniert, so beginnt B mit Anweisungen, die $f(x_1, \ldots, x_n)$ auswertbar machen und dann auswerten. In diesem Falle ist die Ableitung von E bezüglich B eine *starke* Ableitung.

Die Bedingung a) stellt sicher, daß jeder Benutzung von E in B eine Definition von E vorangeht, die Bedingung b) ist dann anwendbar, wenn noch nicht alle Argumente $x_1, \ldots,$ x_n zur Verfügung stehen. Dann beginnt B damit, diese Argumente verfügbar zu machen und $f(x_1, \ldots, x_n)$ auszuwerten. Aus den Annahmen ergibt sich, daß die Ableitung dann stark sein muß, da der Wert von E am Eingang zu $\partial^- E\langle B\rangle$ noch nicht bekannt sein kann.

Definition: Sei E differenzierbar bezüglich B, so entsteht das *Differential* $\partial E\langle B\rangle$ von E bezüglich B auf die folgende Art und Weise:

1. Man ersetze jede Definition dx_i in B durch den Code-Block

$$\partial^- E\langle dx_i\rangle$$
$$dx_i$$
$$\partial^+ E\langle dx_i\rangle$$

2. Man ersetze jedes Vorkommen von $f(x_1,\dots,x_n)$ in dem durch Schritt 1. entstandenen Code-Block durch die Variable E.

Beispiel:

$$E = \{x \in A; x \bmod 2 = 0\}$$

soll bezüglich des folgenden Code-Blocks B differenziert werden:

```
A := { };
read(i);
(while i ≠ om)
    A with := i;
    read(i);
end while;
print({x in A | x mod 2 = 0});
```

Zunächst bemerkt man, daß A am Eingang zu B verfügbar ist und daß B jeweils genau einen Eingang und Ausgang besitzt. Die Menge A wird an zwei Stellen modifiziert, und wir wissen aus den Beispielen oben, daß die folgenden Beziehungen gelten:

$\partial^- E\langle A := \emptyset\rangle \equiv$ `E := { };`

$\partial^+ E\langle A := \emptyset\rangle \equiv \square$

$\partial^- E\langle A \text{ with} := i\rangle \equiv$ `if i mod 2 = 0 then`
                                 `E with := i;`
                  `end if;`

$\partial^+ E\langle A \text{ with} := i\rangle \equiv \square$

Mithin gilt:

$\partial E\langle B\rangle \equiv$

```
E := { };
A := { };
read(i);
(while i ≠ om)
    if i mod 2 = 0 then
        E with := i;
    end if;
    A with := i;
    read(i);
end while;
print(E);
```

Damit die Transformation, die hier angegeben ist, ein funktional äquivalentes Programm liefert, muß gezeigt werden, daß sie die Semantik im oben definierten Sinne erhält.

Satz 1: Es sei B ein Block in einem regulären Programm P, und der applikative Ausdruck $E = f(x_1, \ldots, x_n)$ sei differenzierbar bezüglich B. Dann gilt:

a) gibt es eine Benutzung von E innerhalb von $\partial E\langle B\rangle$, die am Eingang von $\partial E\langle B\rangle$ lebt, so ist der Code-Block

$$\textbf{achieve } \texttt{E = f(x}_1\texttt{, } \ldots \texttt{, x}_n\texttt{);}$$
$$\partial \texttt{E}\langle \texttt{B}\rangle$$

semantik-treu für B,

b) lebt keine derartige Benutzung von E am Eingang von $\partial E\langle B\rangle$, so ist $\partial E\langle B\rangle$ semantik-treu für B,

c) E ist am Ausgang von $\partial E\langle B\rangle$ verfügbar.

Beweis:

0. Die Bedingung in a) besagt, daß es für eine Benutzung u innerhalb von $\partial E\langle B\rangle$ einen Pfad vom Eingang von $\partial E\langle B\rangle$ nach u gibt, der keine Definition von E enthält. Die vor $\partial E\langle B\rangle$ eingefügte **achieve**-Anweisung sorgt dann dafür, daß der Wert von E am Eingang von $\partial E\langle B\rangle$ verfügbar gemacht wird.

1. In jedem der beiden Fälle unter a) und b) lebt E nicht am Eingang von B nach Definition der Ableitung. Daher kann die Anweisung
    $$\textbf{achieve } \texttt{E = f(x}_1\texttt{, } \ldots \texttt{, x}_n\texttt{);}$$
    vor dem Eingang von B eingefügt werden, ohne die Semantik von B zu ändern. Da E differenzierbar bezüglich B ist, ist entweder $f(x_1, \ldots, x_n)$ wohldefiniert und verfügbar am Eingang zu B oder kann dort wohldefiniert und verfügbar gemacht werden. Die Semantik-Treue folgt nun leicht aus der Definition der Ableitung durch vollständige Induktion nach der Anzahl der Definitionen dx_i in B.

2. Aus der Definition der Ableitung erhält man ebenfalls durch Induktion die Verfügbarkeit von E am Ausgang von $\partial E\langle B\rangle$. ∎

Folgerung: Die Transformation ∂E ist linear bezüglich sequentieller Blöcke, also

$$\partial E\langle B_1\, B_2\rangle = \partial E\langle B_1\rangle\, \partial E\langle B_2\rangle.$$

Beweis: E ist verfügbar am Ausgang von $\partial E\langle B_1\rangle$. ∎

Analog zum Differentialkalkül der Analysis gibt es hier eine Kettenregel. Es muß freilich darauf geachtet werden, daß keine unerwünschten Abhängigkeiten entstehen. Wir nennen die Ausdrücke $f_1, \ldots, f_n$ *von innen nach außen geordnet*, falls gilt: hängt f_i von f_j ab, so muß $i < j$ sein. Dies führt zum Begriff der differenzierbaren Kette.

Definition: Gegeben seinen n applikative Ausdrücke $E_1 = f_1, \ldots, E_n = f_n$ in einem Block B innerhalb eines regulären Programms P. E_1 sei differenzierbar bezüglich B, E_2 sei differenzierbar bezüglich $\partial E_1\langle B\rangle, \ldots,$ E_n sei differenzierbar bezüglich $\partial E_{n-1}\langle \ldots \langle \partial E_1\langle B\rangle\rangle \ldots\rangle$. Weiterhin seien $f_1, \ldots, f_n$ von innen nach außen geordnet. Dann bilden $[E_n, \ldots, E_1]$ eine *differenzierbare Kette*, und das Differential $\partial[E_n, \ldots, E_1]\langle B\rangle$ dieser Kette ist rekursiv definiert durch

$$\partial[E_1]\langle B\rangle := \partial E_1\langle B\rangle$$
$$\partial[E_n, \ldots, E_1]\langle B\rangle := \partial[E_n, \ldots, E_2]\langle \partial E_1\langle B\rangle\rangle.$$

Satz 2: Unter den obigen Voraussetzungen an B und P sei $[E_n, \ldots, E_1]$ eine differenzierbare Kette. Sei

$$B' := \partial[E_n, \ldots, E_1]\langle B\rangle$$

und

$$S := \{i \in \{1, \ldots, n\}; \textit{Benutzungen von } E_i \textit{ in } B' \textit{ leben am Eingang von } B'\}.$$

Dann ist der Block

> **achieve** $(\forall\, i \in S : E_i = f_i)$;
> $\partial[E_n, \ldots, E_1]\langle B\rangle$

semantik-treu für B, und $E_1, \ldots, E_n$ sind an seinem Ausgang verfügbar.

Beweis: Durch vollständige Induktion nach n als der Länge der Kette: der Fall $n = 1$ ist oben bereits behandelt, also muß der Schritt $n \to n + 1$ betrachtet werden. Seien B'_n und B'_{n+1} die entsprechenden Ableitungen und S_n sowie S_{n+1} die entsprechenden Mengen von Indizes i, für die Benutzungen von E_i in B'_n bzw. B'_{n+1} am Eingang von B'_n bzw. B'_{n+1} leben. Der Block

> **achieve** $(\forall\, i \in S_n : E_i = f_i)$;
> B'_n

ist semantik-treu für B und macht $E_1, \ldots, E_n$ an seinem Ausgang verfügbar. Da $f_1, \ldots, f_{n+1}$ von innen nach außen geordnet sind, ist auch der Block

> **achieve** $E_{n+1} = f_{n+1}$;
> $\partial E_{n+1}\langle$**achieve** $(\forall\, i \in S_n : E_i = f_i)$; $B'_n\rangle$
> $\equiv$ **achieve** $(\forall\, i \in S_{n+1} : E_i = f_i)$;
> $\partial E_{n+1}\langle B'_n\rangle$
> $\equiv$ **achieve** $(\forall\, i \in S_{n+1} : E_i = f_i)$;
> B'_{n+1}

semantik-treu für B und macht $E_1, \ldots, E_{n+1}$ an seinem Ausgang verfügbar (ist $S_n = S_{n+1}$, so ist die Anweisung

> **achieve** $E_{n+1} = f_{n+1}$;

redundant und kann eliminiert werden). ∎

Folgerung: $\partial[E_n, \ldots, E_1]$ ist linear bezüglich sequentieller Code-Blöcke:

$$\partial[E_n, \ldots, E_1]\langle B_1\, B_2\rangle$$
$$= \partial[E_n, \ldots, E_1]\langle B_1\rangle\, \partial[E_n, \ldots, E_1]\langle B_2\rangle$$

Beweis: Induktion nach n, ∂E ist linear. ∎

Aus der Linearität läßt sich ein Kalkül für mehrfache Ableitungen gewinnen. Betrachten wir die Ableitung $\partial[E_2, E_1]\langle dx\rangle$, so gilt wegen der Linearität

$$
\begin{aligned}
\partial[E_2, E_1]\langle dx\rangle &\equiv \partial E_2\langle \partial E_1\langle dx\rangle\rangle \\
&\equiv \partial E_2\langle \partial^- E_1\langle dx\rangle \\
&\qquad dx \\
&\qquad \partial^+ E_1\langle dx\rangle\rangle \\
&\equiv \partial E_2\langle \partial^- E_1\langle dx\rangle\rangle \\
&\qquad \partial E_2\langle dx\rangle \\
&\qquad \partial E_2\langle \partial^+ E_1\langle dx\rangle\rangle \\
&\equiv \partial E_2\langle \partial^- E_1\langle dx\rangle\rangle \\
&\qquad \partial^- E_2\langle dx\rangle;\; dx;\; \partial^+ E_2\langle dx\rangle \\
&\qquad \partial E_2\langle \partial^+ E_1\langle dx\rangle\rangle
\end{aligned}
$$

Allgemein erhält man durch Induktion nach der Länge der differenzierbaren Kette, daß gilt:

$$
\begin{aligned}
\partial[E_n, \ldots, E_1]\langle dx\rangle &\equiv \partial^-[E_n, \ldots, E_1]\langle dx\rangle \\
&\qquad dx \\
&\qquad \partial^+[E_n, \ldots, E_1]\langle dx\rangle
\end{aligned}
$$

wobei definiert wird:

$$
\begin{aligned}
\partial^-[E_n, \ldots, E_1]\langle dx\rangle &\equiv \partial[E_n, \ldots, E_2]\langle \partial^- E_1\langle dx\rangle\rangle \\
&\qquad \partial^-[E_n, \ldots, E_2]\langle dx\rangle
\end{aligned}
$$

und

$$
\begin{aligned}
\partial^+[E_n, \ldots, E_1]\langle dx\rangle &\equiv \partial^+[E_n, \ldots, E_2]\langle dx\rangle \\
&\qquad \partial[E_n, \ldots, E_2]\langle \partial^+ E_1\langle dx\rangle\rangle
\end{aligned}
$$

V.5.3 Profitabilität

Differentiation lohnt sich nur dann, wenn der differenzierte Code effizienter als der ursprüngliche ist. Um dies an einigen Beispielen diskutieren zu können, erweist es sich als sinnvoll, die Kosten für die elementaren Operationen zu klassifizieren. Hierfür legen wir ein heuristisches Kostenmaß zugrunde, das im wesentlichen die Mengenoperationen zählt. Die Kosten für die wichtigsten Operationen sind der folgenden Tabelle zu entnehmen.

Operation	Kosten(Zeit)
S **with** := x	$O(1)$ *
S **less** := x	$O(1)$ *
x $\in$ S	$O(1)$ *
S + := T	$O(\#T)$ *
f(x) := y	$O(1)$ *
f(x_1, . . . ,x_n)	$O(n)$ *
($\forall$ x $\in$ S) *block*(x) end $\forall$	$O(\#S \cdot \text{Kosten}(block))$
{x $\in$ S | k(x)}	$O(\#S \cdot \text{Kosten}(k))$
$\exists$ x $\in$ S | k(x)	$O(\#S \cdot \text{Kosten}(k))$
$\forall$ x $\in$ S | k(x)	$O(\#S \cdot \text{Kosten}(k))$
S + T	$O(\#S + \#T)$
f[S]	$O(\#\{ [x, y] \in f \mid x \in S\})$

Die Abschätzungen, die mit einem * versehen sind, sind nur dann gültig, wenn keine
Kopieroperationen vorkommen. Wir nennen im folgenden einen Ausdruck E bezüglich
eines Blocks B *profitabel differenzierbar*, wenn die Ausführung von B im Sinne des gerade
angegebenen heuristischen Kostenmaßes teurer als die von $\partial E\langle B\rangle$ ist.

Wir nehmen weiterhin an, daß das Hinzufügen und das Entfernen von Elementen aus Mengen
strikt im folgenden Sinne ist: wenn S **with** := x oder S **less** := x ausgeführt wird, so
soll die Vorbedingung $x \notin S$ bzw. $x \in S$ gelten. Dies ist keine starke Einschränkung, da z.B.

    S **with** := x

überführt werden kann in

```
if x notin S then
    S with := x;
end if;
```

und die letzte Einfügung strikt im obigen Sinne ist.

Wir diskutieren nun einige elementare Operationen, die profitabel differenzierbar sind.

A) $E_1 = S + T$ ist profitabel differenzierbar bezüglich S **with** := y und bezüglich
   S **less** := y, denn

$$\partial^- E_1 \langle S \text{ with } := y \rangle \equiv \textbf{if } \text{y } \textbf{notin } \text{T } \textbf{then}$$

$$\text{E}_1 \textbf{ with } := \text{y;}$$

$$\textbf{end if;}$$

$$\partial^+ E_1 \langle S \text{ with } := y \rangle \equiv \square$$

$$\partial^- E_1 \langle S \text{ less } := x \rangle \equiv \textbf{if } \text{x } \textbf{notin } \text{T } \textbf{then}$$

$$\text{E}_1 \textbf{ less } := \text{x;}$$

$$\textbf{end if;}$$

$$\partial^+ E_1 \langle S \text{ less } := x \rangle \equiv \square$$

Die differenzierten Audrücke haben jeweils Kosten $O(1)$, während die undifferenzierten Ausdrücke $O(\sharp S + \sharp T)$ kosten.

B) Kommt S nicht frei im Prädikat k vor, so ist $E_2 = \{x \in S; k(x)\}$ profitabel differenzierbar bezüglich S with $:= y$ und S less $:= y$. In beiden Fällen sind die Nachableitungen $\partial^+ E_2 \langle \ldots \rangle$ leer, und es gilt für die Vorableitungen

$$\partial^- E_2 \langle S \text{ with } := y \rangle \equiv \textbf{if } \text{k(y) } \textbf{then}$$

$$\text{E}_2 \textbf{ with } := \text{y;}$$

$$\textbf{end if;}$$

und

$$\partial^- E_2 \langle S \text{ less } := y \rangle \equiv \textbf{if } \text{k(y) } \textbf{then}$$

$$\text{E}_2 \textbf{ less } := \text{y;}$$

$$\textbf{end if;}$$

Beide Vorableitungen schlagen mit $O(1)$ zu Buche.

C) $E_3 = \sharp S$ ist ebenfalls profitabel differenzierbar bezüglich S with $:= y$ und S less $:= y$, da die Nachableitungen jeweils leer sind und die Vorableitungen

$$\partial^- E_3 \langle S \text{ with } := y \rangle \equiv \text{E}_3 + := 1$$

bzw.

$$\partial^- E_3 \langle S \text{ less } := x \rangle \equiv \text{E}_3 - := 1$$

jeweils konstante Kosten haben.

D) $E_4 := \sharp \{x \in (S+T); k(x)\}$ $(S, T$ nicht frei in $k)$ ist profitabel differenzierbar bezüglich S with $:= y$ und S less $:= y$. Wir betrachten nur den Fall S with $:= y$ und überlassen den Fall S less $:= y$ dem Leser (vgl. Aufgabe V.7.3). Dieser Ausdruck ist recht komplex und wird mit der Kettenregel behandelt. Dazu wird gesetzt

$$F_1 := S + T$$
$$F_2 := \{x \in F_1; k(x)\}$$
$$F_3 := \sharp F_2.$$

Dann bildet $[F_3, F_2, F_1]$ eine differenzierbare Kette, da die Ausdrücke von innen nach außen geordnet sind und – wie wir aus A) – C) sehen können – die Differenzierbarkeitsbedingungen erfüllt sind.

Die Anwendung der Kettenregel ergibt den folgenden Ausdruck für die Ableitung:

$$\partial[F_3, F_2, F_1]\langle S \text{ with } := y \rangle \;\equiv\; \partial^- F_3\langle \partial^- F_2\langle \partial^- F_1\langle S \text{ with } := y \rangle\rangle\rangle$$

$$\partial^- F_2\langle \partial^- F_1\langle S \text{ with } := y \rangle\rangle$$

$$\partial^- F_1\langle S \text{ with } := y \rangle$$

```
S with := y
```

Diese Vereinfachung kann durchgeführt werden, da alle Nachableitungen leer sind, und alle Vor- und Nachableitungen sind leer, wenn nach konstanten Ausdrücken differenziert wird (z.B. $\partial^- F_3\langle S \text{ with } := y \rangle \equiv \square$). Berechnung der Vorableitungen von innen nach außen ergibt

$$\partial^- F_1\langle S \text{ with } := y \rangle \;\equiv\; \textbf{if } \text{y } \textbf{notin } \text{T } \textbf{then}$$

```
            F₁ with := y;
        end if;
```

$$\partial^- F_2\langle \partial^- F_1\langle S \text{ with } := x \rangle\rangle \;\equiv\; \textbf{if } \text{x } \textbf{notin } \text{T } \textbf{then}$$

```
            if k(y) then
                F₂ with := y;
            end if;
        end if;
```

und schließlich

$$\partial^- F_3\langle \partial^- F_2\langle \partial^- F_1\langle S \text{ with } := y \rangle\rangle\rangle \;\equiv\; \textbf{if } \text{x } \textbf{notin } \text{T } \textbf{then}$$

```
            if k(y) then
                F₃ + := 1;
            end if;
        end if;
```

Da F_1 und F_2 Hilfsvariablen sind, benötigen wir zur Berechnung des Differentials $\partial E_4\langle S \text{ with } := y \rangle$ diese Mengen und damit die Vorableitungen $\partial^- F_2\langle \partial^- F_1\langle S \text{ with } := y \rangle\rangle$ sowie $\partial^- F_1\langle S \text{ with } := y \rangle$ nicht mehr. Wegen $E_4 = F_3$ ergibt sich schließlich als Ableitung

$$\partial^- E_4\langle S \text{ with } := y \rangle \;\equiv\; \textbf{if } \text{x } \textbf{notin } \text{T } \textbf{then}$$

```
            if k(y) then
                E₄ + := 1;
            end if;
        end if;
```

Die Berechnung von E_4 kostet undifferenziert $O((\sharp S + \sharp T) \cdot \text{Kosten}(k))$, und differenziert $O(1)$, so daß die Differentiation profitabel ist.

V.5.4 Vertikale und horizontale Verschmelzung von Schleifen

Gegeben sei die Konstruktion zweier Mengen

$$C_1 := \{x \in S; k_1(x)\}$$
$$C_2 := \{x \in C_1; k_2(x)\}.$$

Diese Art der Konstruktion von C_1 und C_2 ist nicht besonders effizient, da zur Berechnung von C_2 über C_1 iteriert werden muß. Die Definition von C_1 kann natürlich in eine Schleife verwandelt werden:

```
C₁ := { };
(forall x in S)
     if k₁(x) then
          C₁ with := x;
     end if;
end forall;
```

Mit dem Differentialoperator ∂^- läßt sich das so ausdrücken:

```
∂⁻C₁⟨S := ∅⟩;
(forall x in S)
     ∂⁻C₁⟨S with := x⟩
end forall;
```

Die drei letzten Zeilen werden als $\partial^- C_1\langle S + := S\rangle$ abgekürzt, so daß sich die Konstruktion von C_1 darstellt als

$$\partial^- C_1\langle S := \emptyset\rangle$$
$$\partial^- C_1\langle S + := S\rangle$$

Wir definieren diese beiden Zeilen als

$$\partial^- C_1\langle S := S\rangle$$

und nennen dies die *Entwicklung von C_1 um S* (analog der Entwicklung einer Funktion in eine Taylor-Reihe um einen Punkt). Diese Entwicklung kann zur gemeinsamen Berechnung von C_1 und C_2 herangezogen werden:

$$\partial C_2\langle \partial^- C_1\langle S := S\rangle\rangle \ \equiv\ \partial C_2\langle \partial^- C_1\langle S := \emptyset\rangle\rangle$$
$$\partial C_2\langle \partial^- C_1\langle S + := S\rangle\rangle$$
$$\equiv\ \partial C_2\langle C_1 := \emptyset\rangle$$

```
    (forall x in S)
        ∂C₂⟨∂⁻C₁⟨S with := x⟩⟩
    end forall;
```
$$\equiv\ C_2 := \{\ \};$$
$$C_1 := \{\ \};$$

```
    (forall x in S)
        ∂C₂⟨if k₁(x) then
                    C₁ with := x;
                end if;⟩
    end forall;
```
$$\equiv\ C_2 := \{\ \}$$
$$C_1 := \{\ \};$$

```
    (forall x in S)
        if k₁(x) then
            if k₂(x) then
                C₂ with := x;
            end if;
            C₁ with := x;
        end if;
    end forall;
```

$$(\text{da}\ \ \partial C_2\langle \text{if } k_1(x) \text{ then}$$
$$C_1 \text{ with } := x;$$
$$\text{end}\rangle$$
$$\equiv\ \text{if } k_1(x) \text{ then}$$
$$\partial C_2\langle C_1 \text{ with } := x\rangle$$
$$\text{end})$$

C_2 hängt von C_1 ab, daher heißt diese Art der Verschmelzung der (impliziten) Schleifen, die beide Mengen konstruieren, *vertikal*.

Man macht sich leicht klar, daß die vertikale Verschmelzung aus der Kettenregel folgt:

$$\partial^- [C_2, C_1]\langle S := S\rangle$$
$$= \partial^- [C_2, C_1]\langle S := \emptyset\rangle \ \partial^- [C_2, C_1]\langle S + := S\rangle$$
$$\equiv\ \partial C_2\langle \partial^- C_1\langle S := \emptyset\rangle\rangle$$
$$\partial C_2\langle \partial^- C_1\langle S + := S\rangle\rangle$$

(da alle Nachableitungen und alle Vorableitungen von C_2 bezüglich Änderungen von S leer sind).

Analog verfährt man bei der Konstruktion voneinander unabhängiger Mengen:

$$D_1 := \{x \in S; l_1(x)\},$$
$$D_2 := \{x \in S; l_2(x)\},$$

die mit Hilfe von

$$\partial^-[D_2, D_1]\langle S := S\rangle$$

wie folgt konstruiert werden können:

$$\partial^-[D_2, D_1]\langle S := S\rangle$$
$$= \partial^-[D_2, D_1]\langle S := \emptyset\rangle\ \partial^-[D_2, D_1]\langle S + := S\rangle$$

```
≡ D₂  := { };
  D₁  := { };
  (forall x in S)
      ∂⁻[D₂,D₁]⟨S with := x⟩
  end forall;
≡ D₂  := { };
  D₁  := { };
  (forall x in S)
      if l₂(x) then D₂ with := x; end;
      if l₁(x) then D₁ with := x; end;
  end forall;
```

Das ergibt sich kanonisch aus den Ableitungsregeln (würde man hier die Expansion um S verzögern, so ergäben sich zwei parallel laufende Schleifen zur Konstruktion von D_1 und D_2). Diese Konstruktion heißt *horizontale Verschmelzung*.

Beispiel:

Sei R eine Relation und $S \subset$ range R.

$$Vor := \{[x, y] \in R; y \in S\}$$
$$Num(x) := \{[x, \sharp\, Vor\{x\}]; x \in \text{domain } Vor\}$$

($Num(x)$ gibt also an, wie groß $R\{x\} \cap S$ ist). Hier ist die vertikale Verschmelzung schwieriger zu konstruieren als oben, da die Abhängigkeit der Abbildung *Num* von der Relation *Vor* recht komplex ist. Trotzdem gelingt sie mit der Kettenregel:

$$\partial^-[Num, Vor]\,\langle R := R\rangle$$

```
≡ Num := { };
  Vor := { };
  (forall [x, y] in R)
```
$$\partial^-[Num, Vor]\,\langle R \text{ with} := [x,y]\rangle;$$
```
  end forall;
```

Die Berechnung der inneren Vorableitung ergibt

$$\partial^-[Num, Vor]\,\langle R \text{ with} := [x,y]\rangle$$
$$= \partial Num\,\langle \partial^- Vor\,\langle R \text{ with} := [x,y]\rangle\rangle$$

```
≡ if y in S then
```
$$\partial Num\,\langle Vor \text{ with} := [x,y]\rangle;$$
```
  end if;
```

```
≡ if y in S then
```
$$\partial^- Num\,\langle Vor \text{ with} := [x,y]\rangle;$$
```
      Vor with := [x, y];
  end if;
```

```
≡ if y in S then
      Num(x) := Num(x) ? 0 + 1;
      Vor with := [x, y];
  end if;
```

Betrachtet man die jeweiligen Rollen von *Num* und *Vor* im endgültigen Code

```
Num := { };
Vor := { };
(forall [x, y] in R)
    if y in S then
        Num(x) := Num(x) ? 0 + 1;
        Vor with := [x, y];
    end if;
end forall;
```

so stellt man fest, daß die in der ursprünglich gegebenen Definition der Mengen vorliegende
(textuelle) Abhängigkeit der Abbildung *Num* von der Relation *Vor* verschwunden ist. Sollte
also eine Datenflußanalyse feststellen, daß *Vor* überflüssig ist, so könnte *Vor* in dem um R
entwickelten Code eliminiert werden, im nicht-entwickelten jedoch nicht.

V.5.5 Beispiele

Die diskutierten Techniken sollen an zwei ausführlichen Beispielen diskutiert werden. Es
handelt sich hier um die Berechnung des Zentrums eines freien Baums und die Zyklenerken-
nung in Graphen. Beide Beispiele benutzen im wesentlichen die Kettenregel.

V.5.5.1 Das Zentrum eines freien Baums

Ein *freier Baum* T ist ein zusammenhängender und zyklenfreier ungerichteter Graph; ein *Blatt* ist ein Knoten mit nur einem Nachbarn. Besteht T nur aus einem Knoten n, so gilt *Zentrum*$(T) = \{n\}$, besteht T nur aus den Knoten n_1 und n_2, so ist *Zentrum*$(T) = \{n_1, n_2\}$. Andernfalls gilt *Zentrum*$(T) = $ *Zentrum*(T'), wobei T' aus T durch Entfernung aller Blätter gewonnen wurde. Stellt man T durch eine symmetrische Relation R dar, so erhält man das folgende Programm zur Berechnung des Zentrums Z von T:

(FREI-0)

```
  read(R);
  Z := domain R;
  (while #Z > 2)
        (forall n in {x in Z|#{y in R{x}|y in Z}=1})
            Z less := n;
      end forall;
  end while;
  print(Z);
```

Solange also mehr als zwei Knoten im (reduzierten) Baum sind, entfernen wir Blätter. Ein Knoten ist in diesem Baum als Blatt dadurch gekennzeichnet, daß er mit genau einem der verbleibenden Knoten verbunden ist.

Zur Differentation erweist es sich als sinnvoll, schrittweise die folgenden Objekte einzuführen:

$$Vor\{x\} := \{y \in R\{x\}; y \in Z\}$$
$$Num(x) := \sharp Vor\{x\}$$
$$Blätter := \{x \in Z; Num(x) = 1\}.$$

Wir diskutieren zunächst die Relation *Vor*: es gilt

$$\partial Vor\langle Z \text{ less} := n\rangle$$
$$\equiv \partial^- Vor\langle Z \text{ less} := n\rangle$$

```
        Z less := n;
```

(die Nachableitung ist leer) und

$$\partial^- Vor\langle Z \text{ less} := n\rangle$$
$$\equiv (\textbf{forall } y \textbf{ in } \{x \textbf{ in domain } Vor \mid n \textbf{ in } R\{x\}\})$$

```
        Vor{y} less := n;
      end forall;
```

Da R nach Annahme symmetrisch ist, gilt

$$n \in R\{x\} \iff x \in R\{n\},$$

daher kann die Vorableitung oben vereinfacht werden zu

```
  (forall y in R({n})
        Vor{y} less := n;
  end forall;
```

In unsere Ausgangsversion eingesetzt ergibt sich

(FREI-1)
```
  read(R);
  Z := domain R;
  achieve Vor = ... ;
  $*
  (while #Z > 2)
      (forall n in {x in Z|#Vor{x}=1})
          (forall y in R{n})
              Vor{y} less := n;
          end forall;
          Z less := n;
      end forall;
  end while;
  print(Z);
```

Da $Vor\{y\}$ manipuliert wird und $\#Vor\{y\}$ von Interesse ist, wird die Abbildung

$$Num : t \mapsto \#Vor\{t\}$$

eingeführt. Zur Initialisierung wird in der Version (FREI-1) hinter der mit $*$ markierten Zeile die entsprechende **achieve**-Anweisung eingeführt:

achieve Num = { [x, #Vor{x}]: x **in domain** Vor};

Da
$$\partial Num \, \langle Vor\{y\} \text{ less} := n \rangle$$
$$\equiv \text{Num}(y) \ - \ := 1;$$
$$Vor\{y\} \text{ less} := n;$$

gilt, erhält man als transformierte Version

(FREI-2)
```
  read(R);
  Z := domain R;
  achieve Vor = ... ;
  achieve Num = ... ;
  $*
  (while #Z > 2)
```
```
B     (forall n in {x in Z | Num(x) = 1})
          (forall y in R{n})
              Num(y) - := 1;
              Vor{y} less := n;
          end forall;
          Z less := n;
      end forall;
```
```
  end while;
  print(Z);
```

Schließlich führen wir die Menge *Blätter* ein, wobei wie oben

$$Blätter := \{t \in Z; Num(t) = 1\}$$

gilt. Diese Menge hängt von den beiden Variablen Z und *Num* ab, daher ist die Differentiation von *Blätter* bezüglich des Blocks B aus (FREI-2) abhängig von

$$\partial Blätter \, \langle Num(y) - := 1 \rangle$$

sowie von

$$\partial Blätter \, \langle Z \text{ less} := n \rangle$$

Beide Ableitungen sind einfach zu berechnen, und zusammen mit der Initialisierung der Menge *Blätter* durch eine **achieve**-Anweisung ergibt sich als vorletzte Version:

(FREI-3)

```
   read(R);
   Z := domain R;
   achieve Vor = ... ;
   achieve Num = ... ;
   achieve Blaetter = ... ;
   (while #Z > 2)
       (forall n in Blaetter)
           (forall y in R{n})
               $1
               if Num(y) = 1 then
                   Blaetter less := y;
               elseif Num(y) = 2 then
                   Blaetter with := y;
               end if;      $ ∂Blätter⟨Num(y)- := 1⟩
               Num(y) - := 1;
               Vor{y} less := n;
           end forall;
           $2
           if Num(n) = 1 then
               Blaetter less := n;
           end if;      $ ∂Blätter⟨Z less := n⟩
           Z less := n;
       end forall;
   end while;
   print(Z);
```

Anmerkung: An der Stelle $1 muß $Num(y) > 1$ gelten, da y mit einem Blatt n verbunden ist, selbst also kein Blatt sein kann. An der Stelle $2 gilt $n \in Blätter$, also $Num(n) = 1$. In beiden Fällen kann der jeweilige Test vereinfacht werden. Wir werden diese Überlegungen in die endgültige Version aufnehmen.

Die Initialisierungen für *Vor* und *Num* sind bereits als Beispiel für die vertikale Verschmelzung von Schleifen in V.5.4 behandelt worden. Es liegt nahe, die Konstruktion der Menge *Blätter* in diese vertikale Verschmelzung aufzunehmen, da *Blätter* von *Num* abhängig ist. Die Berechnung von

$$\partial^-[\textit{Blätter, Num, Vor}]\langle R := R\rangle$$

führt jedoch zu Berechnung von

$$\partial \textit{Blätter}\langle \textit{Num}\,(x) := \textit{Num}\,(x)?0 + 1\rangle$$

```
≡ if Num(x) = om then
        Blaetter with := x;
   elseif Num(x) = 1 then
        Blaetter less := x;
   end if;
   Num(x) := ... ;
```

Das bedeutet, daß jeder Knoten y mit $\textit{Num}\,(y) > 1$ zunächst in die Menge *Blätter* eingefügt und bald darauf wieder entfernt wird. Dies ist ineffizient. Daher erscheint es als sinnvoll, die vertikale Verschmelzung an dieser Stelle nicht durchzuführen und die Initialisierung in den drei **achieve**-Anweisungen getrennt als

$$\partial^-[\textit{Num, Vor}]\langle R := R\rangle$$
$$\partial^-\textit{Blätter}\langle R := R\rangle$$

zu formulieren.

Betrachtet man die Eingabe **read**(R) und die Ausgabe **print**(Z) als *wesentliche* Anweisungen und definiert induktiv solche Anweisungen als *wesentlich*, die zu wesentlichen Anweisungen beitragen, so können offensichtlich die unwesentlichen Anweisungen entfernt werden. Es ist unmittelbar zu sehen, daß auf die Relation *Vor* verzichtet werden kann, weil alle Anweisungen, die *Vor* manipulieren, unwesentlich sind.

Schließlich soll angemerkt werden, daß wir eine Ungenauigkeit in den bisherigen Versionen korrigieren müssen: z.B. wird in der Version (FREI-3) über die Menge *Blätter* iteriert, und in der Schleife selbst wird die Menge verändert! Um korrekten SETL-Code zu erzeugen, kopieren wir die Menge *Blätter* in eine Menge, die wir *BlattKopie* nennen, und über die wir anschließend iterieren. Durch die Iteration ist dann *BlattKopie* geschützt, während wir die Menge *Blätter* ändern dürfen.[3]

Unter Berücksichtigung all dieser Anmerkungen und Überlegungen erhalten wir schließlich

---

[3]   Im gegenwärtigen SETL-System könnte man denselben Effekt für die ursprüngliche Version durch eine Option für den Compiler erzielen; wir sehen aber aus systematischen Gründen davon ab.

(FREI-4)

```
  read(R);
  Z := domain R;
  Num := { };
  Blaetter := { };
  (forall [x, y] in R)
      if y in Z then
          Num(x) := Num(x) ? 0 + 1;
      end if;
  end forall;
  (forall x in Z)
      if Num(x) = 1 then
          Blaetter with := x;
      end if;
  end forall;
  (while #Z > 2)
      BlattKopie := Blaetter;
      (forall n in BlattKopie)
          (forall y in R{n})
              if y in S then
                  if Num(y) = 2 then
                      Blaetter with := y;
                  end if;
              end if;
              Num(y) - := 1;
          end forall;
          Blaetter less := n;
          Z less := n;
      end forall;
  end while;
  print(Z);
```

Die zeitliche Komplexität des Programms (FREI-0) ist offensichtlich $O(\sharp Z \cdot \sharp R)$. In der endgültigen Version (FREI-4) kostet die Initialisierungsphase $O(\sharp R)$ Zeit, und da jede Kante in R höchstens einmal traversiert wird, kostet die **while**-Scheife ebenfalls $O(\sharp R)$ Zeit. Damit ist die transformierte Version erheblich schneller. Sie ist aber auf der anderen Seite auch erheblich schwerer zu verstehen oder zu verifizieren – ihre Korrektheit ist gesichert durch

- die Korrektheit der ursprünglichen Version (FREI-0), und
- die Korrektheit der Transformationen.

V.5.5.2 Zyklenerkennung in Graphen

Ist $G = (V, E)$ ein gerichteter Graph, so wissen wir, daß $S \subseteq V$ einen Zyklus enthält, falls zu jedem $x \in S$ ein $y \in S$ mit $[x, y] \in E$ existiert (vgl. V.3.3). Ist also ein Graph G vorgegeben, so ist nach Ausführung von (PRÄ-ZYK) die dort berechnete Menge S entweder leer (dann hat G keinen Zyklus) oder S enthält einen Zyklus:

(PRÄ-ZYK)
```
  S := domain E;
  (while exists y in {x in S | E{x} * S = { })
       S less := y;
  end while;
```

Es erweist sich als technisch hilfreich, nicht mit der Relation E als Menge von Kanten, sondern als der konversen Relation E^{-1} zu arbeiten. Da der Graph (V, E) einen Zyklus hat genau dann, wenn der konverse Graph (V, E^{-1}) einen Zyklus hat, ändert sich am Ergebnis nichts.

Wir lesen die Relation E, bilden die Menge aller Knoten als ihren Definitionsbereich und Initialisierung von S und führen dann die in (PRÄ-ZYK) formulierte Schleife mit E^{-1} statt mit E aus:

(ZYK-0)
```
  read(E);
  S := domain E;
  (while exists y in {x in S | E⁻¹{x} * S = { })
     S less := y;
  end while;
  print(S);
```

Wir gehen wieder schrittweise vor: da

$$E^{-1}\{x\} \cap S = \emptyset$$

genau dann, wenn

$$\#\{y \in S; y \in E^{-1}\{x\}\} = 0,$$

ist uns an der Menge

$$Stapel := \{x \in S; Nachf(x) = 0\}$$

gelegen, wobei

$$Nachf(x) = \#Folg\{x\}$$

die Anzahl der Nachfolger von x in der Menge S ist, also

$$Folg\{x\} := \{y \in S; [x, y] \in E^{-1}\}$$

Insgesamt ist damit folgendes zu berechnen:

(ZYK-0*)

```
  read(E);
  S := domain E;
  achieve Folg = {[x, y]: [y, x] in E | y in S};
  achieve Nachf = {[x, #Folg{x}]: x in domain Folg};
  achieve Stapel = {y in S | Nachf(y)=0};
  (while Stapel ≠ { })
        y := arb Stapel;
        ∂[Stapel, Nachf, Folg]⟨S less := y⟩;
  end while;
```

Die einzelnen Objekte werden der Reihe nach mit ihren Differentialen eingeführt.

a) Es gilt

$$\partial Folg\,\langle S \text{ less} := y\rangle$$

```
    ≡ (forall x in E{y})
          Folg{x} less := y;
      end forall;
      S less := y;
```

(Hier liegt der Grund, mit E^{-1} statt mit E bei der Definition von *Folg* zu arbeiten. Andernfalls wäre das Differential umständlicher auszudrücken gewesen).

b) Man erhält

$$\partial Nachf\,\langle Folg\{x\} \text{ less} := y\rangle$$

```
    ≡ Nachf(x) - := 1;
      Folg{x} less := y;
```

Als Zwischenversion ergibt sich die Version ZYK-1:

(ZYK-1)

```
  read(E);
  S := domain E;
  achieve Folg = ... ;
  achieve Nachf = ... ;
```

```
B (while exists y in {t in S | Nachf(t)=0})
      (forall x in E{y})
          Nachf(x) - := 1;
          Folg{x} less := y;
      end forall;
      S less := y;
  end while;
```

```
  print(S);
```

Wir führen die Menge *Stapel* ein und wollen den Wert von *Stapel* wie üblich den sich ändernden Werten von S und von *Nachf* anpassen.   Dies geschieht wieder durch die Berechnung von $\partial Stapel \langle B \rangle$:

c)　　　$\partial Stapel \langle Nachf(x)- := 1 \rangle$

```
  ≡ if Nachf(x) = 1 then
        Stapel with := x;
    end if;
    Nachf(x) - := 1;
```

d)　　　$\partial Stapel \langle S \text{ less} := y \rangle$

```
  ≡ if Nachf(y) = 0 then
        Stapel less := y;
    end if;
    S less := y;
```

Der Code-Block unter d) soll die Anweisung S less := y ersetzen; das dort in Rede stehende y ist der Menge $\{t \in S; Nachf(t) = 0\}$ entnommen. Daher ist es unnötig, in d) zu testen, ob $Nachf(y) = 0$ gilt, und der Block vereinfacht sich.

Wie in Abschnitt V.5.5.1 löst man nun die Initialisierungen in den **achieve**-Anweisungen durch vertikale Verschmelzung auf, und analog zum dortigen Vorgehen ist es mit der gleichen Begründung sinnvoller, die Initialisierung der Abbildungen *Folg* und *Nachf* von der Initialisierung der Menge *Stapel* zu trennen. Daher ergibt sich die folgende Initialisierungssequenz:

$$\partial^- [Nachf, Folg] \langle E := E \rangle$$
$$\partial^- Stapel \langle S := S \rangle$$

```
  ≡ Folg := { };
    Nachf := { };
    (forall [x, y] in E)
        if x in S then
            Nachf(y) := Nachf(y) ? 0 + 1;
            Folg with := [y, x];
        end if;
    end forall;
    Stapel := { };
    (forall x in S)
        if Nachf(x) = 0 then
            Stapel with := x;
        end if;
    end forall;
```

Die Analyse von $\partial Stapel \langle B \rangle$ aus Version (ZYK-2) zeigt, daß *Folg* eliminiert werden kann,

weil die *Folg* manipulierenden Anweisungen dort nutzlos sind. Daher braucht *Folg* auch
nicht initialisiert zu werden.

Zusammenfassend ergibt sich der folgende Code als abschließende Version
(ZYK-2)

```
  read(E);
 S := domain E;
 Nachf := { };
 Stapel := { };
 (forall [x, y] in E)
     if x in S then
         Nachf(y) := Nachf(y) ? 0 + 1;
     end if;
 end forall;
 (forall x in S)
     if Nachf(x) = 0 then
         Stapel with := x;
     end if;
 end forall;


 (while Stapel ≠ { })
     y := arb Stapel;
     (forall x in E{y})
         if Nachf(x) = 1 then
             Stapel with := x;
         end if;
         Nachf(x) - := 1;
     end forall;
     if Nachf(y) = 0 then
         Stapel less := y;
     end if;
     S less := y;
 end while;
 print(S);
```

Auch hier folgt wieder die Korrektheit des Algorithmus aus der Korrektheit der anfänglichen
Spezifikation und aus der Tatsache, daß korrektheitsbewahrende Transformationen verwendet
wurden. Auch hier sieht man, daß der ursprüngliche Algorithmus von der Zeitkomplexität
$O(\sharp S \cdot \sharp E)$ ist, der transformierte dagegen die Komplexität $O(\sharp E)$ besitzt.

Der Vergleich dieser Version mit der Version VER-3 aus V.3.3 für das gleiche Problem gibt
einen recht interessanten Einblick in die beiden verwendeten Transformationstechniken. Die
Technik der Differenzbildung, die zu VER-3 geführt hat, läßt sich zu lokalen Verbesserungen
heranziehen und ist darüberhinaus geeignet, durch Verwendung von **arb*** Backtracking
zu unterstützen. Die Differentiation erscheint als ein systematischerer Zugang zu globaler

Verbesserung von Programmen, wobei gewisse Effizienzverbesserungen garantiert werden können.

V.6 Abschließende Bemerkungen

Wir haben gesehen, daß sich in SETL Programme schreiben lassen, die auf sehr hohem semantischen Niveau formuliert sind, und die sich durch Anwendung von Transformationstechniken in Programme transformieren lassen, deren expressives Niveau etwa auf der Ebene von Pascal oder Ada ist. Die transformierten Programme zeichnen sich durch die folgenden Eigenschaften aus:

- sie sind effizienter – dies wird durch Techniken erreicht, die der Reduktion der Stärke in "klassischen" Compilern ähneln,
- sie sind korrekt – das Ausgangsprogramm ist korrekt, und die einzelnen Transformationen sind korrektheitsbewahrend,
- sie sind weniger durchschaubar – dies liegt daran, daß jede Transformation Einzelheiten eingeführt hat, deren kumulativer Effekt die Klarheit des Code beeinträchtigt.

Die angegeben Beispiele lassen die These plausibel erscheinen, daß der Korrektheitsbeweis von Programmen, die durch korrektheitsbewahrende Transformationen aus korrekten Spezifikationen entwickelt wurden, wesentlich einfacher ist als die Verfikation von Programmen, deren Code auf niedrigem Niveau vorgegeben ist.

Die in V.5 gegebenen Transformationen lassen sich zum größten Teil automatisch ausführen. Dazu ist eine Kollektion von abstrakten Regeln der folgenden Form gegeben:

$$[E = f(x_1, \ldots, x_n), \ dx_i, \ \partial^- E \langle dx_i \rangle, \ \partial^+ E \langle dx_i \rangle]$$

Dies entspricht einer Äquivalenzklasse von konkreten Regeln, die entstehen, wenn die Parameter x_i instantiiert werden. Hierbei muß gesichert sein, daß kein Ausdruck einer Regel (also die ersten beiden Komponenten) durch konsistente Umbenennung in einen (Teil-)Ausdruck einer anderen Regel verwandelt werden kann. Mit einer solchen Kollektion von Regeln arbeitet das von Paige et al. entwickelte System RAPTS; dieses System ist in den zitierten Arbeiten von Paige genauer beschrieben.

Durch Kombination von RAPTS mit dem von Doberkat und Gutenbeil entwickelten Übersetzer von SETL nach Ada ist idealerweise folgender Zugang möglich

SETL-Programm   SETL-Programm   Ada-Programm

(hohes Niveau) $\xrightarrow{\text{RAPTS}}$ (niedriges Niveau) $\xrightarrow{\text{SETL2Ada}}$ (funktional äquivalent)

Damit kann aus einer mengentheoretischen Spezifikation ein produktionseffizientes Ada-Programm entwickelt werden. Dieser Ansatz wird gegenwärtig im Hinblick auf die Übersetzung von SETL nach Ada weiter verfeinert, insbesondere im Bezug auf die automatische Auswahl von Datenstrukturen für SETL-Objekte in Ada.

Im Gegensatz zum Differentialkalkül von Paige ist der in V.3 geschilderte Kalkül von Sharir nicht implementiert. Dies liegt nicht zuletzt daran, daß es sich hier um eine Kollektion heuristischer Regeln handelt. Im Kalkül von Paige lassen sich die Invarianten, die aufrecht-erhalten werden sollen, durch geeignete Algorithmen entdecken, die sinnvolle Anwendung der algebraischen Regeln läßt sich jedoch nur mit großer Mühe formalisieren (ähnlich zu Integrationsregeln in Formelmanipulationssystemen wie MACSYMA oder Maple). Daher werden diese Regeln wohl am besten zur manuellen Ableitung effizienter Versionen heran-gezogen, wie in V.4 exemplarisch dargestellt.

V.7 Übungsaufgaben

1. Es sei U eine endliche Menge, und für $1 \leq i \leq r$ sei $K_i : \mathfrak{P}(U) \to \mathfrak{P}(U)$ eine Abbildung der Potenzmenge von U in sich. Für die Abbildungen K_i möge folgendes gelten:

    a) für beliebige $S_1, S_2 \subseteq U$ und $i \neq j$ sind $K_i(S_1)$ und $K_j(S_2)$ disjunkt,
    b) jede Abbildung hat die inkrementelle Auswahleigenschaft

    Zeigen sie, daß dann auch

    $$K : S \longmapsto \bigcup\{K_i(S); 1 \leq i \leq r\}$$

    die inkrementelle Auswahleigenschaft hat.

2. Sind für ein Paar $P = [x, y]$ wie in V.2.2.3 $\pi_1(p) = x$ und $\pi_2(p) = y$ die Projektionen, und setzt man für eine Menge S von Paaren

    $$B(S) := (\pi_2^{-1}[\pi_1[S]])^C$$

    (das Komplement wird bezüglich der endlichen Universalmenge U berechnet), so be-rechne man $DB(S, DS)$ und zeige, daß $DB(S, \bullet)$ ein $\cup$-Homomorphismus auf $U - S$ ist.

3. Sei k ein Prädikat, in dem die Mengen S und T nicht frei vorkommen, und

    $$E := \#\{x \in (S \cup T); k(x)\}.$$

    Berechnen Sie

    $$\partial E\langle S \text{ less} := y\rangle.$$

4. Auf der Menge S ist eine irreflexive transitive Relation R gegeben, nach Ausführung von

    ```
    T := [ ];
    (while exists a in S | R{a}*S = { })
        T with := a;
        S less := a;
    end while;
    ```

    enthält T die Elemente von S, so daß gilt

    $$i < j \implies T(j) \in R\{T(i)\};$$

T entspricht also einer totalen Ordnung, die in R eingebettet werden kann (topologisches Sortieren). Benutzen Sie die Menge

$$MinSet := \{x \in S; R\{x\} \cap S = \emptyset\}$$

zur Ableitung einer effizienten Version des Programms mittels Differentiation.

5. Ist $R \subset U \times U$ eine Relation auf U und $S_0 \subseteq U$ eine nicht-leere Teilmenge, so ist nach Ausführung von

```
S  := S₀;
(while R[S] + S ≠ S)
     S + := R[S];
end while;
```

S die R-transitive Hülle von S_0 (vgl. V.3.1). Unter Zuhilfenahme von

$$OutSet := \{x \in S; \sharp(R\{x\} - S) > 0\}$$

und der konversen Relation R^{-1} sollen Sie mittels Differentiation einen Algorithmus zur Berechnung der R-transitiven Hülle von S_0 entwickeln, der die (Zeit-)Komplexität $O(\sharp R)$ hat. Vergleichen Sie den gewonnen Algorithmus mit den durch Differenzbildung in V.3.1 und V.3.3 abgeleiteten in Hinblick auf deren Komplexität.

VI Software Prototyping

In diesem abschließenden Kapitel soll vor allem von Prototyping die Rede sein; es wird ein systematischer Zugang zu Methodik und Ausprägungen des Software Prototyping beschrieben, und es wird diskutiert, inwieweit gerade SETL als Sprache zum Prototyping geeignet ist.

Um dies sinnvoll tun zu können, führen wir zuvor kurz einige Begriffe des Software Engineering ein. Wir erläutern an Hand des klassischen Wasserfall-Modells die Phasen des *software life cycles*, um anschließend aufzuzeigen, wie sich Prototyping in den Lebenszyklus von Software einpassen läßt, d.h. an welchen Stellen und in welcher Form es sinnvoll für den Software-Entwicklungsprozeß nutzbar gemacht werden kann.

VI.1 Der Software Life Cycle

Das Software Engineering als Teilgebiet der Informatik stellt Methoden bereit, die es erlauben, die Erstellung großer Software-Systeme systematisch anzugehen. Diese Methoden umfassen alle Phasen der Lebensdauer der Software, angefangen von der Projektplanung über den Systementwurf und die Implementation bis hin zur Testphase, zur Einführung des fertigen Produkts beim Kunden und zur Wartung.

Wir wollen in diesem Abschnitt die einzelnen Phasen dieses life cycles jeweils kurz beschreiben, um eine Begriffsbasis für die nachfolgende Beschreibung des Prototypings zu schaffen. Dabei orientieren wir uns an dem Buch von Fairley und gehen aus von dem klassischen Modell des life cycles, das die Phasen – wie in der Skizze auf der nächsten Seite angedeutet — in Form eines Wasserfalls zusammenfaßt.

Jede der Phasen *Analyse*, *Entwurf*, *Implementation*, *Installation* und *Wartung* erwartet wohldefinierte Eingaben und erzeugt daraus wohldefinierte Ausgaben durch Anwendung wohldefinierter Methoden und Werkzeuge. Die Phasen laufen streng sequentiell ab; es besteht allerdings an den bezeichneten Stellen die Möglichkeit zurückzuspringen, um Änderungen oder Verbesserungen vorzunehmen.

Es ist umstritten, ob dieses klassische Modell mit seiner strengen Linearität adäquat für den Software-Entwurf ist; wir werden dies im Abschnitt VI.2 diskutieren. Zuvor wollen wir die einzelnen Phasen etwas genauer beschreiben.

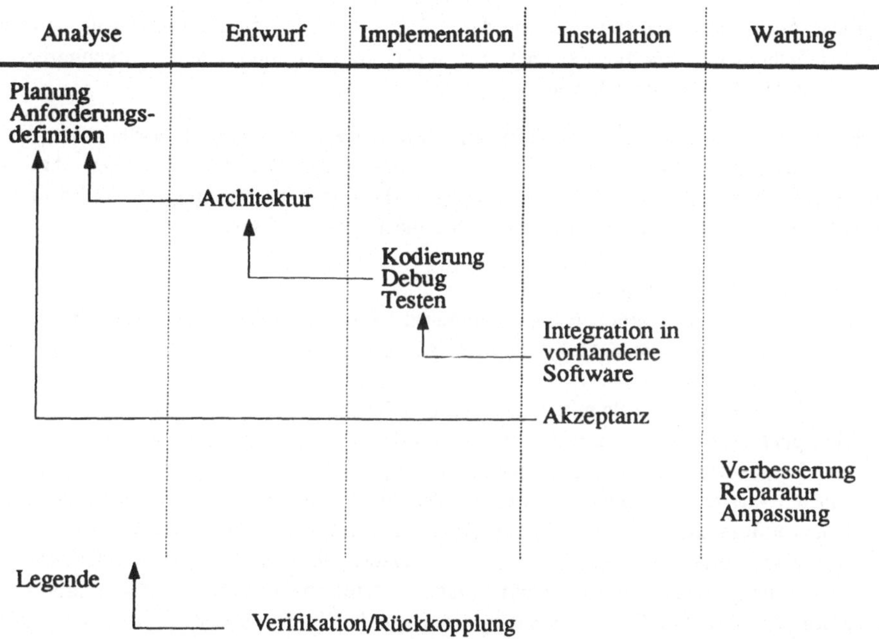

VI.1.1 Analyse

Die Analyse-Phase beinhaltet im wesentlichen zwei Dinge: die Problemdefinition und die
Umsetzung dieser Definition in eine angemessene technische Form zum einen, den Entwurf
einer Lösungsstrategie auf der Basis der Definition und die Planung des Entwicklungsprozesses zum anderen. Beides, ein systematischer Zugang zu dem Problem und eine gute
Projektplanung sind unabdingbare, wenngleich oft vernachlässigte Elemente bei der Herstellung von Software. Im einzelnen sind folgende Bereiche dieser ersten Phase zuzuordnen:

VI.1.1.1 Problemdefinition und Spezifikation

Zunächst und vor allem anderen ist das zu lösende Problem exakt zu beschreiben. Es bedarf
dazu einer ausführlichen Kommunikation zwischen dem Kunden und dem potentiellen Erstel-
ler einer Computer-Lösung für das Problem. Es gilt, die Problembeschreibung des Kunden,
formuliert in dessen Terminologie, häufig unscharf, unsystematisch, oder geprägt von vagen
Vorstellungen von Einsatzmöglichkeiten und Leistungsfähigkeit von Rechnern, exakt zu fassen und zu übertragen in eine Darstellung, die zwar durchaus noch eher aus Kunden- und
Bedienersicht argumentiert, die aber andererseits als Eingabe für eine technische Spezifikation geeignet ist. Diese Darstellung sollte auch das Umfeld und die Nebenbedingungen beim
Kunden berücksichtigen. So muß beachtet werden, welche Hardware- oder Softwarekompo-
nenten beim Kunden bereits vorhanden sind und eingebunden werden sollen oder können,

und ob sich aus der vorhandenen Konfiguration eventuell Einschränkungen für das System ergeben. Auch ist zu beachten, wer mit dem zu erstellenden System arbeiten soll, ob ausgebildetes Bedien- und Wartungspersonal zur Verfügung steht, und welche Vorkenntnisse die vermeintlichen Endbenutzer haben.

In der Phase der Spezifikation gilt es dann, aus dieser Beschreibung die technischen Anforderungen an das geplante Software-Produkt vollständig und konsistent abzuleiten. Am Ende der Spezifikation sollte ein Dokument vorliegen, das – je nach Produktgröße in Form eines Handbuches oder einer Liste – Angaben über die folgenden Punkte enthält:

1. Überblick über das Produkt
    Hier sollten die wesentlichen Eigenschaften des Produkts und die technischen Rahmenbedingungen für die Entwicklung, den Einsatz und die Wartung des Produkts beschrieben werden.
2. Angaben über externe Schnittstellen und den Datenfluß
    Hier geht es zum einen um die Interaktion der Software mit dem Benutzer, also etwa um Ausgabeformate, Benutzeroberfläche und die Kommandosprache. Es geht zum anderen um die Art der zu verwendenden Daten und um die Art der Verwendung. Jedes auftretende Datum sollte in ein *data dictionary* eingetragen werden, in dem sein Name und seine Attribute, sowie Angaben über Aufbau, Verwendungsort und Verwendungszweck, für jedermann zugänglich gemacht werden. Der Datenfluß wird in Form von Datenflußdiagrammen dargestellt, die die Quellen und Ziele der Daten und die Transformationen, denen sie unterzogen werden, spezifizieren. Datenstrukturen werden auf dem Niveau von abstrakten Datentypen beschrieben.
3. Beschreibung der funktionalen Anforderungen
    Hierbei geht es um die funktionalen Beziehungen zwischen Eingaben, Aktionen auf Eingaben, und Ausgaben von Prozessen. Dabei erweisen sich formale Beschreibungsmethoden, auf die wir im Anschluß an diese Aufzählung kurz eingehen, als besonders geeignet.
4. Charakterisierung der Leistung
    Hierzu gehören Angaben über das Zeitverhalten des späteren Produkts, also etwa Prozeß- und Antwortzeiten oder Durchsatz. Es sollte auch schon klargestellt werden, in welcher Weise dieses Zeitverhalten später überprüft werden kann. Desweiteren sind Speicheranforderungen zu definieren, es sind der eventuelle Einsatz von Telekommunikationsmedien und damit verbundene Probleme zu beschreiben, und es gehören in diesen Bereich auch Hinweise auf eventuell erhöhte Anforderungen an Sicherheit und Zuverlässigkeit.
5. Behandlung von Ausnahmen
    Hierhin gehören Angaben über das Verhalten des Systems bei unerwarteten Ereignissen, sowohl in Bezug auf interne Aktionen als auch in Bezug auf Nachrichten nach außen. Solche unerwarteten Ereignisse können eintreten, wenn Hardware oder Peripherie (z.B. Sensoren) ausfallen, aber natürlich gibt es auch von der Software her eine Menge möglicher Fehler, für deren Auftreten Maßnahmen vorbereitet werden können. Hierzu gehören die vielzitierte Division durch Null oder der Versuch, über das Ende einer Datei hinaus zu lesen, die Verletzung von Kapazitätsannahmen (z.B. bezüglich der Rekur-

sionstiefe einer Prozedur), unerwartete interne Daten oder falsche, inkonsistente oder vom Typ her unpassende Eingabedaten. Man wird in der Regel nicht alle möglichen Ausnahmen vorher kennen und behandeln können, sollte aber bemüht sein, möglichst viele Fehlerfälle abzufangen.

6. Realisierbare Teilmengen und Prioritäten bei der Implementation
    Hier geht es darum, Teilprojekte auszuwählen und festzulegen, die sich aus technischen Gründen (etwa bei verspäteter Verfügbarkeit von Hardwarekomponenten) oder aus Kundenwünschen (Vorabversion mit eingeschränkter Funktionalität) eventuell vor der Fertigstellung des Gesamtsystems verfügbar gemacht werden sollten oder könnten. Es geht ferner darum, für einzelne Bestandteile des Systems zu entscheiden, ob sie unabdingbar, wünschenswert oder nicht unbedingt notwendig ("nice if") sind. Solche Prioritäten können dann wichtig sein, wenn im späteren Verlauf Änderungen am System vorgenommen werden müssen.

7. Vorhersehbare Modifikationen/Verbesserungen
    Hier ist zu klären, wie man auf notwendige Änderungen reagiert. Es ist etwa vorstellbar, daß man technische Änderungen planen muß, weil nach Fertigstellung Hardware einzugliedern ist, die während der Erstellungsphase noch nicht verfügbar war; es ist auch möglich, daß in Abständen aufgrund neuer Gesetze und Vorschriften Änderungen vorgenommen werden müssen (z.B. in ärztlichen Abrechnungsprogrammen bei Inkrafttreten neuer oder geänderter Gebührenordnungen). Hat man solche Änderungen vorhergesehen und eingeplant, so bereiten sie in der Regel keine besonderen Probleme.

8. Kriterien für die Akzeptanz
    Hier ist festzulegen, unter welchen Bedingungen das fertige Produkt vom Kunden akzeptiert wird, und wie diese Bedingungen verifiziert werden können. Dazu ist eine Beschreibung der Tests für Funktionalität und Leistung erforderlich, und es müssen die Standards für Code und Dokumentation abgeklärt werden.

9. Index
    Hier werden Schnittstellen zu anderen Dokumenten beschrieben, etwa in Form einer Zuordnung von Abschnitten der Anforderungsspezifikation zu entsprechenden Abschnitten der Systemdefinition. Des weiteren kann auch ein Glossar eingefügt werden, das durch Erläuterung wesentlicher Begriffe aus der Dokumentation die Kommunikation zwischen Hersteller und Kunden erleichtert.

Dies sind im wesentlichen die Punkte, die eine Spezifikation der Anforderungen abzuklären hat. Dabei wünscht man sich natürlich, daß die Spezifikation korrekt, eindeutig, vollständig und konsistent ist. Es sollte möglich sein, die Kundenwünsche in der Spezifikation leicht ausfindig zu machen, und es sollten Änderungen möglich sein.

Wo immer möglich, wird man sich bei der Erstellung der Spezifikation formaler Methoden bedienen, um die Eindeutigkeit und Verifizierbarkeit sicherzustellen.

Solche Beschreibungsformen sind nicht immer möglich und auch nicht immer angemessen. Wo sie aber möglich sind, erleichtern sie die Kommunikation innerhalb eines Produktionsteams und zwischen Hersteller und Kunden erheblich: sie geben eine übersichtliche, unzweideutige Beschreibung der Sachverhalte, sie erlauben eine formale Argumentation und

Ableitung von Eigenschaften, und sie sind die Basis für die Verifizierbarkeit des Produkts, so überhaupt ein Beweis aufgrund mathematischer Beschreibungen in Frage kommt.

Man unterscheidet bei diesen formalen Methoden zwei mögliche Zugänge: der *relationale* Zugang beschreibt das Verhalten der einzelnen benannten Objekte (*entities*) zueinander mit Hilfe von Funktionen, Attributen und Relationen; dies schließt die Dynamik der Prozesse – Transformationen, Operationen auf den Objekten, Datenfluß – ein. Beschreibungsformen sind etwa algebraische Axiome oder reguläre Ausdrücke.

Beim *zustandsorientierten* Zugang wird versucht, das System zu jedem Zeitpunkt als in einem gewissen Zustand befindlich zu beschreiben; dieser geht durch externe Eingaben in einen neuen Zustand über, wobei ähnlich wie bei Markoff-Ketten der neue Zustand nur vom vorherigen Zustand und nicht von der gesamten Vergangenheit abhängt. Zur Beschreibung benutzt man zum Beispiel Entscheidungstabellen oder Petri-Netze.

VI.1.1.2 Projektplanung

Neben der technischen Beschreibung des zu erstellenden Produkts sind auch Fragen des Projektmanagements in der Analyse-Phase abzuklären. Die Realisierung des Produkts von der Analyse bis hin zu Implementierung, Test und Wartung muß geplant, d.h. der Software life cycle muß festgelegt werden. Die einzelnen Schritte im Entwicklungsprozeß werden zeitlich gegeneinander abgegrenzt. Dies ermöglicht ein effizientes Projektmanagement, weil eine ständige Kontrolle des Arbeitsfortschritts, der Kosten und der Produktqualität möglich ist. Dazu werden für die einzelnen Phase *Milestones* als Arbeitsziele definiert, die später in diversen phasenbezogenen *Reviews* überprüft werden.

Es sind auch organisatorische Aspekte zu berücksichtigen, die den Einsatz des vorhandenen Personals in funktionaler und hierarchischer Hinsicht regeln. Es kann bei kleineren Projekten die gesamte Realisierung einem Team übertragen werden, es kann in anderen Unternehmen ein Projekt in seinen Phasen durch verschiedene Abteilungen des Unternehmens wandern. Es kann demokratisch organisierte Gruppenarbeit geben, und es sind streng hierarchisch gegliederte Arbeitsgruppen denkbar. Dies wird abhängen von der Größe und Struktur des beauftragten Unternehmens und von der Größe des zu realisierenden Projekts.

Zur Planung gehört es schließlich, Überlegungen über die Kosten anzustellen. Hier sind viele unterschiedliche Faktoren zu berücksichtigen (Qualifikation des Personals, Projektgröße, Schwierigkeitsgrad, vorhandene Hardware und anderes mehr). Gute Kostenabschätzungen erweisen sich gemeinhin als äußerst schwierig. Es gibt aber inzwischen Ansätze, hierbei algorithmisch vorzugehen. Der Leser findet in dem Buch von Boehm einen umfassenden Überblick über solche Ansätze und über andere ökonomische Aspekte des Software Engineering.

VI.1.2 Entwurfsphase

In der Entwurfsphase sollen einzelne Software-Komponenten identifiziert werden mit dem Ziel, eine logische Modularisierung des Problems zu erreichen. Die Struktur der Software und ihr innerer Zusammenhang soll entworfen und dokumentiert werden. Dies kann in zwei

Stufen geschehen. In der ersten wird DV-unabhängig die Architektur entworfen, d.h. es erfolgt eine erste Strukturierung des Problems in Komponenten und eine weitere Zergliederung der Komponenten in einzelne Module unter genauer Beschreibung ihres Zusammenwirkens. Gleichzeitig erfolgen Überlegungen zur Realisierung: der Entwurf von Datenstrukturen (im Sinne von abstrakten Datentypen, also unabhängig von einer konkreten Realisierung) und der Algorithmen, die auf ihnen arbeiten sollen, ist zu erörtern.

In einer zweiten Phase wird dies "hin zur Maschine" konkretisiert: wie kann der Code realisiert werden? Hier fallen Entscheidungen über die Art der Algorithmen (Beispiel: Auswahl eines Sortieralgorithmus für ein konkretes Sortierproblem), über die genaue Darstellung der Datenstrukturen, über Einsatz und Modifikation von schon vorhandenem Code, und es erfolgt die detaillierte Beschreibung der Schnittstellen und Parameter der einzelnen Module. Trotz dieses schon großen Detaillierungsgrades können diese Überlegungen noch immer unabhängig von einer bestimmten Programmiersprache erfolgen.

VI.1.3 Implementation

Die Entscheidung für eine Sprache ist aber spätestens dann zu treffen, wenn es an die Implementierung der entworfenen Module geht. In diese Entscheidung werden sicherlich viele Faktoren eingehen; Fragen der Verwendbarkeit von vorhandenen Programmbibliotheken oder der Verfügbarkeit von Programmgeneratoren für die eine oder andere Sprache spielen hier eine große Rolle.
In der Implementationsphase wird man dann manuell oder eben mit Hilfe von Programmgeneratoren den Quell-Code entwickeln, testen, syntaktische Fehler entfernen und die einzelnen Programmeinheiten auf funktionale Korrektheit überprüfen.
Danach sind die einzelnen Komponenten zusammenzufügen; umfangreiche Tests geben Aufschluß darüber, ob die Systembestandteile in sich geschlossen arbeiten und sich fehlerfrei zu einem Ganzen zusammenfügen. Fehler im Zusammenspiel, etwa solche, die aus einer mangelhaften Definition von Schnittstellen resultieren, werden beseitigt.

VI.1.4 Installation

Mit der Installation des Programmsystems wird die Herstellung abgeschlossen. Hier sind Integrations- und Akzeptanztests auszuführen. Erstere geben etwa Aufschluß darüber, ob sich ein System in seiner Gesamtheit in ein bereits vorhandenes System problemlos einfügen läßt; letztere geben Aufschluß darüber, ob das System die in der Problem-Definition gestellten Anforderungen erfüllt.

Das Testen auf Korrektheit, auf Integrität und Akzeptanz ist von fundamentaler Bedeutung; Methoden dazu sind Gegenstand einer eigenständigen Disziplin im Software Engineering. Wir nennen hier Versuche, über symbolische Ausführung von Programmen zu Aussagen über die Korrektheit zu kommen, etwa aus Konstrukten des Programms formale Beschreibungen des Ablaufs zu generieren und zu bewerten – solche Versuche sind naturgemäß stark beschränkt. Gängiger sind Pfadtests, bei denen der Programmablauf durch gerichtete Graphen beschrieben wird, deren einzelne Pfade dann durchlaufen und geprüft werden. Auf diese Weise kann man etwa nicht initialisierte Variable o.ä. erkennen. Auch gibt es

Ansätze, Methoden der Datenflußanalyse aus dem Compilerbau auf Testmethoden zu übertragen. Das Buch "Softwaretechnologie" von F. Stetter gibt einen ausführlichen Überblick über das Gebiet.

VI.1.5 Wartung

Der Begriff der Wartung umfaßt all die Aktivitäten, die der Produktfreigabe folgen und die notwendig sind, um das Produkt zu erhalten, zu erweitern, an veränderte Bedingungen anzupassen, und nachträglich auftretende Fehler zu korrigieren.

Die Wartungsphase ist von der Dauer und von den Kosten her die umfassendste Phase im Lebenszyklus der Software. Hier treten die Fehler zutage, die in den vorangegangenen Phasen begangen wurden, und dies kann im schlimmsten Fall dazu führen, daß Elemente vorangegangener Phasen (Analyse, Entwurf, Implementation) erneut angegangen, ergänzt, oder geändert werden müssen. Es ist daher wichtig, schon während der früheren Phasen Aktivitäten zu entwickeln, die die Wartbarkeit des Produkts erleichtern und unterstützen.

Für die Wartungsphase selbst ist es dann wesentlich, daß Änderungen des Produkts die Produktqualität nicht negativ beeinflussen. Dazu sind unter anderen folgende Punkte einzuhalten:

- es muß eine effiziente Versionskontrolle gegeben sein, insbesondere dann, wenn das Produkt in verschiedenen Versionen bei mehreren Kunden zugleich eingesetzt wird. Erfolgte Änderungen müssen wohldokumentiert sein.

- Änderungen des Programmcodes sollten den Stil der Programmierung und der Dokumentation nicht verändern, d.h. einmal vereinbarte Standards sollten stets beibehalten werden.

Das Software Engineering stellt diverse Methoden bereit, um sowohl die eher organisatorischen als auch die technischen Probleme im Zusammenhang mit der Wartung zu unterstützen.

VI.2 Software Prototyping

In diesem Abschnitt werden wir den Begriff des Prototypen und des Prototyping einführen und zeigen, wie man einige der Nachteile des beschriebenen klassischen life cycles auffangen kann. Dies führt zu einer ausführlicheren Diskussion des Prototyping als Ergänzung anderer Methoden. Hier erörtern wir verschiedene Zugänge zum Prototyping, zeigen, welche Werkzeuge das Prototyping unterstützen, und beschäftigen uns mit einigen typischen Anwendungsfeldern für diese Methode. Schließlich stellen wir Prototyping in den Kontext anderer aktueller Probleme des Software Engineering. Im Abschnitt VI.3 wird dann auf SETL als Sprache zum Prototyping eingegangen.

VI.2.1 Nachteile des Wasserfall-Modells

Das im Abschnitt VI.1 vorgestellte Wasserfall-Modell ist idealisiert und hat für die Praxis den gravierenden Nachteil, daß es nur einen kleinen Ausschnitt aus der Realität zu erfassen gestattet. Es greift lediglich dann, wenn zu Beginn eines Vorhabens alle Spezifikationen feststehen und erlaubt dann keine nachträglichen Änderungen in den Spezifikationen. McCracken und

Jackson vergleichen diesen klassischen Zugang mit der Situation, daß man beim Einkaufen seine Einkaufsliste am Eingang des Kaufhauses abgibt und später die Ware in Empfang nimmt, ohne die Möglichkeit zu haben, sich beim Einkauf beraten zu lassen. Sie weisen darauf hin, daß diese Art einzukaufen in gewissen Situationen sinnvoll ist und praktiziert wird (Versandhandel), daß sie jedoch durch andere Arten des Einkaufs ergänzt werden muß.

Das Wasserfall-Modell schließt alle Möglichkeiten, experimentell oder evolutionär vorzugehen, von vorneherein aus. Evolutionäres Vorgehen ist jedoch dann geboten, wenn der Stand der Entwicklung rasche Änderungen nötig macht, experimentelles Vorgehen dann, wenn verschiedene Möglichkeiten auf ihre Machbarkeit oder Vor- und Nachteile hin *empirisch* untersucht werden müssen, weil eine *analytische* Untersuchung zeitlich oder konzeptionell nicht möglich ist. Ein Beispiel für evolutionäres Vorgehen findet sich dann, wenn die Definition einer Programmiersprache mit ihrer Implementation zeitlich eng verzahnt ist – jede Änderung in der Sprachdefinition zieht unmittelbar Änderungen im Compiler nach sich. Diese Art des Vorgehens ist mit dem klassischen Entwurfsmodell nicht möglich.

Das life cycle Modell in seinen reinen Formen erfordert die vollständige Trennung von Spezifikation und Implementation: erst dann kann (und darf) implementiert werden, wenn die Spezifikation vollständig vorliegt. Wir haben gerade gesehen, daß experimentelles oder exploratives Vorgehen damit nicht möglich ist. Swartout und Balzer weisen darauf hin, daß auch bei konventionellen Problemstellungen, die selbst im weitesten Sinne nicht als experimentell betrachtet werden können, Spezifikation und Implementation unweigerlich miteinander verschlungen sein können. Sie führen als ein Beispiel die Spezifikation einer Paketverteilungsanlage an, bei der sich bei näherer Analyse zeigt, wie sich verdeckte Implementationsentscheidungen in die Spezifikation einschleichen und ihre Modifikation erzwingen können.

Neben diese statische Eigenschaft des Wasserfall-Modells tritt der Effekt, daß ablauffähiger Code erst sehr spät im Verlauf der Programm-Entwicklung in Erscheinung tritt. So kann in der Praxis der Effekt eintreten, daß zwischen der Spezifikation eines Programms und der Demonstration ablauffähigen Codes ein Jahr oder mehr liegt. Inzwischen haben sich möglicherweise die Grundgegebenheiten, die zur Spezifikation geführt haben, geändert, oder es stellt sich heraus, daß die – möglicherweise zu abstrakt formulierte – Spezifikation das Problem nicht vollständig traf. Auf jeden Fall kann sich durch die beträchtliche Zeitspanne zwischen der Formulierung der Spezifikation und der Lieferung einer ablauffähigen Version das Problem ergeben, daß das Programm das Problem, für das es gedacht war, nicht löst. Blum beschreibt diesen Zustand pointiert, indem er ihn damit vergleicht, Nachrichten an einen fremden Stern zu schicken: wenn die Antworten ankommen, sind die Fragen vergessen.

Eine weitere Facette ist administrativer Art: erst wenn ein ablauffähiges Programm vorliegt, kann mit dem Training des Personals begonnen werden, und erst dann kann die Notwendigkeit zu strukturellen und organisatorischen Änderungen im administrativen Bereich voll sichtbar werden. Die Effektivität solcher Maßnahmen wird durch die obige Zeitspanne sicher nicht gesteigert.

Es ist mithin wünschenswert, das Wasserfall-Modell durch einen Zugang ergänzen zu können, der die genannten Nachteile auffängt.

VI.2.2 Prototyping als Zugang

Prototyping ist in den Ingenieurwissenschaften ein üblicher und etablierter Prozeß, der darauf beruht, daß zunächst ein Modell gebaut wird, das die wesentlichen Eigenschaften des herzustellenden Produkts hat. Dieses Modell dient dann dazu, Eigenschaften des Produkts zu überprüfen und auf diese Weise Aufschlüsse über die weitere Entwicklung zu bekommen. Sucht man in Lexika, so findet man in

- Encyclopaedia Britanica: nichts
- dtv-Brockhaus Lexikon von 1984: "Prototyp [grch.] der, Urbild, Muster, Inbegriff; erste betriebsfähige Ausfertigung, z.B. eines Autos oder eines Flugzeugs, der die Nullserie folgt"
- The Random House Dictionary von 1980: "the original or model on which something is patterned"

Diese Ausführungen stellen den modellhaften Charakter eines Prototyps in den Vordergrund. Agresti weist jedoch durch den folgenden Dialog darauf hin, daß der Sprachgebrauch von "Prototyp" auch Vorläufigkeit im Sinne von Flüchtigkeit oder Skizzenhaftigkeit einschließen kann: "Meine Güte, dieses Programm ist wirklich lausig." – "Ach, Sie wußten nicht, daß es sich hier nur um einen Prototypen handelt?" Die Begriffsverwirrung in der Literatur ist beträchtlich. Wir halten uns an die von Ch. Floyd gegebene Begriffsbestimmung, nach der sich Prototyping auf die wohldefinierte Phase im Produktionsprozeß von Software bezieht, in der ein Modell angefertigt wird, das alle wesentlichen Eigenschaften des endgültigen Produkts hat, und das dazu herangezogen wird, Eigenschaften zu überprüfen, und den weiteren Entwicklungsprozeß zu bestimmen. Insbesondere ist hier festzuhalten, daß wir nicht nur am Prototypen selbst interessiert sind (wie in anderen Ingenieurwissenschaften), sondern auch daran, wie er zustande kommt. Da es sich hier um den Entwicklungsprozeß von Software handelt, geht es uns also um Methoden, die eine frühe praktische Demonstration wichtiger Teile des herzustellenden Programms auf dem Computer ermöglichen.

Festzuhalten ist zunächst, daß es sich bei einem Prototypen um ein Modell handelt, und daß dieses Modell als Programm ablauffähig sein muß, also zumindest einen Teil der Funktionalität des gewünschten Endprodukts auf einem Computer darzustellen gestatten muß. Damit unterscheiden sich Software-Prototypen als Modelle von anderen Modellen der Ingenieurwissenschaften: das Sperrholz-Modell einer Brücke ist ein Modell, aber keins, das die Funktionalität des Endprodukts zu demonstrieren gestattet. Das von Lipp diskutierte Beispiel des Houston Astrodromes demonstriert einen weiteren Unterschied. Das Houston Astrodrome ist ein vollständig überdachtes Stadion für Baseball und Football, das in sechs Etagen 66000 Zuschauer faßt, 63 m hoch ist und eine Längsachse von 196 m hat. Bevor es 1965 erbaut wurde, wurden zahlreiche Modelle konstruiert, um den innovativen Entwurf hinreichend abzusichern. Ein derartig großer umbauter Raum entwickelt jedoch sein eigenes Klima, und so kam gelegentlich der Effekt zustande, daß es zwar in Houston klar und sonnig war, es aber innerhalb des Astrodromes regnete! Das verdeutlicht, daß Prototypen in den konstruktiven Ingenieurwissenschaften in ihren Dimensionen notwendig beschränkt sind, und sich aus dieser Beschränkung notwendig auch eine beschränkte Aussagefähigkeit im Hinblick auf die aus dem Prototypen abgeleiteten Erkenntnisse ergibt. Wir werden sehen, daß nicht alle Spielarten des Software-Prototyping diesen Beschränkungen ausgesetzt sind.

Prototyping hat sich als Antwort auf Mängel im Wasserfall-Modell entwickelt, aber es sollte nicht als Alternative zu diesem Modell gesehen werden. Vielmehr erweist es sich als optimal nützlich, wenn es das Wasserfall-Modell ergänzt. Die oben gegebene Begriffsbestimmung von Ch. Floyd läßt es plausibel erscheinen, daß Prototyping in die frühen Phasen des Entwurfs eingebracht werden kann. Dearnley und Mayhew schlagen vor, die analytische erste Phase mit ihren Komponenten

- Planung
- Anforderungsdefinition

um eine Prototyping-Phase zu ergänzen. Diese Phase tritt zweckmäßigerweise zwischen die Planung und die Anforderungsdefinition und wird als Zyklus beschrieben:

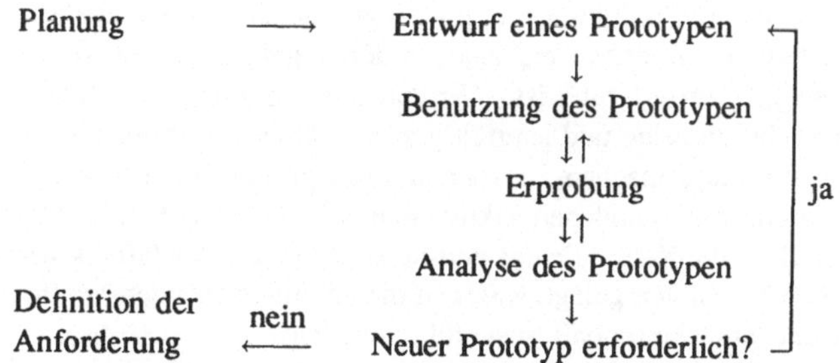

Wir werden sehen, daß ein Prototyp in seiner Wirksamkeit über diese erste Phase im Wasserfall-Modell hinausreichen kann. Dies kann dann der Fall sein, wenn der Prototyp schon so verfeinert werden kann, daß nur wenig fehlt, um in ihm eine Implementation des zu modellierenden Programms zu sehen. Hier greift Prototyping über die Phasen des life cycle hinweg.

Die Floydsche Definition zeigt, daß Prototyping dazu angetan ist, die Nachteile des klassischen Modells zu überwinden. Dies liegt daran, daß ein Prototyp ein Modell ist und als solches einfacher manipuliert werden kann als ein Produktionsprogramm. Insbesondere ist es möglich, explorativ vorzugehen, indem die zu erprobenden Eigenschaften an das Modell gebunden und ausgewertet werden. Ein Modell kann wachsen, so daß auch evolutionäres Vorgehen möglich ist, und schließlich erfordert es die vorläufige Natur eines Prototypen nicht, bereits alle Anforderungen fixiert zu haben. Dies sind allerdings recht allgemeine Aussagen, die erst noch durch die Diskussion einiger Varianten des Prototyping vertieft werden können.

Es sei an dieser Stelle darauf hingewiesen, daß in unserer Sichtweise Prototypen stets ausführbar sein müssen. Dies steht im Gegensatz zum Zugang etwa im Projekt CIP, in dem mit Spezifikationen gearbeitet wird, die auch nicht-effektive Elemente enthalten können, also nicht notwendig ausführbar sind.

VI.2.3 Zugänge zum Prototyping

Wir wollen Prototyping entlang zweier orthogonaler Achsen entwickeln. In einer Achse steht die zu modellierende Funktionalität im Vordergrund, auf der zweiten Achse werden die mit dem Prototypen verfolgten Intentionen genauer beschrieben. Die Funktionalität kann *horizontal* oder *vertikal* ausgeprägt sein, die Intentionen können durch die drei bereits oben erwähnten Kategorien *experimentell, evolutionär* und *throw away* klassifiziert werden.

Prototypen sollen Funktionalitäten modellieren, also liegt jedem Prototyp eine Menge solcher Funktionalitäten zugrunde. Jede einzelne Funktionalität kann dabei algorithmischer oder nicht-algorithmischer Art sein. Algorithmischer Natur sind hierbei Funktionalitäten, die sich durch Algorithmen ausdrücken lassen (Sortieren, Textverarbeitungsfunktionen, Zugriff auf Datenbanken), nicht-algorithmischer Natur sind Funktionalitäten, die anders als durch Algorithmen ausgedrückt werden müssen (etwa Leistungskriterien wie Schnelligkeit oder Platzbedarf, Fehlertoleranz, Benutzerfreundlichkeit).

Ein vertikaler Prototyp realisiert einzelne, ausgesuchte Funktionalitäten in allen Einzelheiten (also so, wie es in einem Produktionsprogramm geschehen würde), alle anderen Funktionalitäten werden lediglich skizzenhaft realisiert, in der Regel nur soweit, wie es für das Funktionieren des Prototypes erforderlich ist. Vertikales Prototyping ist offenbar dann angezeigt, wenn es darum geht, einzelne und sorgfältig ausgewählte Funktionen zu studieren und Aussagen über ihr Verhalten machen zu können. Ein großer Teil der üblicherweise folkloristisch mit Prototyping verbundenen Aktivitäten, nämlich die Konstruktion von Benutzer-Schnittstellen, fällt in die Kategorie des vertikalen Zugangs: Nachdruck wird auf die Schnittstelle mit all ihren Feinheiten gelegt, während die dahinterstehenden Verarbeitungsfunktionen vernachlässigt und nur skizzenhaft ausgeführt werden.

Ein horizontaler Prototyp realisiert alle Funktionalitäten, die auch das Endprodukt realisieren soll. Dies geschieht jedoch nicht in der Form, wie es in der Endversion vorgesehen ist, sondern wieder modellhaft (so daß ein horizontaler Prototyp aus den Prototypen für die einzelnen Funktionalitäten zusammengesetzt sein kann). Diese Art des Prototyping eignet sich dann als Zugang, wenn das zu erstellende Programm als Ganzes zur Disposition steht, wenn also grundsätzliche Fragen zum Entwurf als Ganzem beantwortet werden müssen.

Klassifiziert die Einteilung "horizontal/vertikal" die Art der Realisierung für die diversen Funktionalitäten des Prototypen, so geht es bei der Klassifikation "evolutionär/experimentell/throw away" eher darum, auf welche Weise der Prototyp entsteht und was später mit ihm geschieht.

Das künftige Schicksal eines throw-away-Prototypen ist durch den Namen gekennzeichnet. Hier geht es darum, mögliche Systemfunktionen praktisch zu demonstrieren, wobei die Machbarkeit im Vordergrund steht. Damit hat diese Art des Zugangs eine starke explorative Komponente ("was ist, wenn . . . "). Prototypen, die auf diese Art entstanden sind, eignen sich gut zur Ergänzung der frühen Phasen des Wasserfall-Modells, da sich mit ihnen Anforderungen stabilisieren lassen.

Offensichtlich werden diese Prototypen nicht um ihrer selbst willen formuliert, sondern um Effekte auszulösen und zu studieren. Diese Effekte werden in der Regel mit dem

Abnehmer/Auftraggeber diskutiert und zeigen einen wesentlichen Zug des Prototyping als Entwicklungsprozeß. Während im klassischen Modell der Abnehmer ausschließlich am Anfang und am Ende des Entwicklungsvorgangs steht, wird beim Prototyping der Abnehmer wesentlich weitergehend beteiligt. Im Idealfall löst der Prototyp Lerneffekte beim System-Entwerfer über die Bedürfnisse des Kunden aus, und verdeutlicht auf der anderen Seite beim Kunden die Art und Weise, in der sich Anforderungen realisieren lassen – damit ist der Informatiker besser in der Lage, seinen Kunden zu verstehen, der Kunde sieht genauer die Grenzen und die Möglichkeiten der Realisierung seiner Wünsche. Dieser Dialog ist ein wesentlicher Seiteneffekt des Prototyping; wir kommen weiter unten darauf zurück.

Throw-away-Prototypen werden also in aller Regel unter starker Beteiligung des Abnehmers formuliert, um Anforderungen zu erkunden. Diese Anforderungen können aus Unkenntnis der technischen Möglichkeiten oder noch nicht vorliegender Fixierung von Konzepten unscharf gefaßt sein, und die Möglichkeit, ihre Realisierung durch ein Programm verfolgen zu können, kann dazu führen, die Anforderungen im gemeinsamen Dialog zu finden. Es sollte angemerkt werden, daß die Versuchung, *quick and dirty* zu programmieren, bei diesem Zugang sehr nahe liegt. Daher muß verdeutlicht werden, daß im Interesse eines methodischen Zugangs zur Programmentwicklung der Prototyp zwar nicht weiter benutzt wird, der Weg zu seiner Gewinnung jedoch in die weitere Gestaltung des Programms eingeht. Mithin ist eine auswertende Diskussion des Prototypen und seiner Entwicklung wichtig und muß als gestaltendes Element in die Charakterisierung dieser Art des Prototyping aufgenommen werden.

Liegt der Schwerpunkt beim throw-away-Zugang darauf, explorativ vorzugehen und Anforderungen sowie erwünschte Eigenschaften zu klären und alternative Lösungsversuche zu diskutieren, so liegt beim experimentellen Prototyping das Schwergewicht darauf, eine bereits gefundene Lösung im Hinblick auf ihre Angemessenheit zu untersuchen. Mit Ch. Floyd sehen wir hier Varianten in der Funktion, die ein Prototyp erfüllen kann: er kann die Spezifikation ergänzen, Teile der Spezifikation verfeinern (hierin dem vertikalen Zugang nicht unähnlich) oder sogar einen Zwischenschritt von der Spezifikation zur Implementation bedeuten. Frau Floyd weist darauf hin, daß es sich hier um verschiedene Ausprägungen handeln kann:

1. Volle funktionale Simulation – der Prototyp hat alle Eigenschaften, die dem Benutzer normalerweise zur Verfügung stehen. Im Vergleich zum Endprodukt ist der Prototyp jedoch nicht effizient genug und möglicherweise auch unvollständig im Hinblick auf Fehlerbehandlung oder die Behandlung von Anomalien.
2. Simulation der Benutzer-Schnittstelle – nur diese Schnittstelle wird in ihrer endgültigen Form realisiert, der Rest des Systems besteht lediglich aus Teilen, die diese Schnittstelle bedienen (*mock-up*).
3. Struktureller Entwurf – hier geht es bei abgemagerter Funktionalität darum, die System-architektur in ihrer skelettalen Form darzustellen. Das System sollte einige Funktionen des Endprodukts darzustellen in der Lage sein, so daß dem Benutzer die Möglichkeit gegeben ist, mit Analogieschlüssen die Funktionsweise des fertigen Systems einschätzen zu können. In dieser Form kann ein Prototyp in eine bereits vorhandene Umgebung eingepaßt werden und Aufschluß darüber geben, wie sich das endgültige Produkt einfügen wird.

4. Emulation – Konstruktion einer Basis-Maschine, die einige wenige Funktionen und Mechanismen zu ihrer Komposition realisiert (analog zum bottom-up-Zugang beim Programmieren). Damit wird verschiedenen Benutzern die Gelegenheit gegeben, mit dem gleichen Vorrat an Funktionen ihre Anwendungen zu realisieren.

5. Partielle funktionale Simulation – realisiert im wesentlichen lediglich einen Algorithmus, um sein Verhalten näher zu untersuchen, etwa im Hinblick auf seine Effizienz oder seinen Speicherbedarf.

Allen Techniken ist gemeinsam, daß sie experimentellen Charakter haben. Dies wird besonders bei der Emulation deutlich: dem Benutzer (oder vielmehr: den beteiligten Gruppen von Benutzern) wird ein Repertoire von Funktionen als Baukasten vorgegeben, mit dem gearbeitet werden kann. Experimentelles Vorgehen kann im Sinne des vorigen Abschnitts horizontal oder vertikal verlaufen, und der spezifische Einsatz hängt auch hier von der zu bearbeitenden Problemstellung ab.

Evolutionäre Prototypen wachsen in verschiedenen Versionen, bis sie stabil geworden sind. Sie lassen sich in zwei Klassen unterteilen: in die inkrementellen und die evolvierenden. Bei beiden ist die Art des Vorgehens zyklisch. Bei inkrementellen Prototypen startet man mit einer ersten unvollständigen Lösung und weitet diese Lösung schrittweise zu einer vollen Lösung aus, bei evolvierenden Lösungen findet im wesentlichen ein Zyklus aus Entwurf, Implementation, Auswertung statt, der solange durchlaufen wird, bis die Lösung den Anforderungen genügt. Diese Art des Prototyping ist dann angebracht, wenn Umgebungseffekte mit in Betracht gezogen werden müssen: ein Prototyp wird in die Arbeitsumgebung des Endprodukts gebracht, ändert diese Umgebung möglicherweise und erzwingt damit möglicherweise auch Änderungen in seinen Spezifikationen oder Anforderungen. Dies erfordert Änderungen am Prototypen, der wieder in die Arbeitsumgebung gebracht und ausgewertet wird, etc. Dieser Prozeß wird wiederholt, bis er sich stabilisiert.

Allen Zugängen ist wesentlich und gemeinsam, daß sie nur unter wesentlicher Beteiligung des Benutzers arbeiten können. Es kommt hier beim Prototyping (als Prozeß betrachtet) darauf an, den Konsensus des Entwicklers mit dem Benutzer zu suchen. Dem Benutzer (oder Abnehmer) wird so die Gelegenheit gegeben, auf die Gestaltung des Endprodukts wesentlich Einfluß zu nehmen – dies steht im krassen Gegensatz zur Ferne zwischen Benutzer und Entwicklungsprozeß im Wasserfall-Modell. Dem Entwickler werden wesentliche Einblicke in die Problemsphäre des Benutzers gegeben, die die Entfremdung des Entwicklers von seinem Produkt mildern können und so eine problemgerechtere Lösung zu finden gestatten. In diesem Sinn können die Lerneffekte beim Prototyping vor allem durch Rückkopplung zustande kommen.

Die frühe Verfügbarkeit eines Programms hat aber auch Lerneffekte anderer Art zur Folge:

a) Lernen am Prototyp: das Programm kann in die Benutzerumgebung integriert werden und so dazu dienen, den eigentlichen Benutzern die Funktionalität des Produkts nahezubringen. Dies kann dann dazu dienen, die Benutzung einzuüben und auch organisatorische Effekte, die sich durch das neue Produkt ergeben, vorwegzunehmen oder abzufangen (solche Effekte sind in der Regel nicht durch theoretische Analysen im Einzelnen vorhersehbar). Personal kann trainiert werden.

b) Demonstration des Prototyps: der Prototyp kann dazu dienen, die Funktionalität des Produkts zu demonstrieren – was als Grundlage für weitere Planungen dienen kann.

c) Der Prototyp als Stellvertreter: die Akzeptanz des Endprodukts kann durch Zuhilfenahme des Prototyps und die Einbeziehung der Benutzer in seine Konstruktion gesteigert werden; umgekehrt kann abgeschätzt werden, ob ein Programm akzeptiert werden wird, indem ein Prototyp vorgeschickt wird.

d) Lernen mit Prototypen: in Ausbildungssituationen wie z.B. Universitätskursen kommt es in der Regel darauf an, Prinzipien zu demonstrieren. Im Bereich der Software kann dies u.a. dadurch geschehen, daß Prototypen als Demonstrationsobjekte herangezogen werden. Ein typisches Beispiel sind Parsergeneratoren: obgleich ihre Konstruktion interessant sein könnte, nachdem Studenten SLR(1)-Grammatiken (oder besser noch LALR(1)-Grammatiken) kennengelernt haben, ist der Aufwand, einen Parsergenerator für eine solche Grammatik zu schreiben, unvertretbar hoch – es sei denn, man ist in der Lage, Prototyping als Konstruktionsmethode heranzuziehen und den Prototypen eines solchen Generators zu konstruieren.

Einige der gerade herausgearbeiteten positiven und hilfreichen Eigenschaften des Prototyping haben auch ihre Kehrseite:

1. Der Benutzer/Auftraggeber lernt mit dem für den Entwurf Verantwortlichen – liegt es da nicht nahe, daß der Designer den Benutzer manipulieren kann?

2. Ein Prototyp ist ein Modell des Endprodukts, und die Argumentation richtet sich leicht am Modell aus, das in der Regel in der Laborsituation eines Programmier-Teams und nicht in der realen Situation des späteren Einsatzes arbeitet. Kann hierdurch nicht leicht eine Fehlorientierung am Modell (statt der Orientierung an der Realität) stattfinden?

3. Kann nicht zu leicht Konsens zwischen Benutzer und Entwickler erzielt werden, so daß Anforderungen übersehen werden?

4. Ist es nicht zuviel verlangt, daß Entwickler möglicherweise Teile eigenen Code wegwerfen müssen, nachdem sie mit Laien darüber diskutiert haben?

5. Ist Prototyping nicht sehr teuer?

Auf die ersten vier Fragen läßt sich – wie wir weiter unten sehen werden – keine allgemeine Antwort geben, die letzte Frage läßt sich experimentell beantworten. Freilich kann es sich hier auch nur um kleinere Experimente handeln, denn größere Experimente würden größere Kosten erfordern – muß doch ein Experiment im Prototyping stets durch eine Kontrollentwicklung mit konventionellen Methoden begleitet werden. In einem Experiment, über das Boehm, Gray und Seewaldt berichten, wurden sieben Teams von Studenten mit dem gleichen Problem konfrontiert; vier Gruppen benutzten den konventionellen Zugang, drei Gruppen arbeiteten mit den Methoden des Software-Prototyping. In der Auswertung stellten die Autoren fest, daß die Programme der letzten drei Teams etwa dieselbe Leistung wie die anderen hatten, daß der Code aber etwa 40% kleiner und mit 45% weniger Aufwand produziert wurde. Es stellte sich hierbei auch heraus, daß die durch Prototyping gewonnenen Versionen zwar geringfügig im Hinblick auf Funktionalität und Robustheit den konventionellen Programmen unterlegen waren, daß sie dafür aber leichter zu benutzen und leichter zu lernen waren. Analog berichtet McNurlin über Kosten bei der Anwendung von Prototyping, und diese

Ergebnisse zeigen, daß die Einsparungen beim Prototyping höchst indirekt sein können. In einer Umfrage unter Rechenzentren großer amerikanischer Firmen ergab sich, daß Prototypen etwa 10%–20% der Entwicklungszeit der Endprodukte kosten, und daß die Verwendung dieser Methode nicht dazu beitrug, die Analyse-Phase zur Erfassung der Anforderungen eines Benutzers oder Abnehmers abzukürzen. Auf der anderen Seite wurde ihr darüber berichtet, daß die anderen Phasen des life cycle kürzer geworden sind, und daß die Wartung beträchtlich einfacher geworden ist. In einem Fall wurde ihr von einem komplexen Produkt berichtet, daß von nur einem Programmierer gewartet zu werden brauchte, u.a. weil zur Entwicklung des Produkts Prototyping als Methode herangezogen wurde. Hekmatpour und Ince schätzen, daß eine Reduktion der Wartungskosten um bis zu 50% eintritt, sofern die Wartung durch geeignete Werkzeuge wie ein Konfigurations-Management-System unterstützt wird.

Das Verhältnis des Prototypen zum Endprodukt hängt von der Art ab, in der der Prototyp entstanden ist. Throw-away Prototypen haben offensichtlich wenig Aussicht, in ein produktionsfähiges Programm umgewandelt zu werden, während auf der anderen Seite inkrementelle oder evolvierende Prototypen gute Chancen haben, am Endpunkt ihrer Entwicklung das Endprodukt zu sein. In der Mitte dieses Spektrums stehen experimentelle Prototypen – sie lassen sich desto leichter in Endprodukte überführen, je funktional vollständiger sie sind. Wir werden in VI.3 auf diesen Punkt im Kontext von SETL zu sprechen kommen.

Die Vorteile des Prototyping lassen sich unter verschiedenen Blickwinkeln beurteilen. Für den Benutzer[4] ergeben sich die folgenden positiven Aspekte:

- er kann seine Anforderungen während des Erstellungsprozesses modifizieren und muß nicht von Beginn an in der Lage sein, fixierte Anforderungen, die ja möglicherweise noch nicht vollständig überblickt werden können, zu präzisieren.
- er lernt während des Prototyping (über das System, über komplexe Implikationen von System-Eigenschaften).
- er kann System-Eigenschaften mitbestimmen und hat so Gelegenheit, die Benutzeroberfläche, die Freundlichkeit des Systems für den Benutzer, und die einfache Wartbarkeit des Systems zu beeinflussen.
- er kann einfacher mit dem Entwickler kommunizieren und Wünsche treffender formulieren.

Aus der Sicht des Entwicklers ergeben sich zum Teil dieselben Vorteile, lediglich mit etwas anderem Akzent:

- die Kommunikation mit dem Benutzer ist einfacher und kann technisch wie inhaltlich treffender und genauer gestaltet werden.
- er lernt die spezifischen Gegebenheiten des Anwendungsbereichs über die engen Gegebenheiten des Systems hinaus kennen, und ist so in der Lage, spezifischer und damit effektiver auf die Anforderungen zu reagieren.
- die Kosten des Entwicklungsprozesses in seiner Gesamtheit können sinken.

---

[4]   "er" ist hier ein generischer Term und bezieht sich auf weiblich und männlich gleichermaßen

Das fertige System soll in einer spezifischen Umgebung eingesetzt werden, und auch hier liegen einige Vorteile auf der Hand:

- durch den Einsatz eines Prototypen kann das Bedienungspersonal bereits mit Eigenschaften des Systems vertraut gemacht werden – wie vollständig diese Einführung von System-Eigenschaften ist, hängt vom Grad der Kongruenz zwischen System und Prototyp ab.
- der Einsatz eines Prototypen erlaubt das Studium von Folgeeffekten beim Einführen eines Systems in eine Organisation, woraus sich wieder Rückkopplungseffekte auf die Funktionalität des Prototypen und damit des fertigen Systems ergeben können.

Doch diese Vorteile können sich in Nachteile verkehren. Abgesehen von der Manipulierbarkeit des Benutzers, die sich hier wie in jeder dem Lernen offenen Situation ergibt und oben diskutiert wurde, besteht für den Benutzer die Gefahr, daß die Laborsituation, in der Prototyping in der Regel vor sich geht, zu unangemessenen Schlüssen bei der Auswertung des Prototypen Anlaß geben könnte, so daß sich in der realen Situation, in der der Prototyp eingesetzt wird, Inkongruenzen ergeben können. Sol weist darauf hin, daß Modelle – und um solche handelt es sich ja bei den Prototypen – stets eine Vereinfachung der Wirklichkeit sind, und daß die Gefahr besteht, den Überblick über die Realität zu verlieren (was er als "tunnel vision" bezeichnet). Dadurch kann es zu falschen Schlußfolgerungen kommen.

Der Entwickler steht beim Prototyping gelegentlich vor der Situation, sich von selbst entworfenem Code trennen zu müssen; dies kann gelegentlich zu Problemen führen. Zusätzlich kann sich die Schwierigkeit ergeben, daß sich die Anforderungen in einem Prototypen zu schnell stabilisieren, so daß wesentliche Eigenschaften in Gefahr sind, nicht angemessen erfaßt zu werden. Für das Management oder die Projekt-Planung ergibt sich das Problem, daß Prototyping nicht mit der gleichen Genauigkeit erfaßt werden kann, mit der dies bei der "reinen" Verwendung des Wasserfall-Modells der Fall ist: Lernen ist nicht in dem Maße planbar wie administrative Prozesse.[5] Insbesondere können sich Schwierigkeiten bei der Planung der Ressourcen ergeben, und der Fortschritt des Vorhabens ist nicht überprüfbar.

In jedem Fall muß sorgfältig geprüft werden, ob sich die Vorteile des Prototyping wirklich lohnen; gelegentlich müssen Benutzer im Zusammenhang mit diesen Überlegungen davon überzeugt werden, daß dieser neuartige Zugang für ihr Problem auch angemessen ist.

Es sollte auch einsichtig sein, daß sich nicht alle Gebiete gleichermaßen dazu eignen, die Lösung ihrer Probleme mit Prototypen zu modellieren. Ein Gebiet, das geradezu als das Muster aller Anwendungen gilt, ist der Bereich der Benutzer-Schnittstellen. Hier läßt sich in der Regel vorzüglich mit dem Instrumentarium des Prototyping arbeiten, und gelegentlich wird – pars pro toto – Prototyping als Synonym für das Erstellen solcher Schnittstellen genommen. Am anderen Ende der Skala finden wir

- numerische Probleme
- Real-Zeit Software
- eingebettete Systeme

---

[5]   Diese Einsicht ist trivial. Gleichwohl schrecken Kultus- und Wissenschaftsverwaltungen nicht davor zurück, ihr beständig zuwiderzuhandeln.

die alle nicht mit diesem Zugang behandelt werden können, weil hier entweder Modellbildung nicht hilft (Numerik, eingebettete Systeme) oder weil die gegenwärtig zur Verfügung stehenden Methoden nicht ausreichen (Real-Zeit; siehe aber die Überlegungen von Gabriel et al.).

VI.2.4 Sprachen und Werkzeuge zur Unterstützung des Prototyping

Prototyping ist ein methodischer Zugang und als solcher nicht an Sprachen oder Werkzeuge gebunden – ähnlich wie strukturiertes Programmieren als methodischer Zugang unabhängig von der Verwendung einer Sprache ist. Gleichwohl sind einige Sprachen mehr, andere weniger dazu geeignet, in ihnen Prototypen zu formulieren. Da Prototypen modellhafte Eigenschaften zeigen und da Modelle schnell zu ändern sein sollten, empfehlen sich Sprachen, die mächtige Operatoren zur Verfügung haben. Gelegentlich ist es darüberhinaus empfehlenswert, interaktiv arbeiten zu können.

Eine interaktive Sprache mit mächtigen Operatoren ist APL; Gomaa und Scott berichten über ein Prototyping-Vorhaben mit APL, das dazu diente, ein Informationssystem für die Herstellung von Halbleitern herzustellen, und Prototyping wurde im wesentlichen dazu herangezogen, die Benutzer-Schnittstelle darzustellen. APL wurde als Sprache benutzt, weil in das System einige Werkzeuge integriert waren, die den Programm-Entwicklungsprozeß beschleunigten und unterstützten. Gomaa und Scott fanden hier das einfach zu benutzende Datei-System und Hilfsmittel zur Generierung von Berichten besonders wertvoll und hilfreich. Als nachteilig wurde die Möglichkeit empfunden, unverständlichen und der Wartung kaum zugänglichen Code in APL zu schreiben.

LISP ist eine andere Sprache, die gelegentlich zum Prototyping verwendet wird, wobei mitunter die mit einigen Implementationen von LISP verbundene Programmierumgebung eine wichtige Rolle spielt; hier wird besonders InterLISP hervorgehoben. Heitmeyer, Landwehr und Cornwell berichten über die Verwendung von LISP in einen Vorhaben, bei dem es um die Konstruktion eines Prototyps für ein sicheres militärisches System zur Übertragung von Botschaften ging. Wesentlicher Inhalt war eine Machbarkeits-Studie, in unserer Terminologie also eine partielle funktionale Simulation (als Spezialfall experimentellen Prototypings). Als Implementationssprache wurde Franz Lisp benutzt, der unter UNIX 4.2 bsd verbreitete Dialekt. Die Erfahrungen mit LISP werden von den Autoren wie folgt zusammengefaßt:

a) positive Aspekte: die Sprache hat ihre eigene Speicherverwaltung, um die sich der Programmierer nicht zu kümmern braucht. Weil die Sprache schwach getypt ist, befreit sie den Programmierer von der Sorge um Deklarationen. Ihre ausgedehnten Möglichkeiten, Makros zu definieren, erlauben leichte Erweiterbarkeit. Schließlich sind ausgedehnte Möglichkeiten zur interaktiven Fehlersuche vorhanden, und Fehler werden mit Hilfe der Sprache, nicht mittels der Implementation, auf niedrigem Niveau erklärt.

b) negative Aspekte: Ein- und Ausgabe waren in dem Vorhaben wichtig, und hier ist LISP recht eigenwillig, so daß eigene Routinen dafür geschrieben werden mußten. Franz Lisp ist nicht gut in die UNIX-Umgebung integriert, so daß deren Werkzeuge nur unter Schwierigkeiten benutzbar waren. Die eigenwillige Syntax von LISP brachte Probleme beim Lesen, Verstehen und Ändern von Programmen mit sich. Schließlich hat die

Deklarationsfreiheit den Nachteil, daß Typfehler mitunter nicht als solche erkannt werden konnten.

Der genannte Nachteil der mangelnden Integration in die Umgebung fällt bei dedizierten LISP-Systemen nicht ins Gewicht. Insgesamt erscheint die Flexibilität von LISP als attraktive Eigenschaft für die Verwendung zum Prototyping zu sein. Hekmatpour und Ince schreiben dem LISP-Programmierer volle Kontrolle über die Benutzer-Schnittstelle zu und folgern daraus die gute Eignung für das Prototyping von Benutzer-Schnittstellen. Dies steht im gewissen Gegensatz zu den Schlußfolgerungen von Heitmeyer et al. und kann zumindest für die Dialekte Franz Lisp und Standard LISP nicht bestätigt werden.

Als Sprache zum Prototyping wird recht häufig PROLOG genannt. Leibrand und Schnupp beschreiben PROLOG im wesentlichen als sehr flexible Abfragesprache über einer relationalen Datenbank, die nicht nur Tatsachen, sondern auch Schlußregeln zur Ableitung neuer Tatsachen aus bereits bekannten enthält. Die Brauchbarkeit der Sprache für Zwecke des Prototyping beruht jedoch nicht auf diesen Mechanismen einer Abfragesprache, sondern auf der Abstraktion vom Kontroll- und vom Datenfluß. Der Kontrollfluß in PROLOG-Programmen wird bestimmt von der Reihenfolge der Klauseln, dem Cut, der das Verhalten beim Backtracking steuert und einen Teil der bereits durchgeführten Instantiierungen einfriert, und der Rekursion als einzigem Mittel zur Konstruktion von Schleifen. Der Datenfluß ist im wesentlichen durch das Verhalten von Parametern bei Prozeduren bestimmt; hier ist nicht von vorneherein festgelegt, welcher Parameter ein Eingabe- und welcher ein Ausgabeparameter ist, so daß Berechnungen im Prinzip vorwärts wie rückwärts ausgeführt werden können (im Compiler erzeugt "vorwärts" Code, die zugehörige "rückwärtige" Berechnung bestünde darin, aus Code den Quelltext zu gewinnen). Leibrand und Schnupp schreiben es im wesentlichen diesen beiden Eigenschaften zu, daß PROLOG als Sprache zum Prototyping geeignet ist. Diese Erfahrung wird von Cohen und Hickey bestätigt. In ihrer Arbeit berichten sie von den Vorzügen, Compiler mittels Prototyping aufzubauen und zu untersuchen; besonders hervorgehoben wird die hohe Produktivität, die in recht kurzer Zeit zum Erfolg führt.

In der Literatur scheint jedoch Übereinstimmung darüber zu herrschen, daß PROLOG noch entwicklungsbedürftig ist. Dies betrifft einmal die Programmierumgebung, die in der Regel außer einem Debugger keine weiteren Werkzeuge umfaßt, und zum anderen die Sprache selbst. In ihr fehlen Konstrukte, *programming in the large* zu unterstützen, vor allem fehlt ein tragfähiges Konzept der Modularisierung; daneben erhebt sich wie bei LISP die Frage, ob das Typkonzept von PROLOG den Aufgaben bei der Konstruktion großer Programme gewachsen ist.

Zu den prozeduralen, funktionalen oder logischen Zugang zur Programmierung hat sich in den letzten Jahren der objektorientierte Zugang als neues Paradigma gesellt. Nach Booch läßt er sich folgendermaßen operationalisieren, wenn es um die Lösung konkreter Probleme geht:

a) man identifiziere die Objekte und ihre Attribute.
b) man identifiziere die Operationen, die auf den Objekten ausgeführt werden, und die durch die in Rede stehenden Objekte ausgeführt werden.
c) man beschreibe die Sichtbarkeit jedes Objekts im Verhältnis zu anderen Objekten.

d)   man beschreibe die Schnittstellen jedes Objekts.
e)   man implementiere jedes Objekt.

Es ist ersichtlich, daß sich dieser Zugang dazu eignet, Prototypen zu konstruieren und zu implementieren. Ein Ansatz hierzu wird von Diederich und Milton näher beschrieben, die Smalltalk als die wichtigste objektorientierte Sprache heranziehen. Der Zugang, der gewählt wird, bekommt dort den Namen "fearless programming" und ist experimentelles Prototyping im Sinne unserer Klassifikation. Der plakative Name wird dadurch gerechtfertigt, daß es nach Ansicht von Diederich und Milton möglich ist, in Smalltalk mit alternativen Zugängen zu Algorithmen, Anwendungsprogrammen und System-Entwürfen zu experimentieren, ohne fürchten zu müssen, in einem Sumpf von Details zu versinken. Dies wird im objektorientierten Programmieren in Smalltalk dadurch ermöglicht, daß die Arbeit mit Objekten und die Kennzeichnung ihrer Relationen zu anderen Objekten wichtige Analogien zur Arbeit auf dem Niveau der menschlichen Erkenntnis hat. Selbst wenn man dieser Analogie nicht zustimmen mag, lassen sich einige wichtige Aspekte des Arbeitens mit Smalltalk als förderlich für die Verwendung zum Prototyping insbesondere in seiner experimentellen Ausprägung ausmachen:

- die Bindung von Objekten an Variablen geschieht spät, nämlich zur Laufzeit. Damit wird der Entwurf eines Prototypen nicht mit Implementations-Entscheidungen (wie z.B. Typen von Variablen) belastet.

- die Schnittstellen zwischen Objekten sind gleichförmig, so daß Objekte austauschbar sind oder nur mit geringem Aufwand ausgetauscht werden können.

- Typen von Variablen brauchen nicht deklariert zu werden, so daß hier (wie in LISP, PROLOG, SETL) Flexibilität herrscht.

- Änderungen der Konzeption eines Programms können leicht in Objekte und ihre Interaktion übertragen werden, zudem ist es durch die gleichförmigen Schnittstellen einfach, für andere Zwecke entwickelten Code in eine Anwendung einzubinden, was die Produktivität beträchtlich erhöht.

- die Sprache bietet ein sehr reiches Repertoire von vordefinierten Objekten.

Zusätzlich wird die Arbeit in Smalltalk durch eine überaus reichhaltige Programmierumgebung unterstützt. Diederich und Milton berichten über den Entwurf des Prototyps für eine objektorientierte Datenbank, bei dem die obengenannten Eigenschaften zum Tragen kamen.

Die Aufzählung von Sprachen ist natürlich bei weitem nicht vollständig. In der Literatur findet man weitere Erfahrungen zum Prototyping etwa mit dedizierten Sprachen wie SNOBOL (Zelkowitz) oder NATURAL (Mönckemeyer und Spitta). In VI.3 werden wir uns SETL als Sprache zum Prototyping zuwenden. Wir streben in diesem Abschnitt nicht enzyklopädische Vollständigkeit, sondern vielmehr exemplarische Vielfalt an. Daher sei der Leser auf das Literaturverzeichnis am Ende des Buches für weitere Hinweise verwiesen.

Im Hinblick auf Werkzeuge zur Unterstützung des Prototyping ist sicher folgendes minimal wünschenswert:

a)   eine Sprache sehr hohen Niveaus, also eine Sprache mit mächtigen Ausdrucksmitteln,
b)   ein System zur Versions- und Konfigurationskontrolle,

c) ein Dokumentationssystem zur Beschreibung der einzelnen Phasen des Ablaufs und verschiedener Versionen des Prototyps,

d) Bibliotheken wiederverwendbarer Software, um immer wiederkehrende Standardaufgaben einfach und schnell lösen zu können.

Die letzte Komponente ist abhängig von dem Gebiet, für das der Prototyp entworfen werden soll. Hier kann es sich gegebenenfalls auszahlen, weitere spezifische Werkzeuge zur Verfügung zu haben – etwa ein System zum Management von Fenstern, wenn es darum geht, Benutzeroberflächen zu entwickeln. Ein anderes Werkzeug in dieser Hinsicht kann ein Compiler-Generator sein, wenn etwa mit Sprachkonstrukten experimentiert werden soll. Hier hat sich z.B. das UNIX-Werkzeug yacc bewährt, vgl. Kernighan und Pyke.

VI.2.5 Anwendungsgebiete

Prototyping als Methode ist eine Ergänzung des Wasserfall-Modells, die sich überall – von einigen Ausnahmen abgesehen – bei der Konstruktion großer Programme einsetzen läßt. Einige Gebiete eignen sich besonders gut zum Einsatz von Prototyping, entweder von ihrer Konzeption her, oder weil hier historisch die meisten Erfahrungen vorliegen. Hierbei handelt es sich um Expertensysteme in der Künstlichen Intelligenz und den Entwurf von Benutzerschnittstellen. Wir skizzieren die Anwendungen in beiden Gebieten; es geht uns vor allem darum, sichtbar zu machen, wieso es sich beim Prototyping um einen geeigneten Ansatz handelt.

Ein weiterer Bereich ist die Anwendung dieser Methode bei Datenbanken und Transaktionssystemen. Wir können aus Platzgründen nicht darauf eingehen und verweisen auf West, Lamersdorf und Schmidt sowie Mönckemeyer und Spitta.

VI.2.5.1 Expertensysteme

Die Problemstellen in der Künstlichen Intelligenz zeichnen sich nach Loomis und Loomis in der Regel durch die folgenden Charakteristika aus:

1. die einem Problem zugrundeliegenden Informationen und Lösungsprozeduren sind anfangs nicht vollständig bekannt und werden erst im Laufe des Entwicklungsprozesses näher bestimmt. Daher ändert sich meist ein Teil der Anforderungen während der Entwicklung.

2. am Anfang der Entwicklung eines Expertensystems stehen meist unzureichend definierte Probleme oder unvollständige Daten. Da ein Expertensysten Probleme lösen soll, die dem Entwickler nicht vorher im Einzelnen bekannt sind, sind auch keine prozeduralen Lösungen bekannt. Wegen der Datenabhängigkeit von Lösungen sind meist prozedurale Ansätze mit ihren strikten Abläufen nicht angemessen.

Insgesamt herrscht beim Beginn der Entwicklung eines Expertensystems Unsicherheit vor, so daß experimentelles und exploratives Vorgehen angezeigt ist.

Ein Expertensystem besteht üblicherweise aus einer Wissensbasis und einer Inferenz-Komponente. Die Wissensbasis organisiert die Daten, Schlußregeln und anwendungsspezifischen Teile des Systems, die Inferenz-Komponente organisiert die Suchstrategien und die argumentative Logik zum Auffinden einer Lösung. Auf diese Art wird die Trennung von Wissen und Arbeiten erreicht, so daß idealerweise unabhängig von der Inferenz-Komponente Wissen zur Wissensbasis hinzugefügt oder modifiziert werden kann, andererseits Suchstrategien und argumentative Logik unabhängig von den vorliegenden Fakten in ihrer Wirkungsweise beobachtet und modifiziert werden können.

Beide grundsätzlichen Komponenten eines Expertensystems sind dem Prototyping zugänglich. Auf der Seite des Wissensbasis geht es darum, das vorhandene Wissen möglichst adäquat darzustellen, bei der Inferenz-Komponente steht die angemessene Interpretation der Daten im Vordergrund.

Aikins berichtet über ein Diagnose-unterstützendes System aus der Medizin mit Namen CENTAUR, bei dem die Datenmodellierung im Vordergrund steht. Daten werden in einer Datenstruktur dargestellt, die Aikins *prototype* nennt; diese *prototypes* sind in einem hierarchischen Netz zusammengefaßt und bestehen aus einer Kombination von Regeln und *frames* (also Repräsentations-Schemata analog zu Verbunden, wobei jede Komponente zur Beschreibung einer Facette/Rolle des Objekts dient). Durch Interaktion mit dem Benutzer wird die angemessene Art der Repräsentation eines Objekts (also im CENTAUR-System: von Symptomen, Krankheitsbeschreibungen etc.) ausgewählt. Hier wird also im Sinne der Klassifikation aus VI.2.3 experimentell vorgegangen, wobei der Prototyp graduell in die Produktionsversion übergehen kann, die ursprünglich experimentell angelegte Wissensbasis sich also soweit stabilisieren kann, daß sie später im endgültigen Produkt verwendet werden kann.

Dies steht im Gegensatz zur weiteren Nutzung der Inferenz-Komponente: in ihren Ratschlägen zur Konstruktion eines Expertensystems geben Buchanan et al. den expliziten Rat, den ersten Prototypen wegzuwerfen, denn nach ihrer Erfahrung insbesondere aus dem Umkreis des wichtigen MYCIN-Systems zur Diagnose-Unterstützung besteht die Aufgabe des ersten Prototyps darin, dem Entwickler die Konstruktion einer rechner-benutzbaren Wissensbasis und ein klares Verständnis der Aufgabe zu vermitteln. Sie betonen den Nutzen der Entwicklung eines solchen Prototypen: "The development of the prototype system is an extremely important step in the expert system construction process ... (The) most important part of the exercise is testing the adequacy of the formalization and of the basic underlying ideas." Hier ragt der Test des Prototypen als wesentliche Phase der Konstruktion heraus, und es sollten insbesondere die folgenden Aspekte Beachtung finden:

- Angemessenheit der Schlußregeln, der Suchstrategien und der argumentativen Logik,
- Überprüfung der Kontrollstrategien, insbesondere der Anordnung der anzuwendenden Regeln,
- Angemessenheit der Testbeispiele, die möglichst viele Fälle/Unterprobleme abdecken müssen und sich auch Grenzfällen zuwenden sollten.

Der Test eines Prototypen führt in der Regel zu einem neuen Prototypen; dies geschieht solange, bis sich die Anforderungen stabilisiert haben. Gaschnig et al. berichten über Prinzipien der Auswertung von Expertensystemen, die sich *cum grano salis* auch auf Prototypen solcher Systeme beziehen.

Loomis und Loomis schlagen vor, bei der Konstruktion von Prototypen Techniken der Künstlichen Intelligenz zu verwenden, insbesondere dann, wenn die Aufgabenstellung Flexibilität und Änderungsfreundlichkeit im Kontext unvollständiger Information verlangt. Anwendbar sind diese Techniken zur Strukturierung von Wissen (wie es auch in einer Wissensbasis geschieht) sowie zur Ableitung und Validierung von Lösungen. In diesem Sinne kann man die Konstruktion von PROLOG-Programmen als Realisierung dieses Vorschlags verstehen, und PROLOG kann zur Demonstration der Vor- wie der Nachteile dieses Zugangs dienen.

Positiv schlägt die Möglichkeit zu Buche, schnell mit Hilfe kleiner, aber gegebenenfalls unvollständiger Daten zu einer Lösung zu kommen, wobei die Inferenz-Komponente den Kontroll-Aspekt des Programms zu übernehmen gestattet. Diese Komponente ist wiederverwendbar, da sie auf mehr als eine Wissensbasis angewandt werden kann und damit große Flexibilität erlaubt.

Negativ können sich die folgenden Aspekte auswirken:

1. die von Expertensystemen erarbeiteten Lösungen können mitunter schwer zu verifizieren sein, so daß der Modell-Charakter eines Prototyps leidet, weil die Übertragbarkeit auf die Produktionsversion nicht unbedingt gegeben ist.
2. die Techniken der Wissensdarstellung und der Ableitung neuen Wissens sind nicht überall angemessen – nämlich überall dort nicht, wo eine präzise prozedurale Darstellung vorhanden ist.

Insgesamt erfordert der Einsatz von Hilfsmitteln der Künstlichen Intelligenz zur Konstruktion von Prototypen beträchtliches Abwägen, insbesondere dann, wenn das fertige Programm eine einfache Trennung zwischen Wissens- und Inferenzkomponente nicht zuläßt.

VI.2.5.2 Benutzer-Schnittstellen

Die Konstruktion von Benutzer-Schnittstellen wird als klassisches Gebiet betrachtet, in dem man Prototyping mit Vorteil anwenden kann. Analysiert man die Gründe dafür, so sieht man:

1. es ist extrem schwierig, die Funktionalität solcher Schnittstellen adäquat formal im voraus zu beschreiben.
2. die Beteiligung des Benutzers ist wichtig, zumal insbesondere bei visuellen Darstellungen die Demonstration nicht durch andere Arten der Präsentation ersetzt werden kann.
3. Änderungen sind unstetig: kleine Modifikationen in den Anforderungen können große Effekte bei der Durchführung bewirken.
4. Benutzer-Schnittstellen können isoliert von der Verarbeitungsfunktion des restlichen Programms betrachtet werden. Dies erlaubt die Trennung von Interaktion und Verarbeitungsfunktion und hat insbesondere die Konsequenz, daß ein (logisches) Programm mehrere Benutzer-Schnittstellen haben und sich damit an mehrere Benutzerpopulationen anpassen kann.
5. Benutzer-Schnittstellen sollen benutzerfreundlich und leicht zu bedienen sein. So einleuchtend dies ist, so schwer ist es, Übereinkunft über diese Schnittstellen zu erzielen und sie einvernehmlich zu realisieren.

In der historischen Entwicklung war – insbesondere bei Personal-Computern – zu beobachten, daß der Benutzer-Schnittstelle wenig Beachtung geschenkt wurde. Sie wurde mitunter nach der Implementation der anderen Verarbeitungsfunktionen und oftmals achtlos realisiert. Mit dem Aufkommen von Rechnern wie dem Macintosh von Apple und der Benutzung von Rechnern durch immer mehr nicht spezifisch geschulte Personen änderte sich jedoch der Zugang zum Entwurf von Schnittstellen: "The user interface is the most important aspect in the design of a Macintosh program, and it is essential that you understand how you expect users to interact with the program before you try to write the code" ist der Rat, der Entwicklern von Software von Apple gegeben wird. Dies zeigt, wie sich der Schwerpunkt verschoben hat.

Die obige Schilderung der Probleme bei der Konstruktion zeigt deutlich, daß Prototyping in seiner explorativen Form ein geeignetes Hilfsmittel zu ihrer Bewältigung ist. Hier ist es möglich, verschiedene Möglichkeiten in Zusammenarbeit mit dem Benutzer zu erkunden und Anforderungen exemplarisch (statt formal) durch ein arbeitendes Programm festzulegen. Bei der explorativen Arbeit treten Lerneffekte beim Designer wie beim Benutzer ein, die eine Konvergenz der Standpunkte auf besonders rasche Art ermöglichen sollten; das liegt daran, daß man nicht über abstrakte und formale Gegebenheiten kommuniziert, sondern visuelle Realisierungen von Ideen beider Seiten diskutieren kann.

Christensen und Kreplin berichten über eine erfolgreiche Entwurfsmethode von Benutzer-Schnittstellen, die auf alphanumerischen Terminals inplementiert sind, und die auf der Verwendung von Prototypen beruhen. In ihrer Einschätzung ermöglicht die Verwendung des Prototyping die Implementation von Software mit einer ansonsten nicht möglichen Leichtigkeit, Benutzerfreundlichkeit und Wartbarkeit. Der Ansatz besteht darin, zunächst einmal die Benutzer-Schnittstelle von den restlichen Verarbeitungsfunktionen des Programms zu trennen und damit in ihrer Funktionalität so zu isolieren, daß sie allein betrachtet werden kann. Die Schnittstelle selbst ist logisch gegliedert in einen dynamischen und einen graphischen Teil; der dynamische Teil spezifiziert die Struktur des Dialogs und den dazugehörigen Ablauf im Hinblick auf den Kontrollfluß und funktionale Aspekte. Der graphische Teil besteht in der Spezifikation der Masken. Das Layout besteht aus der Gesamtheit der Masken und ihrer Relation zueinander, die Masken beschreiben einzelne Bilder mit ihren Attributen etc. Die Dialogstruktur und die Struktur des Layout können formal beschrieben und damit von einem interpretierenden Werkzeug dargestellt und simuliert werden, die Masken können durch einen geeigneten Maskengenerator dargestellt werden. Schließlich wird der Ablauf des Dialogs durch eine dedizierte Programmiersprache dargestellt. Alle Komponenten dieses Prototyping-Systems erlauben die Konstruktion leicht modifizierbarer Objekte, mit denen einfach experimentiert werden kann.

VI.2.6 Prototyping bezogen auf andere Gebiete des Software Engineering

In diesem Abschnitt wollen wir kurz auf Zusammenhänge zwischen Prototyping und Wiederverwendbarkeit von Software bzw. transformationellem Programmieren eingehen.

VI.2.6.1 Wiederverwendbarkeit von Software

Um dem rasch wachsenden Bedarf nach Software zu begegnen, liegt es nahe, bereits als korrekt erkannte Software-Bausteine wiederzuverwenden. Dies wird allgemein als vielversprechender Weg gesehen, Software ökonomisch zu produzieren; Überblicke über vorhandene Ansätze sind – aus verschiedenen Blickwinkeln – bei Endres, Freeman und Doberkat zu finden. Es erweist sich freilich als recht schwierig, Wiederverwendbarkeit von Code, geschrieben in einer Programmiersprache vom Niveau etwa von Pascal, Ada, FORTRAN oder gar Assembler, zu betrachten, weil hier stets System- oder andere Umgebungsabhängigkeiten zu berücksichtigen sind. Cheatham formuliert prägnant: "The problem is that programs in any concrete high-level programming languages are the result of mapping from some conceptual or abstract specification of what is to be accomplished into very specific data representations and algorithms which provide an efficient means for accomplishing the task at hand."

Diese Überlegungen legen es nahe, Wiederverwendbarkeit auf hohem semantischem Niveau zu betrachten. Code kann dann wiederverwendet werden, wenn zwar auf der einen Seite die Algorithmen auf durchsichtige Weise dargelegt sind, wenn aber auf der anderen Seite noch nicht zu viele Details im Hinblick auf die Implementation der Algorithmen festgelegt sind. Zu den Details, die noch nicht festgelegt sein sollten, können gehören

- die genaue effizienzorientierte Darstellung von Daten- und Kontrollstrukturen,
- umgebungsabhängige Parameter wie z.B. Ein-/Ausgabe, Schnittstellen zum Betriebssystem und zur Maschine,
- die Programmiersprache, in der produktionsorientiert gearbeitet werden soll.

Dies verdeutlicht, daß Prototypen dazu dienen können, Modelle für wiederverwendbare Software zu liefern. Aus der Diskussion über Zugänge zum Prototyping ist ersichtlich, daß sich hier nicht jeder Prototyp eignet. Prototypen, die als throw-away-Prototypen entstanden sind, eignen sich sicherlich hierzu ebensowenig wie frühe experimentelle Prototypen. Dagegen kann ein experimenteller oder ein evolutionärer Prototyp, der stabil geworden ist, durchaus die gewünschte Funktion eines Modells übernehmen. Da in diesen Prototypen die konzeptionellen Aspekte der verwendeten Algorithmen durchsichtig dargelegt sind, ist es leicht zu entscheiden, ob in einer vorgegebenen Situation ein Prototyp eine gewünschte Funktionalität realisiert (schließlich ist die Katalogisierung von Software eines der zentralen ungelösten Probleme auf diesem Gebiet). Da aber der Prototyp nicht spezifisch an eine Umgebung gebunden ist, kann er in mehr als einer Umgebung eingesetzt werden.

VI.2.6.2 Transformationelles Programmieren

Das Verhältnis des Prototypen zum Produktions-Programm ist nicht eindeutig bestimmt. Es kann sein – wie beim throw-away-Prototypen – daß kein Produktions-Programm geschrieben wird, es kann aber auch sein, daß der Prototyp in das fertige Programm konvergiert. In der Mitte stehen solche Prototypen, die zwar ihre Eigenschaften als Modelle zufriedenstellend erfüllen, die auf der anderen Seite aber noch nicht als fertige Programme verwendet werden können. Dies ist als Regelfall anzunehmen.

Ein Prototyp ist am Ende seiner Entwicklung ein fertiges Modell, das realisiert werden soll. Es liegt nahe, hier nach automatischen Methoden zur Realisierung in einer produktionseffizienten Sprache zu suchen, und hier bieten sich transformationelle Methoden an. Legt man die Produktionsumgebung fest, so müssen in der Regel transformiert werden:

- die Kontrollstrukturen: hier müssen Wege gefunden werden, jeder Kontrollstruktur in der Prototyping-Sprache eine Folge von Kontrollstrukturen in der Produktionssprache zuzuordnen,
- die Datenstrukturen: es müssen Darstellungen für die Typen der im Prototypen verwendeten Objekte in der Produktionssprache gefunden werden. Dies kann voraussetzen, daß der Transformationsphase eine Phase der Typfindung vorausgeht - etwa wenn die Sprache zum Prototyping schwach und die Produktionssprache stark getypt ist.

Die Transformationen müssen natürlich semantiktreu sein, wie in V.5 exemplarisch für SETL beschrieben. Dort findet sich auch eine grobe Skizze, wie zwei Transformationssysteme – RAPTS von Paige für Dialekt-Transformationen in SETL und der Übersetzer von SETL nach Ada von Doberkat und Gutenbeil – zusammenarbeiten können, um aus einem SETL-Prototypen ein produktionseffizientes Ada-Programm zu erzeugen.

Eine Diskussion verbreiteter Zugänge zur Transformation von Programmen ist bei Partsch und Steinbrüggen, Pepper sowie Meertens zu finden.

Idealerweise könnte eine Lösungsstrategie zur Bearbeitung eines komplexen Problems wie folgt aussehen: man entwickelt einen Prototypen, mit dem die Lösung modellhaft dargestellt wird, wobei man zur Lösung von Teilaufgaben bereits erprobte prototypische Lösungen wiederverwendet. Hat sich der Prototyp stabilisiert, so transformiere man ihn mit Rechnerhilfe in eine produktionseffiziente, funktional äquivalente Version. Ein solches Vorgehen hat die folgenden wesentlichen Vorteile:

1. falls man die Korrektheit des Prototypen unter Einschluß wiederverwendeter Teile beweisen kann, und falls man korrektheitsbewahrende Transformationen verwendet, folgt die Korrektheit des Produktions-Programms. Das hohe expressive Niveau von Prototypen erleichtert hierbei den Korrektheitsbeweis erheblich,
2. die Wartung wird leichter: Änderungen in den Anforderungen sind im Prototypen realisierbar und werden durch den Transformationsprozeß in das Produktions-Programm propagiert.

Die Realisierung der oben skizzierten Idee liegt freilich noch in der Zukunft.

VI.3 SETL als Prototyping-Sprache

Wir haben im vorigen Abschnitt exemplarisch einige Sprachen aufgeführt, die für die Erstellung von Software Prototypen verwendet worden sind, hatten SETL dabei aber zunächst ausgeklammert. Wir wollen nun im abschließenden Abschnitt die Eignung von SETL für die Zwecke des Prototypings demonstrieren und diskutieren, und zwar am Beispiel des schon mehrfach erwähnten, an der Universität New York durchgeführten Projekts Ada/Ed, das die Implementierung eines Übersetzers für die Sprache Ada zum Ziel hatte.

VI.3.1 SETL unter dem Aspekt des Prototyping

Fassen wir zuvor noch einmal kurz zusammen, was wir in den vorausgegangenen Kapiteln unter dem Aspekt des Prototyping über SETL erfahren haben.

- SETL bietet ein Typkonzept, das es erlaubt, auf der Basis von Tupeln, Mengen und mathematischen Abbildungen mächtige Datenstrukturen bis hin zu Datenbanken zu definieren. Die schwache Typisierung befreit den Programmierer von der Verpflichtung, diese Strukturen explizit zu deklarieren.
- Die Strukturen können auf hohem, abstrakten Niveau einfach manipuliert werden; die Notation der mathematischen Mengenlehre erlaubt eine knappe, präzise Formulierung der Operationen auf den definierten Objekten.

Damit reiht sich SETL ein in die im vorherigen Abschnitt diskutierten Sprachen. Auch dort basierte die Verwendbarkeit auf der einfachen Handhabbarkeit mächtiger Strukturen, die sich aus einfachen Grundstrukturen (Listen in LISP, Felder und Matrizen in APL etc.) zusammensetzen ließen; wir hatten dies als eine wesentliche Voraussetzung für eine Prototyping-Sprache genannt. Es kommt hinzu, daß die beiden genannten Punkte rasche Änderungen und Anpassungen an veränderte Bedingungen gewährleisten.

Zwei weitere Punkte wollen wir ins Gedächtnis zurückrufen:

- SETL ist eine Breitbandsprache, die es erlaubt, auf unterschiedlichen Niveaus zu programmieren: auf sehr abstraktem Niveau (etwa mit Konstrukten wie Mengenformem, Quantoren und ähnlichen, die implizite Schleifen enthalten), was bezüglich der Laufzeit in der Regel ineffizient ist, oder auch auf dem Niveau von Sprachen wie Pascal (wo Schleifen als **for-**, **while-**, oder **repeat until**-Schleifen explizit formuliert werden). Dies erlaubt, einen Prototypen aus einer Spezifikation (auf hohem Niveau) zu transformieren in eine Folge effizienter Programme auf niedrigerem Niveau, ohne die Sprache zu wechseln, und erst am Schluß eine Transformation in eine effiziente Produktionssprache vorzunehmen.
- SETL ist eine imperative Sprache. Dies sichert zusammen mit der Möglichkeit der knappen, präzisen Formulierung von Algorithmen die gute Lesbarkeit von SETL-Code, die es oft erlaubt, SETL-Prototypen als Design-Dokumentation zu nutzen.

Wir werden im folgenden sehen, wie sich diese Punkte im Ada/Ed-Projekt ausgeprägt haben. Dabei beziehen wir uns auf die Beschreibung dieses Projekts in den Berichten von Kruchten, Schonberg, und Schwartz sowie von Schonberg und Shields.

VI.3.2 Das Projekt Ada/Ed

Das Ada/Ed-Projekt an der New York University begann 1978 zu einem Zeitpunkt, als die Definition von Ada noch in vollem Gange war. Das Projekt sollte in einer ersten Phase eine Studie über Optimierungsprobleme im Zusammenhang mit der Übersetzung von Ada liefern. Es wurde jedoch bald klar, daß die zu diesem Zeitpunkt verfügbare Sprachdefinition nicht konsistent war und Aussagen über Compiler-relevante Fragen überhaupt nicht zuließ. Deshalb wurde zunächst versucht, die implementierbaren Teile zu identifizieren. Es entstand in einer ersten Phase ein Interpretierer (im Umfang von etwa 2000 Zeilen SETL-Code) für eine

Zwischensprache AIS (ADA intermediate source). In den folgenden zwei Monaten wurde ein LALR-Parser hinzugefügt, der diesen Code aus korrekten Ada-Programmen erzeugte. Dieser Interpreter wurde – im Sinne der obigen Klassifikation des Prototyping – evolutionär erweitert, indem nach und nach Teile der semantischen Analyse hinzugefügt wurden. Als 1980 die erste offizielle Sprachdefinition vom amerikanischen Verteidigungsministerium freigegeben wurde, lag bereits ein Interpreter vor, der große Teile der statischen und dynamischen Semantik realisierte. Auch waren das Task- und das Rendezvous-Konzept schon implementiert. Teile, die vorher nicht implementierbar waren, wurden auf Grund der nun vorliegenden offiziellen Sprachdefinition ergänzt.

Was charakterisiert diesen Interpreter als Prototypen? Wir nennen die folgenden Kriterien:

1. Die Benutzung mächtiger Sprachkonstrukte: so ist beispielsweise die Symboltabelle durch eine Menge von globalen Abbildungen realisiert.
2. Die Realisierung der semantischen Korrektheit durch eine möglichst direkte Übertragung der formalen Spezifikation und die daraus resultierende Ineffizienz im Hinblick auf Rechenzeit und Speicherplatz bei der Ausführung.
3. Die Implementierung eines abstrakten Laufzeitsystems und der daraus resultierende Verzicht auf die Behandlung maschinennaher Probleme.

Die nachfolgende Beschreibung einiger Details der Implementierung verdeutlicht die genannten Punkte.

Statische semantische Analyse – Behandlung von Namen und Attributen

Aufgabe der statischen semantischen Analyse ist unter anderem die Namensauflösung (*name resolution*), d.h. die Bindung von im Programmtext auftretenden Namen an eindeutige interne Namen, sowie die Ermittlung von Eigenschaften von Objekten wie Typ oder Größe und die Zuordnung dieser Eigenschaften zu den Namen in einer Symboltabelle. Beides wird in Ada dadurch erschwert, daß zum einen gleiche Namen in verschiedenen, möglicherweise getrennt übersetzten Programmteilen vorkommen können, und daß zum anderen Namen *überladen* werden können, d.h. verschiedene Objekte zum gleichen Zeitpunkt unter dem gleichen Namen sichtbar sein können. Diese Probleme sind in Ada/Ed wie folgt gelöst:

- Jedem Namen (in einem Ada-Quellprogramm) wird ein SETL-Name zugeordnet, der dem eigentlichen Namen den Namen der Bibliothekseinheit, in der er deklariert wird, voranstellt. So erhält etwa eine in einem Paket `p1` in einer Prozedur `f1` definierte Variable `X` den internen Namen `p1.f1.X`. Dieser ist eindeutig, weil die Programmeinheiten, die getrennt übersetzt werden können, eindeutige Namen haben müssen. Um das Problem zu lösen, daß Namen überladen werden können, wird dem String schließlich noch eine eindeutige ganze Zahl hintangestellt, sodaß unser `X` intern etwa durch `p1.f1.X#7` identifiziert wird.
- Alle Attribute werden nun den eindeutigen Namen mittels Abbildungen im Sinne von SETL zugeordnet. Die Definitionsbereiche dieser Abbildungen sind überlappende Teilmengen der Menge der internen Namen. Beispiele sind Abbildungen `TYPE_OF`, die den Typen eines Objekts liefert, oder `OVERLOADS`, die ein überladenes Objekt `E` abbildet in

die Menge der Namen, die den gleichen Quellnamen haben wie E und zum Zeitpunkt der Deklaration von E aus sichtbar sind.

- Die Menge dieser Abbildungen – insgesamt sechs an der Zahl – bildet die Symboltabelle des Ada/Ed–Systems. Man umgeht mit dieser sehr allgemeinen, aber durch die eindeutige Namensvergabe schnell als korrekt nachvollziehbaren Struktur all jene Probleme, die mit der Wahl konkreter Datenstrukturen (auf niedrigem Niveau) zusammenhängen. Insbesondere können Änderungen stets schnell realisiert werden.

- Die Regeln für die Sichtbarkeit von Objekten in Ada werden dadurch kompliziert, daß Namen in Paketen (*packages*) nach außen sichtbar sein können oder nicht, und daß Namen überladen werden können. Es entsteht das Problem, einem Objekt in einem Gültigkeitsbereich (*scope*) den richtigen internen Namen zuzuordnen. Dies wird in Ada/Ed durch lokale Abbildungen besorgt, die für jede Programmeinheit, in der Objekte deklariert werden können, existieren, und die einem Objekt den zugehörigen eindeutigen Namen zuordnen. Eine globale Abbildung DECLARED ordnet schließlich jedem solchen Bereich die entsprechende lokale Abbildung zu.

  Die Information, ob ein in einem Paket deklariertes Objekt nach außen sichtbar ist oder nicht, wird in einer Abbildung VISIBLE gespeichert. Sie hat als Definitionsbereich die Menge der Namen sichtbarer Pakete und ordnet diesen die entsprechenden Teilmengen des Bildes von DECLARED für diese Pakete zu.

  Mit Hilfe von DECLARED und VISIBLE wird dann jedem nicht überladenen Objekt I an der Stelle P im Quellprogramm dessen eindeutiger Name zugeordnet, jedem überladenen Objekt die Menge aller möglichen Namen, die an der entsprechenden Stelle sichtbar sind.

Dynamische Semantik

Im Gegensatz zur statischen geht es bei der dynamischen Semantik um das Laufzeitverhalten eines Programms, die Anordnung der Objekte im Speicher, den Kontrollfluß, die Behandlung von Anweisungen, usw. Wir gehen auch auf diese Punkte kurz ein:

- Ada/Ed verzichtet gänzlich auf die Behandlung der physikalischen Anordnung von Speicherzellen. Die Zuordnung von Objekten zum Speicher geschieht auf abstraktem Niveau: die Speicherzellen werden aus einem (ideell unbegrenzten) Vorrat von eindeutig gekennzeichneten Zellen ausgewählt; durch eine Abbildung EMAP werden Objekte an Zellen gebunden. Durch eine zweite Abbildung CONTENTS erhält man den Inhalt einer Speicherzelle, so daß insgesamt mit der Verknüpfung CONTENTS (EMAP (X)) der aktuelle Wert einer Variablen X beschrieben werden kann. Mit demselben Konstrukt auf der linken Seite einer Zuweisung kann dieser Wert geändert werden.

  Die gewählte Vorgehensweise ist kennzeichnend für das Prototyping: man kommt zu einer funktional korrekten Simulation einer Speicherverwaltung, ohne sich mit konkreten Problemen des Speichermanagements wie Segmentierung oder Organisation von Stack und Heap befassen zu müssen.

- Das Laufzeitsystem enthält des weiteren ein Tupel ENV_STACK (*environment stack*), das die Umgebungen von zu einem Zeitpunkt aktiven Blöcken ausweist. Die Frage, wie der Zugriff auf nicht-lokale Variable in solchen Blöcken erfolgen soll – man verwendet in realen Laufzeitsystemen zum Beispiel *displays* oder *access links* – wird dadurch gelöst, daß man jedem Element des Stacks alle Vorgänger (Umgebungen) als Teilmengen mitgibt; so findet man alle, auch die nicht-lokalen Variablen innerhalb des obersten Elements.

- Der Kontrollfluß eines aktiven Blocks wird beschrieben durch einen diesem zugeordneten *statement stack*, auf dem alle Anweisungen abgelegt werden, die in diesem Block noch abgearbeitet werden müssen. Die Anweisungen selbst entsprechen den Ada-Anweisungen, sind also nicht auf dem üblichen Niveau von Zwischensprachen in 2- oder 3-Adress-Code.

  Die Ausführung einer Anweisung geschieht dadurch, daß sie vom Stack heruntergenommen und ausgeführt wird, entweder direkt (im Falle elementarer Anweisungen) oder dadurch, daß sie in einfachere Anweisungen aufgetrennt wird, die dann wieder auf den Stack gelegt werden. So wird zum Beispiel eine Zuweisung in die drei Schritte

  i.   Auswertung des Namens auf der linken Seite,
  ii. Auswertung des Ausdrucks auf der rechten Seite,
  iii. Zuweisung der rechten an die linke Seite

  zerlegt. Die Vorgehensweise erinnert an die Codeerzeugung gängiger Compiler; in diesem Sinne vereint das Ada/Ed-System hier die Funktionalitäten von Interpreter und Code-Generator.

  Bei nicht-sequentiellen Anweisungen wird der Stack entsprechend verändert. Eine Schleife beispielsweise wird insgesamt vom Stack genommen und wie folgt bearbeitet: ist die Abbruchbedingung erfüllt, so wird mit der nächsten Anweisung auf dem Stack fortgefahren. Im anderen Fall wird

  i.   die gesamte Schleife erneut auf den Stack gelegt, und
  ii. der Rumpf der Schleife auf den Stack gelegt und sequentiell abgearbeitet.

  Bei bedingten Anweisungen wird die Bedingung ausgewertet und dann der dieser Auswertung entsprechende Zweig der Anweisung auf den Stack gelegt.

  Man ist sofort bereit einzusehen, daß diese Vorgehensweise einfach und korrekt ist; man sieht allerdings ebenfalls sofort, daß sie dadurch extrem ineffizient ist, daß Anweisungsfolgen wieder und wieder auf den *statement stack* kopiert werden müssen. Die Ausführungszeiten von Schleifen des Ada/Ed-Systems sind nicht umsonst legendär.

Die genannten Punkte betonen den Charakter des Ada/Ed-Systems als Prototyp hinreichend. Im Grunde lag aber mit Ada/Ed nicht nur ein Interpreter für Ada in Form eines lauffähigen Prototypen vor; seine Kompaktheit mit ca. 25000 Zeilen SETL-Code einschließlich der Dokumentation und die hervorragende Lesbarkeit machten das System zu einer alternativen, semi-formalen Sprachbeschreibung von Ada, für die mit dem abstrakten Laufzeitsystem auch die gebotene Maschinenunabhängigkeit gegeben war.

Mit geringem Aufwand wurden die Änderungen durchgeführt, die als Anpassungen an das Reference Manual aus dem Jahr 1982 und die ANSI-Sprachdefinition aus dem Jahr 1983 notwendig waren. Ada/Ed wurde 1983 als erster Übersetzer überhaupt und in seiner geänderten Fassung 1984 erneut validiert.

Mit der Validierung war die Prototyping-Phase des Ada/Ed-Projekts beendet. Es war parallel zur Sprachdefinition ein Produkt entstanden, das

- lauffähig war,
- schnell an Änderungen angepaßt werden konnte,
- den Programmierern tiefe Einblicke in die Ada-Semantik vermittelte,
- und mit geringem personellen Aufwand – er wird auf nur 100 Mannmonate beziffert – geschaffen werden konnte.

Die Brauchbarkeit eines Prototypen zeigt sich nicht zuletzt dadurch, daß auf seiner Basis eine Transformation in ein Produkt erfolgen kann, das den allgemeinen Anforderungen an ein industrielles Software-Produkt in Bezug auf Zuverlässigkeit, Effizienz und Wartbarkeit genügt. Dies geschah im Ada/Ed-Projekt durch die Implementation eines Ada-Übersetzers, der in der Sprache C geschrieben wurde und der den Prototypen als Design-Dokumentation benutzte. Die Transformation vollzog sich in zwei Phasen: in der ersten wurde die Breitband-Eigenschaft von SETL ausgenutzt und eine SETL-Version auf niedrigerem semantischen Niveau (genannt Ada/Ed-II) geschaffen, aus der dann in einer zweiten Phase das endgültige Produkt (genannt Ada/Ed-C) entstand. Dieser Compiler wurde später ebenfalls validiert und wird gegenwärtig kommerziell vertrieben.

Wir wollen die beiden Phasen kurz näher charakterisieren.

Phase I: Von Ada/Ed zu Ada/Ed-II

Der Ada/Ed-Prototype war ein lauffähiger Ada-Interpreter, der jedoch insbesondere im Hinblick auf das Laufzeitsystem auf so abstraktem Niveau operierte, daß er für eine direkte Umsetzung in eine Sprache vom expressiven Niveau von C ungeeignet war. In der ersten Phase wurden deshalb am *back end* des Systems im Hinblick auf die Codeerzeugung einige Änderungen durchgeführt und mehrere Phasen ergänzt. Ada/Ed verband in der beschriebenen Form die Funktionen von Interpreter und Codeerzeuger; dies mochte für die semantische Ebene des Prototypen ausreichen, als Grundlage für ein zu schaffendes kommerzielles Produkt nicht mehr. Es wurde deshalb der Prototyp eines Codeerzeugers ergänzt, der konventionellen interpretierbaren Code für eine Stackmaschine erzeugte. Zusammen mit einer *Expander-*Phase, die einige Aspekte der Code-Erzeugung vereinfachte, und dem Interpreter für die Stackmaschine lag danach ein *back end* vor, das ohne weitere Ergänzungen nach C übertragen werden konnte.

Die Änderungen am *front end* des Systems, also in den Bereichen Syntaxanalyse und semantische Analyse, waren minimaler Art. Die Algorithmen zur Typfindung (*type checker*) oder zur Bestimmung überladener Namen (*overload resolution*), um nur zwei zu nennen, konnten unverändert beibehalten werden. Auch die Symboltabelle wurde nicht modifiziert. Allerdings wurden die Baumstrukturen, insbesondere auch der abstrakte Syntaxbaum als zentrale Struktur des Übersetzungsprozesses, abgeändert. In Ada/Ed waren alle Baumstrukturen als geschachtelte Tupel (ähnlich wie in LISP) realisiert und damit durch mächtige Befehle zu manipulieren. Sie waren allerdings durch eine hohe Zahl von Kopieroperationen im Hinblick auf Speicherplatz und Rechenzeit ineffizient. Diese Darstellung wurde nun ersetzt durch Strukturen, wie wir sie in den Beispielen früherer Kapitel beschrieben haben, also durch solche, die das Durchlaufen des Baumes, den Zugriff auf Elemente, das Löschen und Einfügen von Elementen usw. explizit formulierten, was dem Stil in konventionellen Sprachen entspricht.

Schließlich ging man dazu über, Teile der Datenstrukturen mit Hilfe der *data representation sublanguage* DRSL, auf deren Einführung wir in diesem Buch bewußt verzichtet haben, explizit zu deklarieren. Dies entspricht der Auswahl konkreter Strukturen, wie man sie aus Sprachen niedrigeren Niveaus kennt, und dient dazu, die Effizienz des Systems zu erhöhen.

Der Ada/Ed-II-Prototyp, der mit einem Aufwand von etwa zwei Mannjahren nunmehr entstanden war, hatte natürlich insbesondere am *back end* an Transparenz und Lesbarkeit eingebüßt; er enthielt jedoch alle algorithmischen Details, die zu einer Übertragung nach C notwendig war.

Phase 2: Von Ada/Ed-II zu Ada/Ed-C

Im November 1983 begann die Arbeit an der endgültigen C-Version; hier ging es darum, konkrete Representationen für die abstrakten SETL-Strukturen auszuwählen und die Algorithmen für ihre Manipulation zu implementieren. Gleichzeitig war eine Fülle von Details in Bezug auf die semantischen Unterschiede der beiden Sprachen zu behandeln. Wir nennen als Beispiele das Einbinden externer Prozeduren, das Problem von Werte-Semantik auf der einen gegenüber der Zeiger-Semantik auf der anderen Seite, oder das Problem unterschiedlicher Kontrollstrukturen, wollen jedoch auf die Lösung dieser Probleme nicht weiter eingehen.

In Bezug auf die Codierung wurde beschlossen, den C-Code möglichst lesbar zu gestalten, etwa durch die konsequente Implementierung von Datenstrukturen im Sinne abstrakter Datentypen auch dort, wo C effizientere Alternativen geboten hätte. Des weiteren wurde versucht, den Code möglichst nah an der SETL-Quelle zu halten. Dies vereinfachte das Testen und die Integration der Teile: auftretende Fehler waren in der Regel leicht erkennbare Umsetzungsfehler und keine konzeptionellen Fehler, und aus der Korrektheit von Ada/Ed-II (als validierter Compiler) folgte mithin die Korrektheit von Ada/Ed-C.

Im einzelnen zerfiel die Umsetzungs-Phase in die folgenden Schritte:

1. Studium der SETL-Vorgabe, insbesondere der Datenstrukturen; Auswahl von Codierungs-Konventionen in C, und Implementation eines Pakets für beliebig genaue Arithmetik in C.
2. Wahl der Datenstrukturen für Syntaxbaum und Symboltabelle und Implementierung der Prozeduren zu ihrer Manipulation.
3. Übertragung des Codes, der die Initialisierung der vordefinierten Ada-Umgebung realisiert.
4. Übertragung der Algorithmen der syntaktischen und semantischen Analyse und Integration der Teile; Konstruktion einer Schnittstelle zum existierenden *back end* von Ada/Ed-II und Tests mit diesem *back end*.
5. Implementierung der Codeerzeugung in C und der Schnittstellen zur Ada-Bibliothek; Testen des Gesamtsystems auf der Grundlage der offiziellen Validierungs-Tests.

Zum letzten Punkt ist anzumerken, daß die gesamte Problematik der Schnittstellen zwischen den einzelnen Phasen des Compilers in der Prototyp-Version unberücksichtigt bleiben konnte, weil in SETL die Übertragung großer Strukturen wie des abstrakten Syntaxbaums oder der Abbildungen der Symboltabelle zwischen den Phasen mit einem einzigen Befehl realisiert werden konnte; hier mußte nun eine entsprechende elementweise Übertragung in C implementiert werden, was insgesamt die größte Expansion des Codes verursachte. Allerdings erwies sich diese einfache Lösung in SETL als einer der großen Vorteile des Prototyping, weil nicht wie in Sprachen niedrigeren Niveaus Entscheidungen über externe Darstellungen und Schnittstellen frühzeitig und beinahe unwiderruflich getroffen werden mußten. Erfahrungen mit der Schnittstelle zur Ada-Bibliothek konnten auf abstraktem Niveau gesammelt werden, und dies erleichterte beim Übergang zu Ada/Ed-C die korrekte Implementierung auf niedrigerem Niveau.

Das Endprodukt war ein Ada-Compiler in C, der aus etwa 40000 Zeilen Code für das *front end* zuzüglich etwa 16000 Zeilen Code für die Phasen der Codeerzeugung bestand, und der (in der Version von 1985) etwa 1000 Zeilen Ada-Code pro Minute übersetzte und damit etwa um den Faktor 25 schneller war als der SETL-Prototype.

Dieser Prototype wurde auch nach der Fertigstellung von Ada/Ed-C als eigenständiges Software-Produkt erhalten und gepflegt. Es erwies sich als vorteilhaft, Änderungen in der Sprachdefinition, die aufgrund semantischer Inkonsistenzen von Zeit zu Zeit erforderlich wurden, zunächst für den Prototypen zu implementieren und zu testen und erst danach auf die C-Version zu übertragen.

VI.3.3 Schlußbemerkung

Das Projekt hat in beeindruckender Weise die Vorzüge eines Vorgehens aufgezeigt, bei dem die starre Trennung von Anforderungsspezifikation, Systemdesign und Implementierung aufgelöst wird zugunsten eines Verfahrens, bei dem eine ablauffähige Spezifikation in einer Sprache von hohem Niveau schrittweise verfeinert wird bis hin zu einer Stufe, von der aus eine Transformation in eine mehr effizienzorientierte Sprache erfolgen kann. Diese Vorgehensweise bietet vielfältigen Nutzen:

- eine ablauffähige Spezifikation kann auf Grund der Möglichkeit, von implementationsabhängigen Details zu abstrahieren, durchaus mit anderen formalen Spezifikationsmethoden konkurrieren. Sie hat darüberhinaus den Vorteil, daß schon in einer sehr frühen Phase geprüft werden kann, ob die Funktionalität eines Systems den Vorstellungen der späteren Benutzer entspricht.

- Verfeinerungen können wahlweise auf kritische Regionen eines Systems angewandt werden; Programmteile, die wenig durchlaufen werden oder unkritisch sind, können unverändert bleiben.

- da verläßliche Methoden fehlen, große Systeme formal zu verifizieren, ist das systematische Testen auf absehbare Zeit der einzige Weg, um zu überprüfen, ob ein System die intendierte Funktionalität hat. Das Erzeugen eines Systems durch schrittweise Verfeinerung eines getesteten und als fehlerfrei erkannten Prototypen begründet ein erhöhtes Vertrauen in die Korrektheit des Systems. Der Idealfall liegt dann vor, wenn man die formale Korrektheit eines (relativ kompakten) Prototypen auf abstraktem Niveau beweisen und daraus auf die Korrektheit eines aus dem Prototyp entstandenen Systems deshalb schließen könnte, weil man die Verfeinerungen mittels beweisbar korrektheitserhaltender Transformationen erzielt hätte.

- das Vorliegen eines Prototypen ermöglicht es, zu zuverlässigen Schätzungen über die Kosten eines Systems zu kommen, da frühzeitig konkrete Anhaltspunkte zum Beispiel über die Größe oder den Schwierigkeitsgrad des Systems vorliegen; bei anderen Vorgehensweisen sind solche Kostenabschätzungen problematisch.

Insgesamt stellt die Benutzung einer Sprache wie SETL in den frühen Phasen der Systementwicklung, gekoppelt mit der Benutzung von Prototypen über den gesamten life cycle des Systems hinweg, einen vielversprechenden Weg dar, um die Probleme der Softwareentwicklung in den Griff zu bekommen.

Literatur

Agresti, W.A. (Hrsg.): New Paradigms for Software Development. IEEE Computer Society Press, Washington D.C., 1986

[Agresti] Agresti, W.A.: Vorwort zu: Part III: Prototyping. In: Agresti, W.A. (Hrsg.): New Paradigms for Software Development. IEEE Computer Society Press, Washington D.C., 1986, 37

[Aho, Sethi und Ullman] Aho, A.V., Sethi, R., Ullman, J.D.: Compilers – Principles, Techniques, Tools. Addison-Wesley, Reading, Mass., 1986

[Aikins] Aikins, J.S.: A Representation Scheme Using Both Frames and Rules. In: Buchanan, B.G., Shortliffe, E.H. (Hrsg.): Rule-Based Expert Systems – The *MYCIN* Experiments of the Stanford Heuristic Programming Project. Addison Wesley, Reading, Mass., 1984, 424–440

[Apple] Apple Computer: Programmer's Introduction to The Macintosh Family. Addison-Wesley, Reading, Mass., 1988

[Blum] Blum, B.I.: The Life Cycle – A Debate Over Alternate Models. ACM SIGSOFT Software Engineering Notes 7, 4, 1982, 18–20

[Boehm] Boehm, B.W.: Software Engineering Economics, Prentice-Hall, Englewood Cliffs, 1981

[Boehm, Gray und Seewaldt] Boehm, B.W., Gray, T.E., Seewaldt, T.: Prototyping Versus Specifying: A Multiproject Experiment. IEEE Trans. Softw. Eng., SE-10, 3, 1984, 290–303

[Booch] Booch, G.: Software Components With Ada. Benjamin/Cumming, Menlo Park, 1987

[Buchanan et al.] Buchanan, B.G., Barstow, D., Bechtel, R., Bennet, J., Clancey, W., Kulikowski, C., Mitchell, T., Waterman, D.A.: Constructing an Expert System. In: Hayes-Roth, F.; Waterman, D.A., Lenat, D.B.: Building Expert Systems. Addison-Wesley, 1983, 127–167

Budde, R., Kuhlenkamp, K., Mathiassen, L., Züllighoven, H. (Hrsg.): Approaches to Prototyping. Springer-Verlag, Berlin, 1984

[Cheatham] Cheatham, T.: Reusability Through Program Transformations. IEEE Trans. Softw. Eng. 10, 5, 1984, 589–594

[Christensen und Kreplin] Christensen, N., Kreplin, K.-D.: Prototyping of User-Interfaces. In: Budde, R., Kuhlenkamp, K., Mathiassen, L., Züllighoven, H. (Hrsg.): Approaches to Prototyping. Springer-Verlag, Berlin, 1984, 58–67

[CIP] CIP Language Group: The Munich Project CIP. Volume I: The Wide Spectrum Language CIP-L. Lecture Notes in Computer Science 183, Springer-Verlag, Berlin, Heidelberg, New York, Tokio 1985

[Cohen und Hickey] Cohen, J., Hickey, T.: Parsing and Compiling Using PROLOG. ACM Trans. Prog. Lang. Syst. 9, 2, 1987, 125–163

[Conklin] Conklin, J.: Hypertext: An Introduction and Survey. IEEE Computer 20, 9, 1987, 17–41

[Dearnley und Mayhew] Dearnley, P.A., Mayhew, P.J.: In Favour of System Prototypes and Their Integration into the System Development Cycle. The Computer Journal 26, 1, 1983, 36–42

[Dewar, Sharir und Weixelbaum] Dewar, R.B.K., Sharir, M., Weixelbaum, E.: Transformational Derivation of a Garbage Collection Algorithm. ACM Trans. Prog. Lang. Syst. 4, 4, 1982, 650–667

[Diederich und Milton] Diederich, J., Milton, J.: Experimental Prototyping in Smalltalk. IEEE Software, May 1987, 50–64

[Doberkat und Gutenbeil] Doberkat, E.-E., Gutenbeil, U.: SETL to Ada – Tree Transformations Applied. Information and Software Technology 29, 1987, 548–557

[Doberkat] Doberkat, E.-E.: Zur Wiederaufbereitung von Software. Informatik – Forschung und Entwicklung 4, 1989, 14–24

[Endres] Endres, A.: Software-Wiederverwendung: Ziele, Wege und Erfahrungen. Informatik-Spektrum 11, 2, 1988, 95–95

[Fairley] Fairley, R.E.: Software Engineering Concepts, McGraw Hill, New York, 1985

[Floyd] Floyd, Ch.: A Systematic Look at Prototyping. In: Budde, R., Kuhlenkamp, K., Mathiassen, L., Züllighoven, H. (Hrsg.): Approaches to Prototyping. Springer-Verlag, Berlin, 1984, 1–18

[Freeman] Freeman, P. (Hrsg.): Tutorial: Software Reusability. IEEE Computer Society Press, Washington D.C., 1987

[Frege] Frege, G.: Logik in der Mathematik. In: G. Frege: Schriften zur Logik und Sprachphilosophie. Aus dem Nachlaß herausgegeben von G. Gabriel. F. Meiner Verlag, Hamburg, 1971

[Gabriel] Gabriel, G., et al.: Draft Report on Requirements for a Common Prototyping System. Advanced Research Project Agency, Washington D.C., November 1988 (ACM SIGPLAN Notices, Feb. 1989)

[Gaschnik] Gaschnik, J., Klahr, P., Pople, H., Shortliffe, E., Terry, A.: Evaluation of an Expert System. In: Hayes-Roth, F., Waterman, D.A., Lenat, D.B.: Building Expert Systems. Addison-Wesley, 1983, 241–280

[Gomaa und Scott] Gomaa, H., Scott, D.B.H.: Prototyping as a Tool in the Specification of User Requirements. Proc. 5th Int. Conf. Softw. Engineering, 1981, 333–342

[Heitmeyer, Landwehr und Cornwell] Heitmeyer, C., Landwehr, C., Cornwell, M.: The Use of Quick Prototypes in the Secure Military Message System. ACM SIGSOFT Software Engineering Notes 7, 5, 1982, 85–87

[Hekmatpour und Ince] Hekmatpour, S., Ince, D.C.: Rapid Software Prototyping. Oxford Surveys in Information Technology 3, 1986, 37–76 (eine erweiterte Version ist 1988 unter dem Titel *Software Prototyping, Formal Methods and VDM* bei Addison-Wesley erschienen)

[Kernighan und Pyke] Kernighan, B.W., Pyke, R.: The UNIX Programming Environment. Prentice Hall, Englewood Cliffs, 1984

[Kruchten] Kruchten, P., Schonberg, E., Schwartz, J.: Software Prototyping Using the SETL Programming Language. IEEE Software, Oct. 1984, 66–75

[Lamersdorf und Schmidt] Lamersdorf, W., Schmidt, J.W.: Specification and Prototyping of Data Model Semantics. In: Budde, R., Kuhlenkamp, K., Mathiassen, L., Züllighoven, H. (Hrsg.): Approaches to Prototyping. Springer-Verlag, Berlin, 1984, 214–231

[Lantz] Lantz, Kenneth E.: The Prototyping Methodology. Prentice Hall, Englewood Cliffs, ohne Jahresangabe

[Larsen] Larson, P.A.: Dynamische Hash-Verfahren, Informatik Spektrum 1983, 7–19

[Leibrand und Schnupp] Leibrand, U., Schnupp, P.: An Evaluation of PROLOG as a Prototyping System. In: Budde, R., Kuhlenkamp, K., Mathiassen, L., Züllighoven, H. (Hrsg.): Approaches to Prototyping. Springer-Verlag, Berlin, 1984, 424–433

[Levin] Levin, G. et al.: Discrete Mathematics with ISETL. Springer Verlag, New York, 1988

Lipp, M.E. (Hrsg.): Prototyping – State of the Art Report. Pergamon Infotech Limited, Oxford, 1986

[Lipp] Lipp, M.E.: Analysis. In: Lipp, M.E. (Hrsg.): Prototyping – State of the Art Report. Pergamon Infotech Limited, Oxford, 1986, 131–184

[Loomis und Loomis] Loomis, M.E.S., Loomis, T.P.: Prototyping and Artificial Intelligence. In: Lipp, M.E. (Hrsg.): Prototyping – State of the Art Report. Pergamon Infotech Limited, Oxford, 1986, 65–73

[McCracken und Jackson] McCracken, D.D., Jackson, M.A.: A Minority Dissenting Position. In: Agresti, W.A. (Hrsg.): New Paradigms for Software Development. IEEE Computer Society Press, Washington D.C., 1986, 23–25

[McNurlin] McNurlin, B.C.: Developing Systems by Prototyping. EDP Analyzer 19, 9, 1981, 1–14

[Meertens] Meertens, L.G.L.T. (Hrsg.): Program Specification and Transformation. North-Holland, Amsterdam, 1987

[Mönckemeyer und Spitta] Mönckemeyer, M., Spitta, T.: Concept and Experiences of Prototyping in a Software-Engineering-Environment with *Natural*. In: Budde, R., Kuhlenkamp, K., Mathiassen, L., Züllighoven, H. (Hrsg.): Approaches to Prototyping. Springer-Verlag, Berlin, 1984, 122–135

[Paige und Koenig] Paige, R., Koenig, S.: Finite Differencing of Computable Expressions. ACM Trans. Prog. Lang. Syst. 4, 3, 1982, 402–454

[Parnas] Parnas, D.: On the Criteria to be Used in Decomposing a System into Modules. Comm. ACM 15, 12, 1972

[Partsch und Steinbrüggen] Partsch, H., Steinbrüggen, R.: Program Transformation Systems. ACM Computing Surveys 15, 3, 1983, 199–236

[Pepper] Pepper, P. (Hrsg.): Program Transformations and Programming Environments. Springer-Verlag, Berlin, 1984

[Schonberg] Schonberg, E., Shields, O.: From Prototype To Efficient Implementation: A Case Study Using SETL and C. Proc. 19th Hawaii Conference on System Sciences, 1985

[Schwartz] Schwartz, J.T, Dewar, R.B.K, Dubinsky, E., Schonberg, E.: Programming with Sets – An Introduction to SETL. Springer-Verlag, Berlin, 1986

[Sharir] Sharir, M.: Some Observations Concerning Formal Differentiation of Set Theoretic Expressions. ACM Trans. Prog. Lang. Syst. 4, 2, 1982, 196–225

[Sol] Sol, H.G.: Prototyping: A Methodological Assessment. In: Budde, R., Kuhlenkamp, K., Mathiassen, L., Züllighoven, H. (Hrsg.): Approaches to Prototyping. Springer-Verlag, Berlin, 1984, 368–382

[Stetter] Stetter, F.: Softwaretechnologie, Bibliographisches Institut, Mannheim 1987

[Swartout und Balzer] Swartout, W., Balzer, R.: On the Inevitable Intertwining of Specification and Implementation. Comm. ACM 25, 7, 1982, 438–440

[West] West, M.G.: A Taxonomy of Prototyping – Tools and Methods For Database, Decision Support and Transaction Systems. In: Lipp, M.E. (Hrsg.): Prototyping – State of the Art Report. Pergamon Infotech Limited, Oxford, 1986, 105–12

[Zelkowitz] Zelkowitz: A Case Study in Rapid Prototyping. Software Practice and Experience 10, 1980, 1037–1042

Index

\$	12	binärer Suchbaum	69
:=	12	**bind**	127
;	12	Bitfolge	92
?	25	Blatt	174
{ }	57	Block	160
⊗/	74	Block, lebender	150
Δ	135	Block, toter	150
□	161	**boolean**	19
$\partial^- E\langle dx_i\rangle$	161	**break**	18
$\partial^+ E\langle dx_i\rangle$	161	Breitbandsprache	131, 211
$\partial E\langle B\rangle$	163		
$\partial[E_n,\ldots,E_1]\langle B\rangle$	165	**C**	
#	15, 59, 63	call-by-value/result	43
[ ]	63	**case**	26
|	76	**ceil**	15
		char	16
A		CIP-L	131
Ableitung	160	**close**	21
– starke	161, 162	cod	126
abs	14, 16	**const**	43, 83
achieve	160	**continue**	78
acos	15	**.copy**	129
Ada/Ed	210	**cos**	15
Akzeptanz	189		
all	123	**D**	
alternative Lösungsversuche	197	data representation sublanguage	216
Analyse	187	Datenabstraktion	117
and	19	Definitionsbereich	68
any	18	Diagonale	85
applikativen Ausdrucks	159	Differential	163
arb	59	differentieller Code	158
arb*	139	Differenz	136
asin	15	differenzierbar bezüglich eines Blocks B	162
assert	30, 159	differenzierbare Kette	165
assoziative Speicherung	69	**directory**	117, 123
atan	15	**div**	13
atan2	14	dom(P)	159
atom	20	**domain**	68
Ausnahmebehandlung	31	**drop**	33
Ausnahmen	188	DRSL	216
B		**E**	
balancierte Baumstrukturen	91	**eject**	21
bedingter Ausdruck	24	**else**	23, 26
Benutzung, lebende	160	**elseif**	23
binäre Dateien	21	Emulation	198

end	23
endm	32
Entscheidungstabellen	190
Entwurfsphase	190
even	14
evolutionär	196
evolvierende Prototypen	198
exists	61
∃	61
exp	15
experimentelles Prototyping	197
Expertensystem	205
exports	118, 124
expressives Niveau	131
externe Schnittstellen	188

F

fallgesteuerter Ausdruck	26
false	19
fearless programming	204
Fibonacci-Zahl	36
fifo-Stapel	65
fix	15
float	14
floor	15
for	75
forall	61, 79
∀	61
freier Baum	174
from	60
fromb	65
frome	65
funktionale Anforderungen	188
funktionale Simulation	197

G

Geheimnisprinzip	116
get	21
getb	22
getipp	22
getspp	22
Graph	85

H

Hash-Tafeln	91
Hashing	91
heuristisches Kostenmaß	166
Homogenität	56

horizontale Verschmelzung	172
horizontaler Prototyp	196
Houston Astrodrome	194
HyperText	55

I

IAE	142
ibind	127
if	23
ilib	129
impl	19
Implementationsphase	191
imports	123
in	16, 60, 64
inclusion library	128
incs	60
Inferenz-Komponente	205
init	43
inkrementelle Auswahleigenschaft	142
inkrementelle Prototypen	198
inorder	73
integer	12
Intervall ganzer Zahlen	57
is_atom	20
is_boolean	20
is_integer	20
is_map	20, 74
is_real	20
is_set	20, 74
is_string	20
is_tuple	20, 74

J

Justierungsphase	150

K

Katalogisierung	209
Kettenregel	164
Knuth, Morris und Pratt	86
Kommandozeile	22
Kompressionsphase	150
kontextfreie Grammatik	99
konverser Graph	179
Kopie	60

L

len	19
Lerneffekte	197
less	60
lessf	68
lexikalische Analyse	48
libraries	117, 120
library	118
library items	120
life cycle	186
lifo-Stapel	65
lineare Rekursion	132
log	15
logische Modularisierung	190
lokale Heuristik	142
lokale Variable in Makros	35
Lokalität	41
loop do	27
Lösungsstrategie	187
lpad	19

M

Machbarkeits-Studie	202
macro	32
MACSYMA	184
Maple	184
maps	66
multi-valued maps	67
single-valued maps	67
Markierungsphase	150
Masken	208
match	19
max	13, 14
mehrfache Ableitungen	166
.member	128
.=member	128
Milestone	190
min	13, 14
mock-up	197
mod	13, 59
Modell	194
modulare Programmierung	117
Moduldeskriptor	123
module	120
modules	117
Multimengen	84

N

Nachableitung	161
newat	20
nichtdeterministische Auswahl	139
not	19
notany	19
notexists	61
notin	16, 60, 64
npow	60

O

objektorientiert	203
odd	14
of	26
om	12
Ω	12
open	21
operator	45
or	19

P

$\mathfrak{P}(U)$	135
parallele Zuweisung	133
Petri-Netze	190
Pfadtests	191
postorder	73
Präzedenzklassen	46
preorder	73
print	20
printa	21
Problemdefinition	187
procedure	36
profitabel differenzierbar	167
program	41
Programmdeskriptor	123
programming in the large	116
programming in the small	31
Projektmanagement	190
putb	22

Q

q1-files	126
Quantoren	61
quit	27, 78

R

random	14, 15, 59, 63
range	68
RAPTS	158
rd	37
read	20
reada	21
reads	123
real	14
Reduktion der Stärke	133
redundant	159
regulär	159
regularitätserhaltend	159
Relation	85
relationaler Zugang	190
repetitiv rekursiv	132
return	36
Review	190
rewind	21
rpad	19
rw	37

S

SAE	141
Schleifenfusion	138
schlichte Aufrufe	132
Schnittstellen	116
Schnittstellenbeschreibung	117
Schrittweite	77
Segment	92
semantik-treu	160
Semikolon	12
sequentiell-minimal	140
serielle Auswahleigenschaft	141
set	56
SETL2Ada	183
short circuit Auswertung	19
sif	126
sign	15
sin	15
software life cycle	186
span	17
Speicherbereinigung	149
sqrt	15
st	76
starke Ableitung	161
stop	23

str	16
streng zusammenhängender Graph	85
strikt	167
string	15
struktureller Entwurf	197
subset	60
such-that	76
symmetrische Differenz	135
Syntaxanalyse	99

T

tan	15
tanh	15
Testen	191
Text-Dateien	21
then	23
throw-away-Prototyp	196
Token	23
topologisches Sortieren	185
transitive Hülle	85, 136
transitive und reflexive Hülle	85
trigonometrische Funktionen	15
true	19
tunnel vision	201
type	20
Typfindung	210
Typkonzept	211

U

überladene Namen	212
UIAE	146
unbedingte inkrementelle Auswahleigenschaft	146
until	29

V

var-Deklaration	42
verfügbar	159
– am Ausgang	159
– am Eingang	159
Versandhandel	193
Versionskontrolle	192
vertikale Verschmelzung	171
vertikaler Prototyp	196
Verzeichnis	117
virtuelle Variable	159
Vorableitung	161
Vorkommen	160
– benutzendes	160

– definierendes 160

W

Wartung 210
Wartungsphase 192
Wasserfall-Modell 186
Weg 85
Wertebereich 68
wesentliche Anweisungen 177
wesentliche Eigenschaften 194
while 29
Wiederverwendbarkeit 209
Wissensbasis 205

with 60, 64
wohldefiniert 160
wr 37
writes 123

X

[x, -, y] 80

Z

Zeitverhalten 188
Zentrum 174
Zugriffsspezifikation 123
Zyklus 143

Leitfäden und Monographien der Informatik

Fortsetzung

Wirth: **Algorithmen und Datenstrukturen**
Pascal-Version
3. Aufl. 320 Seiten. Kart. DM 42,–

Wirth: **Algorithmen und Datenstrukturen mit Modula - 2**
4. Aufl. 299 Seiten. Kart. DM 42,–

Wojtkowiak: **Test und Testbarkeit digitaler Schaltungen**
226 Seiten. Kart. DM 36,–

Preisänderungen vorbehalten

 **B. G. Teubner Stuttgart**